U0221272

飞行器系统工程理论与最佳实践

李小光 房 峰 黄 博 裴旭冬 编著

科学出版社

北京

内 容 简 介

本书从飞行器系统工程理论的概念与定义出发,全面阐述了系统工程理论的产生与发展、作用与价值和主要应用领域,并对国际上主流的系统工程标准和手册进行了详细地介绍与研究,通过大量资料的阅读分析和工程实践/型号的归纳与总结,特别是对美国波音(Boeing)公司、欧洲空客(Airbus)公司和中国航空工业集团有限公司等的诸多型号进行具体调研分析,归纳了各主流制造商在应用系统工程方法研制相关飞行器型号的最佳实践。

本书采取理论与实践分析相结合的方法,既对飞行器系统工程理论进行了深入地介绍和研究,并且面向"中国制造2025",提出了航空制造业系统工程的发展趋势。将飞行器系统工程理论与国际上主流制造商的飞行器型号的最佳实践相结合是本书的学术价值所在,其成果将对国内相似类型的研究起到积极的参考作用,对航空复杂产品的研发与项目管理具有重要的借鉴意义。

本书可作为从事航空航天领域各类工程与项目管理的技术人员的参考资料,也可供高等院校相关专业师生使用。

图书在版编目(CIP)数据

飞行器系统工程理论与最佳实践 / 李小光等编著.
—北京:科学出版社,2019.7
ISBN 978 - 7 - 03 - 061233 - 5

Ⅰ.①飞… Ⅱ.①李… Ⅲ.①飞行器-系统工程
Ⅳ.①V47

中国版本图书馆 CIP 数据核字(2019)第 090553 号

责任编辑:许 健 / 责任校对:谭宏宇
责任印制:黄晓鸣 / 封面设计:殷 靓

科学出版社 出版

北京东黄城根北街 16 号
邮政编码:100717
http://www.sciencep.com

南京展望文化发展有限公司排版
广东虎彩云印刷有限公司印刷
科学出版社发行 各地新华书店经销

*

2019 年 7 月第 一 版 开本:787×1092 1/16
2022 年 9 月第三次印刷 印张:18 1/4
字数:411 300

定价:**150.00** 元
(如有印装质量问题,我社负责调换)

序

　　系统工程理论是指导高科技复杂产品高效成功研制的保障,是从整体视角、以跨学科的方式来解决总体优化问题,已经广泛应用于航空航天等领域科研、生产和管理的各个环节。

　　目前,国际上关于系统工程的著作多是以通用方法研究、理论描述和学术探讨等形式介绍系统工程。即使有部分系统工程出版物涉及系统工程在航空航天项目的介绍,但是不够系统,也不够全面,与具体工程项目中运用系统工程开展项目管理和工程实践相比还有较大差距。《飞行器系统工程理论与最佳实践》一书是李小光教授对其30多年来在中美前沿航空项目和系统工程及集成实践经验的总结。

　　李小光教授是航空领域资深专家、国家特聘专家,拥有"美国航空航天之母"——普渡大学航空与机械工程博士学位,具有30多年的航空航天科研项目与产品研制的成功经历,多次获得中美科技成果与贡献奖励;曾在美国通用电气公司飞机引擎公司、波音公司等多家国际知名航空航天制造公司就任高级工程师、资深专家和项目及团队负责人;作为中国商飞公司特聘高级专家,从事C919和ARJ21国家重大型号商用飞机的研发工作;2015年受聘为南京航空航天大学教授,创建了全国高校第一个"飞行器系统工程与集成研究中心";2018年出任国际500强京东集团副总裁和无人机首席科学家,2019年创办北京无人科技研究院。

　　全书从飞行器高效成功研制的角度,深入浅出地把系统工程背景知识、系统工程标准、手册和指南,以及国内外知名航空航天制造公司的系统工程与集成的最佳实践等进行了逐一介绍和分析,结合成功项目最佳案例,阐述系统工程理论在实际工程中的应用,具有很强的系统性和指导性,是一本学习系统工程思想方法非常好的参考书,对于从事飞行器特别是工业级无人机和商用飞机研制的工程技术人员具有很大的帮助。

　　《飞行器系统工程理论与最佳实践》一书,文字简明流畅,内容全面完整,向读者传递了作者的系统工程思维和其多年的研究与实践成果。本书将会受到飞行器系统工程初学者、从事复杂航空航天系统工程与实际工程项目的科研工作者,以及所有希望了解或运用系统工程理论与最佳实践人士的欢迎,特此予以推荐!

赵晓哲

2019年6月18日

前　言

　　系统工程在"曼哈顿"计划、"阿波罗"登月计划等实践中充分显示出重要性和优越性,目前已经广泛应用于航空航天等领域的科研、生产和管理中。

　　美国航空航天局在其航天项目中大力推行系统工程流程与方法,并于1995年6月出版了《NASA系统工程手册》,2007年对其进行了更新。系统工程国际委员会成立于1990年,由美国波音、洛克希德等公司倡导创立,是一个致力于开发系统工程学科和流程的全球性非营利会员组织,其于2011年出版了它最新版的《系统工程手册》。2013年6月,系统工程国际委员会正式批准中国航空工业集团有限公司获得其公司顾问委员会的会员资格,意味着中国航空工业集团有限公司所属的工程技术和管理人员具有共享系统工程国际委员会在系统工程领域的知识体系和技术文献的权益。2008年,通过18个国家40多位顶级专家的努力,国际标准化组织联合几个国际化协会组织(包括系统工程国际委员会,电气和电子工程师协会和电子工业协会)颁布了ISO/IEC 15288,即系统工程标准。

　　由于近年来信息化、数字化、智能化的科学技术发展,基于模型的系统工程成为系统工程学科和航空航天工程应用领域的最新发展方向。与此相对应,基于模型的工程和基于模型的制造开始得到发展与应用。而随着基于模型的技术在国内外航空企业的深入应用,应运而生的基于模型的企业不但是一种新的航空产品研制模式,也是企业发展的必然趋势与必经阶段,它从根本上减少产品创新、开发、制造和支持的时间和成本。基于模型的企业是建立在3D产品数据定义和数据共享重用的全集成和协同的工作环境。

　　中国系统工程发展的三个重要支柱是运筹学、管理科学、控制论。系统工程在中国作为一门交叉学科,也日益向多种学科渗透和交叉的方向发展。系统工程的传统"三论",即一般系统论、控制论和信息论,与"新三论",即耗散论、突变论和协同论,与国际上的系统工程着重标准、着重流程和最佳工程实践应用存在一定的差距。学习和掌握国际主流的系统工程标准、方法、工具是中国航空尤其是民用航空工业进一步发展的必经之路。

　　系统工程是一门综合的、整体的、用于系统设计、实现、技术管理、运行使用和退役的全生命周期的方法论。系统是由人员、硬件、软件、设施、环境等相互作用的元素组成,系统工程是以跨学科的方法来解决总体优化问题。

　　系统工程也是组织管理的技术,是为了更好地达到系统目的,对该系统组织实施的规划、研究、设计、制造、试验和使用的科学方法。系统工程是纵观"全局"、合理决策,最大满足利益攸关者需求的逻辑思维方法。

　　系统工程提供了获得完整解决方案和实现产品及其系统架构所需的方法论和工具,并以权衡的方式充分地识别、定义和管理所有的相关需求，以确保所获得的产品或系统满足在指定约束下可行的所有要求，从而达到总体及全生命周期最优的目的。

本书首先从飞行器系统工程理论的概念与定义出发，全面叙述了系统工程理论的产生与发展、系统工程理论的作用与价值和系统工程理论的主要应用领域，然后对国际上主流的系统工程标准和手册进行了详细地介绍与研究，最后分别对美国波音公司、欧洲空客公司和中国航空工业集团有限公司进行逐一介绍与分析，归纳总结国内外著名航空企业在应用系统工程方法研制相关飞行器型号的最佳实践。将飞行器系统工程理论与国际上主流制造商的飞行器型号的最佳实践相结合是本书的学术价值及航空工程中应用价值所在。

本书由李小光负责编写大纲和统稿，房峰、黄博、裴旭冬共同参与编写完成。全书分两个部分，共计 13 章。第一部分"系统工程基础"详细阐述和介绍了几个国际主流的系统工程的理论、标准、方法和工具及其关系，提供了一个比较全面的系统工程体系全貌；第二部分"飞行器系统工程最佳实践"总结了美国波音公司、欧洲空客公司以及中国航空工业集团有限公司应用系统工程的最佳实践，对系统工程在航空领域的典型应用与实践进行了总结，并对未来系统工程的发展进行了展望。

本书可作为从事航空航天领域尤其是系统工程研发人员与项目管理人员的参考资料，以便比较全面、系统地学习和掌握系统工程的理论与应用方法，也可以作为高等工科院校航空航天、机电、自动化、高端装备设计与制造等工程专业和相关管理学科的专业课程教材，以及理工科其他专业系统工程理论及应用方向本科与研究生公共课程与通用课程的学习材料。

最后，感谢为本书顺利出版给予关心和帮助的所有人。由于编写时间仓促，书中难免存在不足，恳请读者批评指正。

作　者

2019 年 6 月 20 日

目 录

第一篇
系统工程基础

第1章
系统工程概述

1.1 系统工程的概念与定义

系统广泛地存在于自然环境、人类社会以及人造的各类产品中。广义的系统包含自然系统、人工系统和复合系统。我国著名学者钱学森认为,系统是由相互作用、相互依赖的若干组成部分结合而成的,具有特定功能的有机整体,而且这个有机整体又是它从属的更大系统的组成部分[1]。

本书所研究的系统对象以及系统工程研究的系统对象一般是指人造系统,这些系统是为了在预期的运行环境中实现自身特点和目的,服务于人类的人工系统。

随着人类社会的不断发展,人们对于能够在多种应用场景下完成特定任务目标的复杂系统的需求不断提升,导致系统中所包含元素的多样性和差异性也随之急剧增长。当前,复杂系统的任务目标、运行方案和应用场景正呈现出多元化的特征,由此系统构成的相关性以及与外部环境的依存性的复杂度跃升。例如,飞行器的设计制造从最初单纯地实现人类能够离开地面进行飞行的简单需求已经衍生到军用飞行器需要实现海陆空天体系作战的需求,航天飞行器实现穿越大气层甚至星际旅行的需求,以及民用飞机实现跨洋的超音速运载的需求。这些需求的变化都将使得系统复杂度爆炸式地增长[2]。

系统的复杂性反映在系统组成元素之间的相互作用、相互依赖,及其与整体的目标之间的非线性关系(而非简单的加和关系)。一方面,多个要素组成系统后,出现了系统组成前单个要素所不具有的性质,也就是所谓的系统涌现性;另一方面,随着系统运行边界的扩展,其所运行的外界环境多样性和变化导致系统在非预期的运行环境中的行为模式呈现出混沌性,系统的失效模式也因这种涌现性和混沌性而呈现出无周期、非规律和难以预知性。因此,对于复杂系统,既不能由分析局部的特性来认识整体,也无法由环境变化来预判系统行为模式的转换能力。正是对于未来系统的复杂性与混沌性的不断认知以及未来系统演进趋势的理解,提出了需要基于系统思维,从全生命周期以严谨的结构化方法理解系统带给我们的问题域,并以科学化的流程构建解决域,通过迭代寻优的方式找到全局最优解[3]。

系统工程方法论正是强调在系统开发的早期阶段,从系统全生命周期考虑问题,综合所有利益攸关者的业务和技术要求,全面定义系统需求,通过架构化的系统工程流程、文件体系、规范和结构化的需求层层传递,指导和控制系统的开发过程(设计、综合和验证等),以确保复杂系统的研制成功。

钱学森作为我国系统工程领域的奠基人和早期推动者,对系统工程给出了精辟的定义:如果把极其复杂的研制对象称为系统,系统工程则是组织管理这种系统的规划、研究、设计、制造、试验和使用的科学方法,是一种对所有系统都具有普遍意义的科学方法。

基于目前全球通用的系统工程标准 ISO/IEC 15288,以及《国际系统工程手册》,对于系统工程从 3 个不同的视角做出了如下定义。

1) 系统工程是一门关于整体(系统)而不是各个部分的设计和实现的学科。它将问题作为一个整体,分析与其相关的所有因素与变量,并将技术与管理相结合。

2) 系统工程是一种自上而下的综合、开发和运行真实系统的迭代过程,以接近于最优方式满足系统的全部需求。

3) 系统工程是一种使系统能成功实现的跨学科的方法和手段。系统工程专注于:在开发阶段的早期阶段,就定义客户需求与所要求的功能,将需求文档化;然后进行面向系统实现中所有问题(如运行、成本与进度、系统性能、培训与支持、测试、制造和退役)的综合设计和系统确认。系统工程以提供满足用户需求的高质量产品为目的,同时考虑了所有用户的业务和技术需求。

系统工程有别于气动、结构、机械、电子等工程学科的地方在于:

1) 系统工程特别注重解决系统的整体问题。即不仅关注系统本身,也关注系统与其他系统和环境的相互作用;不仅关注系统本身的工程设计和实现,也关注那些制约设计和实现的外部因素。

2) 系统工程是沟通各工程学科的桥梁。即在设计和实现复杂系统时,不仅优化各专业工程专家提供的系统各特定特性部件,更要获得最好的系统行为能力。

3) 系统工程与项目管理紧密联系,是项目管理的固有部分。即在寻求系统解决方案的同时,必须充分考虑时间、成本和进度,与资源之间寻求正确或适当的平衡。

1.2　系统工程的产生与发展

现代系统工程的起源可以追溯至 20 世纪 40 年代初,在美国等国家的电信工业部门中,为完成巨大规模的复杂工程和科学研究任务,开始运用系统观点和方法处理问题。贝尔电话公司在发展微波通信网络时,首先应用一套系统的方法,并提出"系统工程"这个名词,而早在 1829 年,"火箭"机车的研发就已经使用这一概念。第二次世界大战中,英国运用运筹学建立雷达警报系统,美国实施曼哈顿计划、申农的信息论、维纳的控制论,都为系统工程的发展提供了一定的理论基础[4]。

第二次世界大战以后,为适应社会化大生产和复杂的科学技术体系的需要,逐步把自然科学与社会科学中的某些理论和策略、方法联系起来,应用现代数学和电子计算机等工具解决复杂系统的组织、管理和控制问题,以达到最优设计、最优控制和最优管理的目标。全球掀起了系统工程实践的热潮,特别是欧美防务部门在空天、导弹、装备等前沿领域率先进行了系统工程探索和积累,逐步形成和确立了系统工程的一系列理念和方法。

20 世纪 50 年代开始,核武器和洲际导弹的出现标志系统工程方法的应用达到了更高的水平。60 年代初,美国国防部长麦克纳马拉运用系统分析方法提出了美国国防新战略,取得了成绩,改变了空间技术落后于苏联的局面。北极星导弹、核潜艇计划和阿波罗登月计划都是系统工程在国防科研中取得成功的著名范例,创造的"计划评审技术(program/plan evaluation and review technique,PERT)"和"图形评审技术(graphic evaluation and review technique,GERT)",以及把电子计算机用于计划工作,促进了整个系统研制工作进展[5]。

20 世纪 70 年代以来,系统工程已广泛地应用于交通运输、通信、企业生产经营等部门,在体育领域亦有应用价值和广阔前景。它的基本特点是:把研究对象作为整体看待,要求对任一对象的研究都必须从它的组成、结构、功能、相互联系方式、历史的发展和外部环境等方面进行综合的考察,做到分析与综合的统一。

20 世纪 80 年代,美国筹备并开展"星球大战计划"(反弹道导弹防御系统的战略防御计划),美苏两大阵营的冷战达到了高潮。这使得美国国防军工企业空前繁荣,急需大批需要系统工程思维、技能和经验的工程和管理人员。然而,这些军工企业发现美国各大高校培养的学生并不具备这样的素养。在这样的背景之下,1989 年通用动力公司在加利福尼亚大学圣迭戈分校主办了一场会议,这次会议的议题是讨论一个合格工程师在进行系统考虑而不仅仅是侧重于某个具体学科时的明显缺陷。1990 年夏天,波音公司在华盛顿西雅图的巴特尔会议中心举行了另一次会议,也探讨了同样的议题。该小组通过了一个章程,并成立专责委员会,以解决系统的工程问题,并建立了美国国家系统工程协会(National Council on System Engineering,NCOSE)[6]。1995 年,美国国家系统工程协会正式更名为国际系统工程协会(International Council on System Engineering,INCOSE),致力于在全球范围推广系统工程知识和工程实践。如今,系统工程作为一门独立的学科,已经得到了工业界的广泛认同和应用[7]。

进入 21 世纪,航空航天等领域的复杂系统得到了飞跃式发展。一方面,基于文本的系统工程方法已经无法满足复杂系统的研发;另一方面,大型复杂系统的研发过程越来越依赖模型和仿真技术,而且这些技术的应用和实践也遵循系统工程的思想予以规范化,这些建模流程成为基于模型的系统工程(Model Based System Engineering,MBSE)的基础[8]。如今,MBSE 的三大支柱——流程、方法和工具已经日趋成熟。在航空航天领域,空客、波音等在开始探索基于模型的系统工程方法在型号研制上的应用,例如,空客 A350WBX 的起落架系统研制过程和波音 B787 的系统研制过程都应用了 MBSE 的方法。国际系统工程协会在 2007 年发布的《国际系统工程愿景 2020》中明确将基于模型的系统工程方法列为未来系统工程的发展方向。2008 年 ISO、IEC、IEEE、INCOSE、PSM 以及其他机构全面协调 ISO/IEC/IEEE 15288:2008 的系统工程概念。2016 年,INCOSE 发布《系统工程 2025 愿景》,将发展基于模型系统工程作为其重要目标和方向。由国际系统工程协会发布的《系统工程愿景 2025》(SE Vision 2025),表明了系统工程的发展趋势——基于模型的系统工程。

在著名科学家钱学森的大力倡导之下,我国现代系统工程于 20 世纪 50~60 年代渐渐萌芽和发展,我国国防研究部门开始了尖端技术科学管理的研究,以及系统工程理论的探讨和实践。这些重要理论和研究成果在洲际导弹工程、远洋测量船研制工程、地球同步卫星工程上取得了空前的成功,为我国国防工程不断迈向现代化做出了重要贡献。20 世纪 80~90 年代,中国科学与哲学界翻译出版了一系列国外系统科学、系统哲学与系统工程名著[9],举办了系列科学、科学史与经济系统管理等相关学术探讨。1983 年到 1993 年,在生物物理学和心理生物学等领域的系统论探讨中产生了系统生物工程等概念与原理。90 年代以后,系统工程在与企业发展结合、与现代信息技术结合、与实施可持续发展战略结合、与思维科学结合等方面已具有初步结果和强劲势头。我国近几年来,在航空工业集团的倡导下,基于模型的系统工程的理论研究和工程实践活动得到了空前的发展,并进一步加强了国际合作与交流[10]。

1.3 系统工程的作用与价值

系统工程的出现很大程度上是为了有效管理和控制系统或项目的复杂性和各种变化带来的风险,提升大型项目的开发效率。由系统工程的发展历史和当前的科技发展趋势来看,随着产品、服务和社会的复杂性不断上升,降低新系统开发或复杂系统改进的相关风险仍然是系统工程的主要目标[11]。

第二次世界大战以后,系统的复杂度的不断增长导致开发时间及开发成本急剧增加。图 1.1 描述了 20 世纪 60 年代以来集成电路、汽车和航空系统复杂度增长导致了开发成本的增长。可以看出,自 60 年代到 90 年代,汽车系统的复杂度提高了 3 个数量级,而开发成本以每年 4% 的速度增长;航空系统复杂度在此时期增长了 2 个数量级,而开发成本增长速度高达每年 8%~12%。

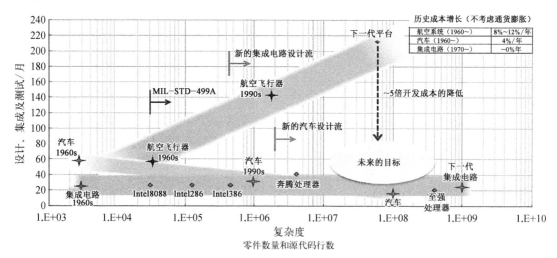

图 1.1 系统复杂度与开发成本增长关系示意图

复杂系统的关键特征是涌现性,也就是说当系统中各要素聚合在一起,它们之间的交互将会导致功能、行为、性能及其他特性的涌现。系统不是其组成部件的加和,而是这些组成部件之间相互作用的产物。如图 1.2 所示,复杂系统的涌现性对系统开发带来了不可预期性,当涌现的特征是期望预期的结果或积极的时候,可以获得一个成功的系统;而当涌现的功能和特征是非预期的结果或者是消极的时候,所得到的系统则会是失败的。在系统开发过程中,"墨菲定律"一直在发生效用,不期望出现的结果往往会发生,这也就是为什么复杂系统开发成本、周期在不断地提升。

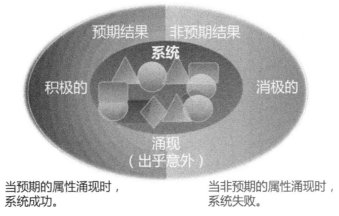

图 1.2 系统涌现性带来的挑战

图 1.3 是美国国防采办大学(Department Acquisition University,DAU)做的关于美国国防部(Department of Defense,DOD)项目执行统计分析的汇报。图中横轴是时间轴,纵轴是生命周期成本(life cycle cost,LCC)的累计百分比,所承诺的成本曲线表示由于项目决策所决定的预期生命周期成本。从图中可以看出,一个新系统在概念阶段所消耗的成本占

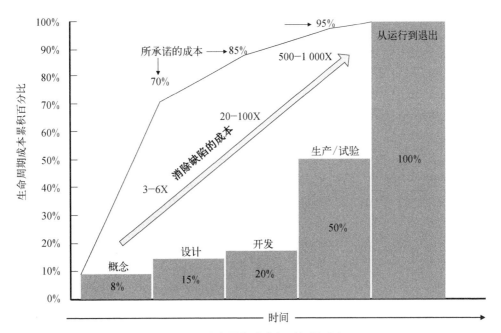

图 1.3 生命周期成本与时间的对比

全生命周期成本的 8%，当累计成本达到 20%时，整个生命周期成本 80%已经基本确定，即所谓的"承诺"。曲线下方的斜箭头代表消除缺陷的成本随着项目时间推进呈几何倍数增长，在生命周期中越早消除差错或问题，所需的成本费用越低；反之亦然。

系统工程正是通过系统思维，站在全局审视被开发的系统对象，通过在项目早期消除可能的缺陷或非预期的系统特征，降低系统的不确定性以及由此带来的项目风险，确保项目的成功。

1.4 系统工程在航空领域的应用

系统工程的方法论从日常生活到复杂装备体系的研制都可以得到应用。然而，系统工程带来的收益与系统的复杂度成正比，越是复杂的系统和项目，应用系统工程带来的收益越是显著。而且，现代系统工程理论的产生也源于航空航天等国防领域，并且基于这些领域的工程实践不断对其理论体系进行补充和完善。当前，全球范围内，系统工程在航空、航天、汽车、软件领域的应用实践最为广泛，本书详细叙述系统工程在航空领域的应用。

航空产业是一个技术密集型产业，新概念飞行器、新动力、新系统、新结构、新材料、新工艺等前沿技术的突破，对航空科技产生了革命性的影响。另外，现代飞行器的研制不再仅仅考虑其本身的功能、性能，还需要放在更为复杂的"系统之系统"（system of system）中进行分析和研究。例如，军用飞行器需要放在作战体系中对其作战能力和作战任务及性能进行分析；民用飞行器需要放在航空运输系统，包括空中交通管制系统、票务系统、安保与财务等系统，一起进行分析研究。一般来说，航空系统的开发规模的数量级为：

1）1 000 工程师；

2）10 000 需求和测试；

3）100 000 数据接口；

4）1 000 000 接口工件和硬件设备；

5）10 000 000 软件代码行数（software line of code，SLOC）。

从技术角度来看，航空系统的集成开发技术成为航空企业科技领先的标志；从产业价值链分析来看，只有掌握系统技术，拥有系统集成能力，企业才具备强劲的实力，才能在国内甚至国际航空航天领域占有一席之地；从技术管理角度来看，产品团队也不再是简单地基于学科或功能，而需要跨职能、跨系统、跨组织，无缝衔接地完成任务。

综上所述，系统工程能力是复杂航空系统成功的基础保障。系统工程的推广应用离不开清晰的过程定义和控制，国际领先的航空研发企业均对系统工程过程有规范和标准的定义，并严格按照标准开展工作。例如，发动机巨头罗罗（Rolls-Royce）公司参照国际系统工程委员会英国分会的系统工程能力框架，结合自己的实际情况，建立起系统工程能力框架。罗罗公司在系统工程实施中从流程、工具和人员三个层面协同推进：在流程方面，定义具体的需求管理过程，并建立了过程和项目成员角色的对应关系；在工具方面，实现了影响系统工程能力和实施效率的关键工程工具；在人员方面，设置相应岗位角色，使用能力框架来评价各个岗位角色的系统工程能力,并提供方法的培训以不断提高"系统思考"能力,同时有计划地持续进行能力评估,促进不断地进步。

穆格(MOOG)公司是世界领先的飞行控制作动系统和关键技术的提供商。其客户包括了世界上绝大多数的航空公司。穆格公司对系统工程过程有严格的定义,主要通过"阶段门"的方式控制系统工程过程的各个关键步骤,包括:A 门,项目目标和定义;B 门,系统定义和初步设计;C 门,内部初步设计评审;D 门,初步设计签发;E 门,发布长周期图样;F 门,详细设计评审(正式图纸);G 门,最终设计评审(图纸下发);H 门,初步取证和首飞安全试验;I 门,试验台交付;J 门,第一次适航条款检查;K 门,鉴定试验;L 门,产品正式移交(从设计部门交付到制造部门);M 门,飞行试验评审;N 门,项目关闭评审。通过"阶段门"的方式,穆格公司对系统研制全生命周期的任务进行组织和管理,对每个任务规定了详细的交付标准、人员职责和检查标准,从而保证系统研制过程清晰、可控。

从系统工程应用方法层面看,目前系统工程的方法正经历着从传统的基于文档的形式向基于模型的方式的转变。MBSE 是开发和维护高复杂系统的关键,其提供支持系统需求分析、功能分析、架构设计、需求确认和验证活动所需的形式化的建模和模型执行手段。例如:空客公司在 A350 系列飞机的开发中采用 MBSE,在飞机研制中逐层细化需求并进行功能分析和设计综合,不仅实现了顶层系统需求分解与确认,也实现了向供应商、分包商的需求分配和管理。洛克希德·马丁公司采用 MBSE 来统一进行需求管理和系统架构模型,并向后延伸到机械、电子设备以及软件等的设计与分析之中,如:基于 Matlab 的算法分析以及 System C、Verilog、ANSYS 的软/硬件的设计与分析、Adams 的性能分析、SEER 的成本分析等,构建了完整的基于模型的航空航天和防务产品的开发环境[12]。

另外,国际集成商也在尝试由采办方直接定义系统的"黑盒"模型进行招标的方法,投标方负责将"黑盒"模型转换为"白盒"模型,之后采办方再通过事先定义的性能指标,衡量对比不同的"白盒"模型的效能,以此选择分系统或部件的中标者[13]。

从国外航空研发企业对系统工程的应用情况来看,系统工程是促使复杂产品研制成功的良好工程实践,它面向生命周期,采用自顶向下为主、自底而上为辅的方法,强调更好和更加完整的定义需求。系统工程同时是一种跨越多个工程专业的系统思考方法,是聚焦于定义和维护完整、一致的需求的首要技能。在推广系统工程应用时,既要注重对系统工程过程的规范化和标准化,又要通过先进方法和工具的应用,促进系统研发模式转变和效率提升[14]。

我国的航空制造领域,以中国航空工业集团公司为例,正在全面推进基于模型的系统工程(MBSE)的理论研究和工程实践。通过近几年来的探索,在以下几个方面取得了突破:

1) 研发模式的转变。传统的研制模式是"需求满足型",即根据客户提出的要求研制相对独立的系统,然后交付;而系统工程要求的是"需求驱动型",需要根据上一研制层级提出的要求,进行需求分析、功能分析和细化,并将功能分配至各部件,这种研制模式更注重架构设计、多部件协调优化和系统集成。在由"需求满足型"向"需求驱动型"转变的过程中,需要应用系统工程的方法对系统研制过程进行指导。

2) 避免文档驱动研制过程带来的问题。航空产品研制过程包括立项论证阶段、方案设计阶段、工程研制阶段(包括初样研制和试样研制)以及设计定型阶段。在研制过程中,通过大量文件对阶段性成果进行描述和评审,通过文件驱动过程。文档规模大、版本多,构型不容易控制,评审较为困难,不容易发现问题,而且,研制过程中的需求散落在各个文件中,查找和共享不便捷,文档中的需求描述存在不确定性,可能造成理解歧义,导致需求和设计脱节。MBSE 的应用,通过基于系统建模语言(SysML)统一使用,避免了文本的二义性和模糊性;同时,在系统研制的早期(需求和概念阶段),通过模型验证及时发现问题,实现对需求的完善过程。

3) 正向设计能力进一步增强。我国航空器研制经历了半个世纪的发展,研制水平较为成熟,已经具备初步正向设计能力,建立了规范的研发流程,但是在实际研发过程中,并不能持续稳定地做到从需求出发逐步进行正向分解,仍然存在以设计约束,甚至是以已有方案来倒推需求的情况。系统工程的应用可以规范正向研制过程,积累系统经验,有效控制项目风险、成本和进度。

4) 数字化、模型化的系统研制手段可以进一步推广。传统的"制造、试验、再制造、再试验"的研发形式,不仅成本大,而且周期长,已经不再适合目前的系统研发模式,通过模型化的方式,对系统原理、几何外形、功能、性能等进行表达、仿真和传递,可以在制造前全面和细致掌握系统特性并进行仿真试验,从而减少研制迭代次数,降低成本和缩短周期,同时,数字化和模型化的方式更容易对知识进行沉淀。

我国航空制造领域正在大力推进基于模型系统工程的应用,通过自顶向下,需求驱动系统研制模式,改进过程、方法和手段,促进系统研发效率提升,争取在航空领域的国际竞争中实现"弯道超车"[15]。

1.5 系统工程标准及手册

伴随系统工程实践和探索,一系列的系统工程标准也应运而生,其大致的发展路径如下:

1) MIL‐STD‐499,系统工程管理(Systems Engineering Management)。最早发布于1969 年,最后一次发布于1974 年(MIL‐STD‐499A),MIL‐STD‐499B(1994)并未发布,并被 IEEE 1220(试行版)替代。

2) EIA‐632,系统工程流程(Processes for System Engineering)。1994 年发布了临时版本 EIA/IS‐632,正式版于 1998 年发布,最新版本在 2003 年发布。

3) IEEE 1220,IEEE 系统工程流程的应用及管理标准(IEEE Standard for Application and Management of Systems Engineering Process)。1994 年发布 IEEE 1220 试行版,1998 年正式发布,最新版本在 2005 年发布。

4) ECSS‐E‐10A,太空工程:系统工程(Space Engineering:System Engineering)。1996 年发布。

5) EIA‐731,系统工程能力模型(System Engineering Capability Model)。1998 年发

布临时版本 EIA/IS‑731 SE CM,最新版于 2002 年发布。

6) NASA/SP‑6105,NASA System Handbook。1995 年发布,最新版在 2016 年发布。

7) ISO/IEC 15288,系统级软件工程——系统生命周期流程(Systems and Software Engineering —System Life Cycle Processes),2002 年发布,最新版在 2015 年发布。

8) ISO/IEC 19760,系统工程——ISO/IEC 15288 的应用指南[Systems Engineering — A Guide for the Application of ISO/IEC 15288(System Life Cycle Processes)]。2002 年首次发布,最新版于 2015 年发布。

由系统工程及其标准的发展历程来看,虽然系统工程理论和实践在第二次世界大战后得到了高速的发展,但是相关的标准并未真正成形。直到 20 世纪 90 年代,随着系统工程经验的积累和理论的成熟,相关的标准规范才开始大量涌现。尤其是国际系统工程协会(INCOSE)成立之后,组织开展了大量系统工程标准和手册的编制工作,最典型的代表是 ISO/IEC 15288,以及国际系统工程师协会(INCOSE)发布的《系统工程手册》(System Engineering Handbook)。

当前,随着系统工程理论和实践的不断发展,其标准体系也日益庞大,覆盖了系统工程的不同方面:生命周期管理、技术流程、管理流程、建模技术、专业工程等。表 1.1 至表 1.4 按照系统工程的不同子领域对其标准进行了分类。

表 1.1　顶层总体要求类标准

总体要求	标准内容	参考标准
系统生命周期管理	描述系统生命周期的阶段定义、技术评审、里程碑、准入条件、成功准则等,以及每个阶段的输入、输出、参与人员等	■ INCOSE‑SE Handbook‑4.0 ■ NASA‑SE Handbook‑2016 ■ ISO‑TR‑24748‑1‑2010‑System and Software Life Cycle Management ■ ISO‑15288‑2015‑System Life Cycle Process ■ ISO‑15289‑2011‑Content of Life-cycle Information Products ■ DoDI‑5000.2‑2015‑Operation of the Defense Acquisition System ■ DoD‑DAG‑Chapter‑4‑Systems Engineering ■ MIL‑STD‑1521B‑1985‑Technical Reviews and Audits ■ ECSS‑M‑ST‑10C_Rev.1(6March2009)‑Project Planning and Implementation ■ SEBoK‑V1.7‑2016 ■ GJB‑8113‑武器装备研制系统工程通用要求 ■ GJB‑3273‑1998‑研制阶段技术审查 ■ GJB‑1362A‑2007‑军工产品定型程序和要求
系统工程术语定义	描述系统工程的英语缩写和标准术语,统一系统工程沟通的语言	■ INCOSE‑SE Handbook‑4.0 ■ NASA‑SE Handbook‑2016 ■ ISO‑15288‑2015‑System Life Cycle Process ■ ISO‑24765‑2010‑Vocabulary ■ ANSI‑EIA‑632‑2003‑Process for System Engineering ■ IEEE‑1220‑2005‑Application and Management of System Engineering Process ■ ECSS‑S‑ST‑00‑01C(1October2012)‑Glossary of Terms

表 1.2　技术管理类标准

流程标准	方法/模板标准	标准内容	参考标准
技术管理流程		由于系统工程项目中的各个步骤、子过程是由不同的团队、机构、人员完成的,需要从技术的角度进行协调、管理,以确保设计方案的技术正确性、可行性。技术管理过程就是对这些活动从技术的角度进行计划、组织、协调、控制的过程,主要包括技术规划、技术控制、技术评估、技术决策等	■ INCOSE - SE Handbook - 4. 0 ■ NASA - SE Handbook - 2016 ■ ISO - 15288 - 2015 - System Life Cycle Process ■ ISO - 16326 - 2009 - Project Management ■ IEEE - 1220 - 2005 - Application and Management of System Engineering Process ■ DoDI - 5000. 2 - 2015 - Operation of the Defense Acquisition System ■ DoD - DAG - Chapter - 4 - Systems Engineering ■ ECSS - M - ST - 10C _ Rev. 1 (6March2009) - Project Planning and Implementation ■ SEBoK - V1. 7 - 2016 ■ GJB - 2993 - 1997 -武器装备研制项目管理 ■ GJB - 2116 - 1994 -武器装备研制项目工作分解结构
	系统工程管理规划	系统工程管理规划是技术规划的核心,描述如何进行系统工程管理的规划,包括系统工程范围、研制计划、研制程序、技术指标、验证方案等	■ INCOSE - SE Handbook - 4. 0 ■ NASA - SE Handbook - 2016 ■ ISO - TR - 24748 - 4 - 2016 - Systems Engineering Planning ■ IEEE - 1220 - 2005 - Application and Management of System Engineering Process ■ DoD - DAG - Chapter - 4 - Systems Engineering ■ ECSS - E - ST - 10C (6March2009) - System Engineering General Requirements ■ SEBoK - V1. 7 - 2016
	构型配置管理	构型配置管理是技术控制的一部分,描述构型配置管理规划、构型配置项识别、基线管理、变更控制、构型配置纪实和审计等	■ INCOSE - SE Handbook - 4. 0 ■ NASA - SE Handbook - 2016 ■ ISO - 10007 - 2003 - Guidelines for Configuration Management ■ ISO - 15289 - 2011 - Content of Life-cycle Information Products ■ ANSI - EIA - 649 - 1998 - Configuration Management ■ DoD - DAG - Chapter - 4 - Systems Engineering ■ ECSS - M - ST - 40C_Rev. 1(6March2009)- Configuration and Information Management ■ SEBoK - V1. 7 - 2016 ■ GJB - 3206A - 2010 -构型管理
	接口管理	接口管理是技术控制的一部分,描述如何进行系统内外部接口的识别、接口需求的定义、接口变更的控制以及接口信息的传递	■ INCOSE - SE Handbook - 4. 0 ■ NASA - SE Handbook - 2016 ■ DoD - DAG - Chapter - 4 - Systems Engineering ■ ECSS - E - ST - 10 - 24C (1June2015) - Interface Management ■ SEBoK - V1. 7 - 2016 ■ GJB - 2737 - 1996 -武器装备系统接口控制要求

续　表

流程 标准	方法/ 模板标准	标 准 内 容	参 考 标 准
	需求管理	需求管理是技术控制的一部分,描述从利益攸关者需要和需求、系统需求以及自顶向下直到最底层产品组件的技术需求进行管理的方法	■ INCOSE‐SE Handbook‐4. 0 ■ NASA‐SE Handbook‐2016 ■ ISO‐29148‐2011‐Requirements Engineering ■ DoD‐DAG‐Chapter‐4‐Systems Engineering ■ SEBoK‐V1. 7‐2016

表 1.3　技术类标准

流程 标准	方法/ 模板标准	建模规范/ 操作指南 标准	标 准 内 容	参 考 标 准
技术 流程			描述技术流程中与设计相关的流程,以及每个流程的输入、输出、活动、角色以及相应的控制项和使能项	■ INCOSE‐SE Handbook‐4. 0 ■ NASA‐SE Handbook‐2016 ■ ISO‐15288‐2015‐System Life Cycle Process ■ ANSI‐EIA‐632‐2003‐Process for System Engineering ■ IEEE‐1220‐2005‐Application and Management of System Engineering Process ■ SAE‐ARP‐4754A‐2010‐Guide for Development of Civil Aircraft and System ■ SAE‐ARP‐4761‐1996‐Guidelines and Methods for Conducting the Safety Assessment Process ■ ECSS‐E‐ST‐10C(6March2009)‐System Engineering General Requirements ■ SEBoK‐V1. 7‐2016
	业务或使命分析		描述所关注系统(system of interest, SOI)在系统之系统(systems of system, SOS)中的运行意图(concept of operation, ConOps),明确SOI的边界和外部接口	■ INCOSE‐SE Handbook‐4. 0 ■ AIAA‐G‐043A‐2011‐Guide to Operational Concept Document ■ ISO‐29148‐2011‐Requirements Engineering ■ SEBoK‐V1. 7‐2016
		UPDM 建模规范	描述如何使用 UPDM 建模规范建立 SOS 的 ConOps	■ OMG‐UPDM Specification
	利益攸关者需要和需求定义		描述利益攸关者需求捕获和分析过程,包括运行方案(operational concept, OpsCon)、采办、部署、支持、退出等	■ INCOSE‐SE Handbook‐4. 0 ■ NASA‐SE Handbook‐2016 ■ AIAA‐G‐043A‐2011‐Guide to Operational Concept Document ■ ISO‐29148‐2011‐Requirements Engineering ■ SEBoK‐V1. 7‐2016

流程标准	方法/模板标准	建模规范/操作指南标准	标 准 内 容	参 考 标 准
	系统需求定义		描述系统需求的分析和定义过程,包括功能、性能、接口、集成、物理、环境以及外部约束的需求	■ INCOSE‐SE Handbook‐4.0 ■ NASA‐SE Handbook‐2016 ■ ISO‐29148‐2011‐Requirements Engineering ■ ECSS‐E‐ST‐10‐06C(6March2009)‐Technical Requirements Specification ■ SEBoK‐V1.7‐2016
		需求定义规范	描述需求的模板、分类、结构、用语以及检查标准等方法	■ INCOSE‐SE Handbook‐4.0 ■ NASA‐SE Handbook‐2016 ■ ISO‐29148‐2011‐Requirements Engineering ■ ECSS‐E‐ST‐10‐06C(6March2009)‐Technical Requirements Specification ■ SEBoK‐V1.7‐2016
	系统架构定义		描述如何生成系统架构备选方案,选择出满足利益攸关者和系统需求的一个或多个备选方案,并以一系列一致的视图对备选方案进行表达	■ INCOSE‐SE Handbook‐4.0 ■ NASA‐SE Handbook‐2016 ■ ISO‐IEEE‐42010‐2011‐Architecture Description ■ ISO‐42030‐2013‐Architecture Evaluation ■ IEEE‐1471‐2000‐Architecture Description for Software Intensive System ■ SEBoK‐V1.7‐2016
		SysML建模规范	描述如何使用 SysML 建模规范定义系统的需求、行为和结构	■ OMG‐SysML Specification ■ OMG‐SysM Specification
	多物理统一建模和联合仿真		描述如何将机械、电子、液压、控制、热力、气动、电磁、流体等不同学科的模型"组合"成一个更大的仿真模型,以便实现协同仿真运行,进而实现对系统架构的验证和确认	■ INCOSE‐SE Handbook‐4.0 ■ SEBoK‐V1.7‐2016
		Modelica建模规范	描述如何使用 Modelica 进行系统的多物理统一建模	■ Modelica Association‐Modelica Specification ■ OMG‐SysM Specification
		FMI建模规范	描述基于 FMI 的联合仿真技术指南	■ Modelica Association‐FMI Specification

流程标准	方法/模板标准	建模规范/操作指南标准	标 准 内 容	参 考 标 准
嵌入式实时系统架构定义			描述如何生成嵌入式实时系统架构备选方案,选择出满足利益攸关者和系统需求的一个或多个备选方案,并以一系列一致的视图对备选方案进行表达	■ INCOSE‐SE Handbook‐4.0 ■ NASA‐SE Handbook‐2016 ■ ISO‐IEEE‐42010‐2011‐Architecture Description ■ ISO‐42030‐2013‐Architecture Evaluation ■ IEEE‐1471‐2000‐Architecture Description for Software Intensive System ■ SEBoK‐V1.7‐2016
		AADL建模规范	描述如何使用AADL建模规范定义嵌入式系统的需求、行为和结构	■ SAE‐AADL Specification
嵌入式软件设计定义			描述嵌入式软件设计的活动、输入、输出、技术、模板、角色等	■ DO‐178C‐2011‐Software Considerations in Airborne Systems and Equipment Certification
		UML建模规范	描述基于UML的软件开发建模规范	■ OMG‐UML Specification
超高速集成电路硬件设计定义			描述超高速集成电路硬件设计的活动、输入、输出、技术、模板、角色等	■ DO‐254‐2000‐Design Assurance Guidance for Airborne Electronic Hardware
		VHDL建模规范	描述基于VHDL的超速度集成电路开发建模规范	■ IEEE‐1076‐2008‐VHDL Language Reference Manual

表 1.4 专业工程类标准

流程标准	方法/模板标准	标 准 内 容	参 考 标 准
专业工程流程		描述与产品专业工程相关的流程,以及每个流程的输入、输出、活动、角色以及相应的控制项和使能项	■ INCOSE‐SE Handbook‐4.0 ■ ISO‐25010‐2011‐Systems and Software Quality Requirements and Evaluation ■ ISO‐25040‐2011‐SQuaRE‐Evaluation Process ■ ECSS‐Q‐ST‐20C_Rev.1(1March2013)‐Quality Assurance ■ SEBoK‐V1.7‐2016

流程标准	方法/ 模板标准	标 准 内 容	参 考 标 准
	系统可靠 性分析	描述如何对系统的可靠 性(reliability)进行分析	■ INCOSE‐SE Handbook‐4.0 ■ ANSI‐GEIA‐STD‐0009‐2008‐Reliability Program Standard for Systems Design，Development and Manufacturing ■ IEC‐60300‐1‐2014‐Dependability Management System ■ IEC‐60300‐3‐1‐2003‐Methodology of Analysis Techniques for Dependability ■ DoD‐DAG‐Chapter‐4‐Systems Engineering ■ ECSS‐Q‐ST‐30‐Dependability ■ ECSS‐Q‐ST‐30‐02C(6March2009)‐FMEA & FMECA ■ ECSS‐Q‐ST‐30‐09(31July2008)‐Availability Analysis ■ SEBoK‐V1.7‐2016
	系统维修 性分析	描述如何对系统的维护 性（maintainability）进 行分析	■ INCOSE‐SE Handbook‐4.0 ■ IEC‐60300‐3‐10‐2001‐Maintainability and Supportability ■ DoD‐DAG‐Chapter‐4‐Systems Engineering ■ ECSS‐Q‐ST‐30‐Dependability ■ SEBoK‐V1.7‐2016
	系统安全 性分析	描述如何对正在开发、 运行或维持的系统背景 环境中每个需求、系统 元素和行为进行分析， 以识别和消除或控制潜 在的安全风险	■ INCOSE‐SE Handbook‐4.0 ■ SAE‐ARP‐4754A‐2010‐Guide for Development of Civil Aircraft and System ■ SAE‐ARP‐4761‐1996‐Guidelines and Methods for Conducting the Safety Assessment Process ■ DoD‐DAG‐Chapter‐4‐Systems Engineering ■ MIL‐STD‐882E‐2012‐Standard Practice for System Safety ■ ECSS‐Q‐ST‐40‐Safety ■ ECSS‐Q‐ST‐40‐02C(15November2008)‐Hazard Analysis ■ ECSS‐Q‐ST‐40‐12C(31July2008)‐Fault Tree Analysis ■ SEBoK‐V1.7‐2016
	系统可测 试性分析	描述如何对系统的维护 性（testability）进行 分析	■ INCOSE‐SE Handbook‐4.0 ■ DoD‐DAG‐Chapter‐4‐Systems Engineering ■ SEBoK‐V1.7‐2016
	系统环境 适应性 分析	描述如何对系统的环境 适应性（environmental engineering)进行分析	■ INCOSE‐SE Handbook‐4.0 ■ ISO‐14001‐2004‐Environmental Management System ■ DoD‐DAG‐Chapter‐4‐Systems Engineering ■ SEBoK‐V1.7‐2016

续 表

流程标准	方法/ 模板标准	标 准 内 容	参 考 标 准
系统电磁兼容性分析	描述如何对系统的电磁兼容性(electromagnetic compatibility)进行分析	■ INCOSE‑SE Handbook‑4.0 ■ DoD‑DAG‑Chapter‑4‑Systems Engineering ■ MIL‑STD‑464C‑2010‑Electromagnetic Environmental Effects Requirements for Systems ■ ECSS‑E‑ST‑20‑07C‑Rev1(7February2012)‑Electromagnetic Compatibility ■ SEBoK‑V1.7‑2016
人因工程	描述如何将人员能力(如认知的、体能的、感知的和团队动态的)全面综合到系统设计之中的方法	■ INCOSE‑SE Handbook‑4.0 ■ ISO‑13407‑1999‑Human‑Centered Design Processes for Interactive Systems ■ DoD‑DAG‑Chapter‑4‑Systems Engineering ■ ECSS‑E‑ST‑10‑11C(31July2008)‑Human Factors Engineering ■ SEBoK‑V1.7‑2016

1.6 小 结

本章介绍了系统工程的基本概念和定义,以及现代系统工程的起源与发展历程。针对系统复杂度的不断提升,系统工程的应用可以有效降低风险、控制成本和进度,保证项目的成功。系统工程的应用领域广泛,但是系统复杂度和系统工程的应用价值成正比,这也是系统工程起源于航空航天等复杂项目并在该领域得到不断实践和丰富的原因。最后,基于系统工程的理论研究和应用,一系列系统工程标准和手册也得到发展,覆盖了系统工程学科的分支领域。

第 2 章
EIA - 632 系统设计过程

2.1 标准背景和简介

2.1.1 标准背景和发展

美国电子工业联盟(Electronic Industries Alliance,EIA,1997 年更名为美国电子工业协会)是由美国的电子制造商组成的一个标准和贸易组织,是美国电子行业的重要标准制定者。EIA 创建于 1924 年,最初名为无线电制造商协会(Radio Manufacturers' Association,RMA)。EIA 广泛代表了设计生产电子元件、部件、通信系统和设备的制造商工业界、政府和用户的利益,在提高美国制造商的竞争力方面起到了重要的作用[16]。

1994 年 6 月,EIA 的 G - 47 系统工程委员牵头,联合国家系统工程协会(INOSE)和美国国防部(DOD)制定了一套有关系统工程的临时标准 EIA - 632[17]。

1995 年 4 月,由 EIA 和国际系统工程协会(INCOSE)联合创建的工作小组来制定和发布完整的标准,该项目被命名为 PN - 3537。联合工作小组认为创建一个适用于各个工业和技术领域的顶层标准,可以更好地服务于美国工业界。因此,该标准的内容从系统实践中被抽象化进而形成[18]。

2.1.2 标准简介

EIA - 632 作为一份具有影响力的系统工程标准,通过吸收 20 世纪后半叶的系统工程最佳实践,提供了一套系统开发的系统化方法论。该标准旨在全球化竞争的浪潮中,帮助企业提升工程竞争能力、提升产品质量,在成本和价格可接受的范围内及时交付产品。因此,该标准主要聚焦在系统或组成系统的产品的概念、设计和实施阶段。

EIA - 632 定义了系统工程流程的相关需求,也就是定义了系统工程过程要"做什么",但没有明确指出"怎么"执行这些流程进行系统开发,也没有给开发者提供具体的方法和工具[19]。"怎么做"往往需要企业基于其特点,制定一套企业级的政策和程序,并根据实际的项目对系统工程的需求进行裁剪,并形成相关任务后获得。EIA - 632 标准的制定者将标准定位为以下用途:

1) 基于标准中的系统工程需求建立企业的系统工程基准;

2) 建立企业的系统工程标准、政策和程序;

3) 开发落地的工农业或特定专业领域的流程标准;

4）开发流程能力和评估模型；

5）建立系统工程专业术语和概念更好地进行沟通；

6）开发系统工程培训和教育课程；

7）准备实际的产品开发计划。

EIA - 632 通常和另外一份标准 EIA - 731《系统工程能力》（Systems Engineering Capability）配套使用。EIA - 731 提供了系统工程能力模型和评估方法，可以作为一个基准，用于评估 EIA - 632 的过程实施得效果（how well）。

图 2.1 是 EIA - 632 给出的系统工程流程的示意图，可以看出 EIA - 632 的标准提出了 5 大类共 13 个顶层流程。该流程适用于系统或组成系统的终端产品的开发，也适用于开发对系统终端产品的全生命周期起辅助作用的使能产品。

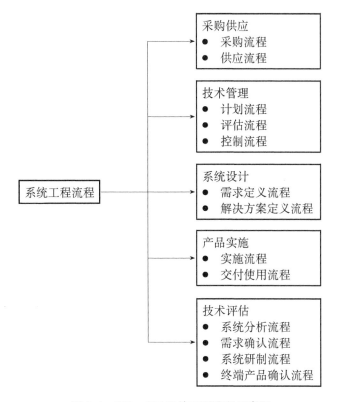

图 2.1　EIA - 632 系统工程流程示意图

系统工程师或开发者依据 EIA - 632 的标准应开展以下工作：

1）确定哪些流程适用于本企业的相关项目；

2）根据确定的流程选择适用的需求（EIA - 632 提出了 33 条系统工程需求，详见 2.2 节系统工程流程需求）；

3）为有效监控项目的实施，建立合适的政策和程序；

4）为选定的需求定义适当的任务；

5）建立方法和工具来支持相关任务的实施。

2.1.3 关键概念

1. 系统的概念

EIA-632标准认为系统应同时包含终端产品和使能产品。终端产品是指那些用于执行系统预期功能,达成采购方预期目的的产品。使能产品是指在终端产品的全生命周期过程中使得终端产品成功实现或运行的产品。使能产品将用于执行系统相关的流程功能:开发、制造、测试、部署和支持终端产品;对操作人员和维护人员进行终端产品的培训;退役或报废不再使用的终端产品。举例来说,使能产品可以是支持终端产品开发用的开发计划、分析模型、分析工具、物理模型等,用于生产终端产品的生产设备等。图2.2表明了系统元素的关系。

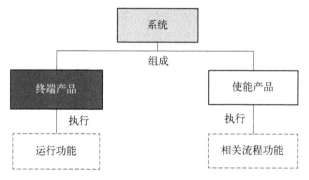

图 2.2　系统元素的关系

特别要说明的是,EIA-632中,系统的概念还包括那些参与产品开发、制造、试验、运行、支持和报废的人员,以及与系统运行相关的培训人员。由这些人员引进的人为因素的问题和相关考虑也要纳入系统开发中。

2. 系统结构的概念

在介绍系统结构的概念前,EIA-632首先引入了构建(building block)的概念。所谓"构建"是指构成大型结构的一个基本系统,图2.3是一个典型构建的示意图。一个构建由某个系统组成(灰色框),该系统包含一个或多个终端产品(黑色框),每个终端产品有两

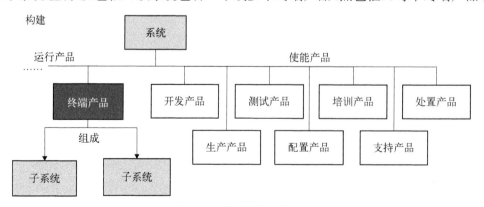

图 2.3　典型构建示意图

个或多个子系统(灰色框),以及一系列的使能产品(白色框)。每个终端产品或使能产品都包含以下至少一个以上的元素:硬件、软件、固件、人员、设施、数据、材料、服务和流程。

使能产品是一个比较不容易理解的概念,EIA 标准中给出了一个使能产品的例子,开发产品包括:开发计划、工程政策和程序、集成计划、信息数据库、自动化工具、分析模型、物理模型、工程及管理人员等。

EIA-632 提出了系统结构的概念,注意不是系统架构。对于复杂系统来说,一个单独构件很少能形成一套完整的解决方案以满足定义的采购方和其他利益攸关者的需求,往往需要多个层级构成一个复杂系统。如果需要进一步开发子系统,可以将子系统就作为一个下层级的构件开发。一旦本层的构建内容明确后(形成了终端产品规范、初始的子系统规范、接口规范、相关流程的使能产品规范),下一层的构建开发就可以开始了。相互关联的构建组成了系统结构,或者叫构建层级。构件层级的关系如图 2.4 所示。

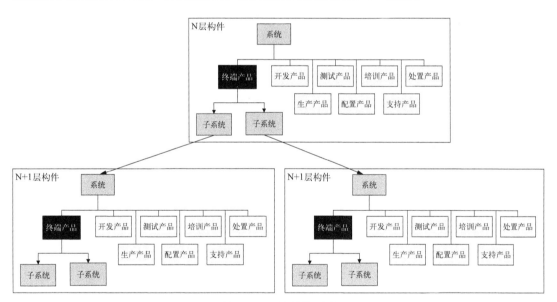

图 2.4 系统结构形式

这种分层的方法可以持续进行下去,直到:① 一个构件的终端产品可以被实现;② 终端产品的需求可以被现有的产品所满足;或者是③ 终端产品可以直接从供应商处采购获得。构件结构随着每个系统的组成不同也不尽相同,取决于终端产品的数量、终端产品中子系统的数量和相关流程中使用的使能产品数量。

3. EIA-632 的系统化的工程方法

基于以上对于系统和系统结构的基本概念,EIA-632 的标准定义了一套进行系统开发的系统化的方法,该思想基于以下三条基本准则:

1) 系统由一个或多个终端产品,以及一系列相关的使能产品组成,终端产品在全生命周期的使用以满足利益攸关者的需要和期望。

2) 产品是由层级化的元素集成起来,以满足定义的利益攸关者的需求。

3) 系统及其相关产品的工程过程是由掌握相关知识和技能的跨学科团队,通过采用针对系统不同层级中每个元素的一组流程实现的。

EIA-632中系统化的方法既可以用于优化、完善系统,也可以用于一个全新系统的开发。系统化的方法在工程生命周期内是增量式使用的,可以在生命周期内一个或多个阶段内使用,例如,制造、运行、支持或报废阶段。

基于系统结构的概念,使得项目进行分层开发变为一种可能,这就使得复杂的系统或者项目可以进行逐层分解、增量开发。一般来说,一个项目会通过正式的协议获得采购方的需求,并根据协议提供报告和交付产品。每一个项目可以有多个较低层级的构件开发,将上一层构建分解的需求作为协议,据此进行下一层构建的开发。如果低层级的构建由外部供应商进行开发,则必须通过协议的形式对低层级构建的需求进行约定。

对于包含多层级构建的系统来说,EIA-632提供了两种系统化的工程方法:自顶向下和自底而上的方式。自顶向下方法是将需求向下分配,以保证顶层的构件满足项目客户的需求。为了降低开发成本、缩短开发周期,可以选择满足需求的货架产品或重用一些部件。自底而上的开发方法一般不使用,除非能确保系统最顶层构件的需求不发生变化。

(1) 自顶向下的开发

图2.5是典型的自顶向下的开发过程。每一个构件的输入包括来自上层构件分配的需求和其他利益攸关者的需求。完成每一层的技术工作后,会得到这一层终端产品的需求规范以及子系统初始的需求规范。子系统的需求规范作为下一层构建开发的输入,以此类推,需求层层向下分配。

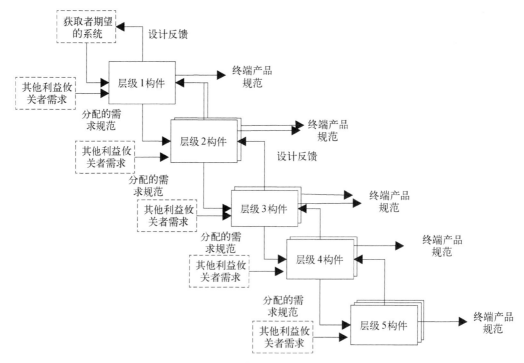

图 2.5 自顶向下的开发

随着开发工作的推进,下一层的设计结果会反馈给上一层,确保设计结果满足需求(接口需求、子系统需求的符合性),同时保证下一层级的设计结果不会对上层构件的终端产品、使能产品和子系统产生不利影响,这个过程也成为"设计验证"。同样的,如果上层构件由于其他子系统、使能产品的开发或者利益攸关者需求的变更导致需求发生变化,则需要将变更的需求逐层传递到下一层构建的开发过程中。

(2)自底而上的实现

通过自顶向下的开发过程,充分定义了终端产品的需求规范,基于这些需求规范进行产品的制造和或编码,然后就可以开始执行产品实现流程。自底而上的过程包括产品的装配、集成、验证和确认。图 2.6 展现的是终端产品自底而上的实现过程。

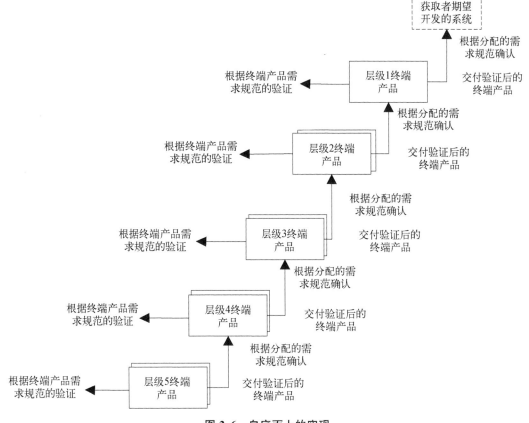

图 2.6　自底而上的实现

层级 5 的终端产品(可以是制造、采用的货架产品,复用的终端产品,或外部供应商交付的产品)一旦完成验证,将根据与上层签订的协议内容,向上交付终端产品及相关验证数据。在层级 5 的终端产品向上交付之前,需要由终端产品开发者或供应商,或第 4 层级构建的开发者根据向下分配的需求,确认产品满足需求。完成产品确认后,才能接收层级 5 的终端产品并在本层和确认的终端产品进行装配、集成,组建层级 4 的构件。然后依次类推,进行层级 4 的终端产品验证,直至层级 1 构件的终端产品按照协议内容交付给顶层的采购方。

自底而上方法的一个关键目的是尽可能在底层的开发过程中发现试验件(产品定型、批量生产前的产品属于试验件)的异常和设计问题,避免底层终端产品的问题被隐藏或忽略,从而在上层终端产品的验证、装配和确认过程中呈现出来。不符合需求规范的终端产品必须重新制造,重新编码,或重新采购来纠正异常和弥补不足,从而保证试验件被验证是正确的。

图2.7是将自顶向下的开发过程与自底向上的实现过程结合起来形成的系统工程的"V"模型。

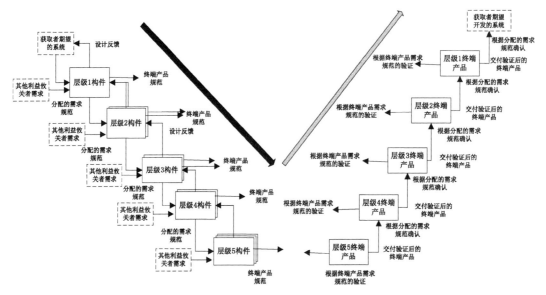

图 2.7　系统工程"V"模型

4. 跨学科团队的构建

系统工程项目的有效开展需要依靠具备不同知识和技能的跨学科的团队的团结协作。EIA-632标准也基于构建的概念,给出了系统工程跨学科团队的参考模型,如图2.8所示。

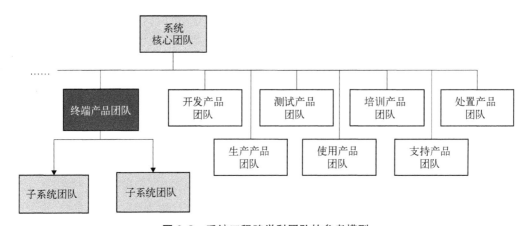

图 2.8　系统工程跨学科团队的参考模型

跨学科团队的构建也是围绕终端产品、使能产品，不同的终端产品由一支专业化的团队或某个领域的专家组成。系统的核心团队通常是由一个技术经理以及不同终端产品和相关流程团队的团队长组成。通过合理组建的跨学科团队可以确保产品技术数据的准确性和完整性，从而基于这些数据有效开展试验、制造、编码等。

以此类推，对于下一层构建的开发来说，子系统团队也变成了子系统终端产品开发的核心团队。

5. 工程生命周期概念

EIA - 632 提出了三类生命周期的概念，即产品生命周期、工程生命周期和基于企业的生命周期。

对于产品生命周期，EIA - 632 中并未做相关定义，和一般的项目管理中的概念相同。而对于另外两种生命周期的概念，EIA 标准中则给出了相关定义：

1）工程生命周期是指一组序列化的阶段，系统随着阶段的推进从概念到一组产品，该过程和基于企业的生命周期重定义的退出条件一致。

2）基于企业的生命周期是指系统从概念到报废的增量化进展，为了便于管理，对每个阶段都标识了里程碑和阶段退出的条件。

从概念来看，工程生命周期概念只关注系统从概念到交付的阶段为止，而基于企业的生命周期则需要考虑系统进入开发前的论证阶段直至产品运行、维修和报废。简单来说，基于企业的生命周期范围要比工程生命周期跨度更大。

通过前面系统/系统结构和系统化的工程方法的介绍，可以理解系统的开发过程一方面是自顶向下层层递进的。同时，随着时间的推进，对系统的设计开发颗粒度也不断细化，是一个增量开发的过程，然后再自底向上地层层实现。EIA - 632 中将分层的开发方式和工程生命周期阶段紧密联系在一起，在不同的阶段运用相应的流程针对系统的不同层级进行开发。

EIA - 632 的工程生命周期如表 2.1 所示，标准由将这些生命周期阶段分为以下三组：

1）概念，包括系统定义前阶段；

2）创建，包括系统定义、子系统设计和详细设计阶段；

3）实现，包括终端产品物理集成、试验和评估阶段。

表 2.1　EIA - 632 的工程生命周期

阶　段	活　动　描　述
前期系统定义	1）这是工程生命周期的开始阶段； 2）规划技术工作：采用技术管理流程对技术工作进行规划，或者对已有的技术工作计划进行完善，当然这些规划的技术工作需要和签订的协议保持一致； 3）系统概念定义：在项目的顶层构件应用系统设计流程，选择最优的系统概念满足采购方的需求，也可以是优化一个已选择的概念或已有的系统，这个概念是在本阶段之前的基于企业的生命周期阶段定义的；系统的一组初始规范和系统所选的终端产品将在本阶段进行定义，同时还要定义技术需求、风险和其他约束； 4）评审：在进入到下一个阶段前，需要完成系统概念评审和相应的技术评审（技术评审需要根据项目实际情况，增量式进行）

续　表

阶　段	活　动　描　述
系统定义	1) 应用系统设计流程、技术管理流程和技术评估流程,为顶层构件的终端产品建立规划化的需求;为每个终端产品的子系统定义初步的规范,包括接口规范;识别使能产品的需求,确保终端产品在开发、制造、测试、装配、部署、培训、支持和退役过程中满足功能需求; 2) 风险:在本阶段,应尽可能降低可识别的高技术风险点; 3) 评审:在进入子系统设计阶段前,需要完成系统定义评审和相应的技术评审
子系统设计	1) 采用系统设计流程、技术管理流程和技术评估流程,为项目的第二层级的构件创建终端产品的规范化需求;为需要进一步开发的子系统的终端产品定义初步规范包含接口规范;定义使能产品的需求; 2) 风险:规避可识别的子系统终端产品和使能产品的高技术风险点; 3) 评审:在进入到详细设计阶段前,需要完成子系统设计评审和相应的技术评审
详细设计	1) 采用系统设计流程、技术管理流程和技术评估流程,为项目的第三层或是更低的构件层级创建终端产品的需求规范和细节描述图纸或文档;为需要进一步开发的子系统的终端产品定义初步规范,包含接口规范;定义使能产品的需求; 2) 风险:在本阶段,应识别下一层级的终端产品和使能产品的高技术风险点,并进行规避; 3) 在进入到更低一层的详细设计前,进行相应的技术评审和系统详细设计评审;当一个终端产品设计可以购买或复用时,该终端产品的开发则不再需要重复进行,可以认为已完成开发; 4) 在进入到生命周期的下一阶段前,需要完成测试准备和生产准备的技术评审
终端产品的物理集成,测试和评估	1) 基于完整的详细设计规范、文档和图纸,从供应商获取终端产品,采购货架产品,或制造终端产品; 2) 采用实现流程、技术管理流程和技术评估流程,确认获取的终端产品,对其进行装配或集成到已确认的其他终端产品上,验证各部分的终端产品满足定义的需求; 3) 应用交付使用流程,根据协议向上一层的采购方交付已验证的终端产品; 4) 重复以上步骤,向上一层交付,直到根据项目协议,完成所有项目要求的终端产品和使能产品的交付

与工程生命周期不同,基于企业的生命周期是站在企业参与商业竞争的战略高度,通过在更早阶段进行项目成本测算,各个阶段进行评审以及管控,降低风险,控制成本,最终提升系统竞争力和客户满意度。基于企业的生命周期模型,通过确定各阶段退出准则,通过必要的评审确定是否满足进入下一阶段的条件,如果不满足则需要再对上一阶段的工作进行修改和完善,这些工作是为了确保项目成功或生产出具有市场竞争力的产品。

一般来说,基于企业的生命周期模型对每个企业都不尽相同。基于企业的生命周期模型通常会基于企业内部环境、市场规律、政府的政策制定,而不是基于系统开发的相关技术工作。但是,基于企业的生命周期各阶段的进入和退出的准则需要满足企业内部或客户要求的里程碑。基于企业的生命周期模型通常包含以下几个阶段:① 机会评估;② 投资决策;③ 系统概念开发;④ 子系统设计和前期部署;⑤ 部署/安装、运行、支持和退役。

2.2　系统工程流程需求

EIA－632 并没有给出系统工程具体流程的描述，而是提出了系统工程有哪些流程，以及针对这些流程的相关需求，也就是企业在制定这些流程时要考虑的过程、要素和任务。系统工程流程需求适用于任何产品的开发，既适用于系统结构的任何层级，也适用于基于企业生命周期的各阶段，图 2.9 表明了流程间的关系。

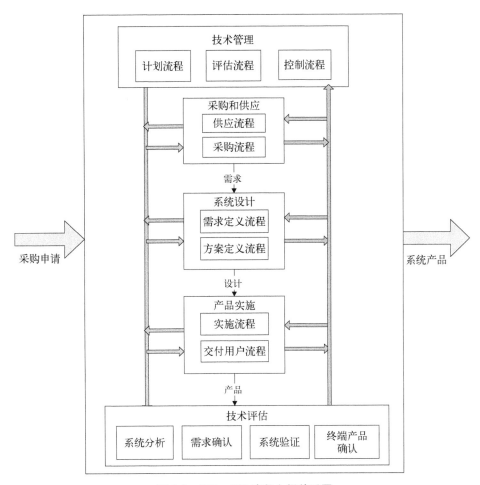

图 2.9　EIA－632 流程之间关系图

EIA－632 将系统工程流程分为以下五大类。

（1）采购和供应：包含供应商流程和采购流程

系统开发者将使用采购和供应流程与另一方基于达成一致的协议完成特定工作，按要求交付产品；或者请另一方或多方完成工作并获得期望的产品，合作方可以是本企业内的若干个部门，也可以是不同的企业。

不论正式或非正式的项目,都需要一个协议确保所有参与项目的合作者就工作的目的、目标和期望有一致的理解。

协议可以是两个企业间的,或是一个企业内不同部门间的,协议也可以包括项目间的,项目和功能单元间的,或是一个项目内单元间的。一个企业内的协议可以通过工作指令、工作包、工作授权或项目备忘录的形式。企业间的协议则需要通过正式的合同对产品的交付进行约定或者一个协议备忘录明确参与一个共同项目的多个企业间的工作关系。

不论协议的目的或形式,都需要包括以下信息:

1) 执行的工作;

2) 成本和进度的约束;

3) 运行概念;

4) 需要满足的需求,包括已知的功能、性能以及接口需求、属性、特征;

5) 需要交付的产品和数据;

6) 有关成本、进度、计划、交付信息、产品结构、包装和操作指导,或是安装指导的附属信息;

7) 适当的技术计划;

8) 适用的财务结构、管理和职权的规定;

9) 基于企业生命周期的相关退出准则;

10) 要求的技术评审。

图 2.10 说明了系统/项目开发者处于不同角色时需要使用的流程。

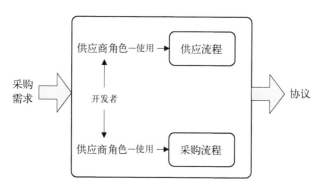

图 2.10 采购和供应流程

(2) 技术管理:包含计划流程、评估流程、控制流程

技术管理流程用于计划、评估和控制要求的技术工作,以满足签订的协议。三个技术管理流程的子流程(计划流程、评估流程和控制流程)的相互关系如图 2.11 所示。

(3) 系统设计:包含需求定义流程和解决方案定义流程

系统设计流程是将与采购方达成一致的需求转变成一系列可实现的产品,以满足采购方和其他利益攸关者的需求。

系统设计流程包含:需求定义和解决方案定义两个流程。其关系如图 2.12 所示。

本流程首先要做的技术工作是识别、收集和定义采购方和其他利益攸关者的需求,然后

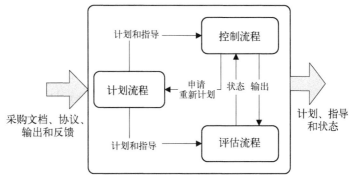

图 2.11　技术管理流程

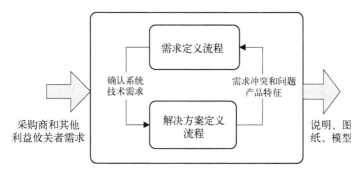

图 2.12　系统设计流程

将这些需求转换成一组经确认的系统技术需求。最终将确认过的系统技术需求转换成由一组规范化需求描述的设计解决方案。基于设计的成熟度,规范化需求的形式有规范说明、图纸、模型或其他设计文档。规范化的需求一般用于: ① 制造、编码、装配和集成终端产品; ② 对终端产品进行验证; ③ 获得货架产品; ④ 分派给供应商对子系统产品进行开发。系统设计流程中这些需求之间的关系,如图 2.13 所示。

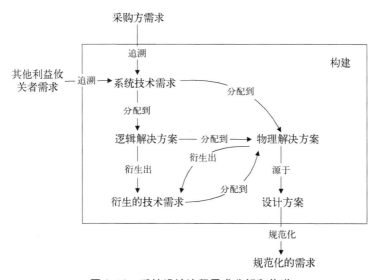

图 2.13　系统设计流程需求分解和传递

利益攸关者需求(包含采购方和利益攸关者需求)、系统技术需求、衍生技术需求和规范化的需求区别如下:

1) 从作用来看,利益攸关者需求构成了问题域,即系统功能、性能及其他方面的需求。这类需求可以作为开发工作的初始规范或者作为采购货架产品的一组规范化需求。采购方开发或采购的终端产品需要基于这些规范进行确认。

2) 衍生的技术需求,逻辑解决方案和系统技术需求反映的是技术方案演进的中间状态,是经过确认和量化的。而设计方案则是选择出可以满足这些需求的物理解决方案,即经过验证的方案。

3) 规范化的需求构成了对最终方案的定义。这些需求有两个作用。第一个作用是用于系统终端产品的制造、采购或装配、集成,是对终端产品解决方案的描述,例如规范、图纸、部件清单等;第二个作用向下一层分配,作为需要进一步开发的子系统终端产品的需求,如图 2.14 所示。

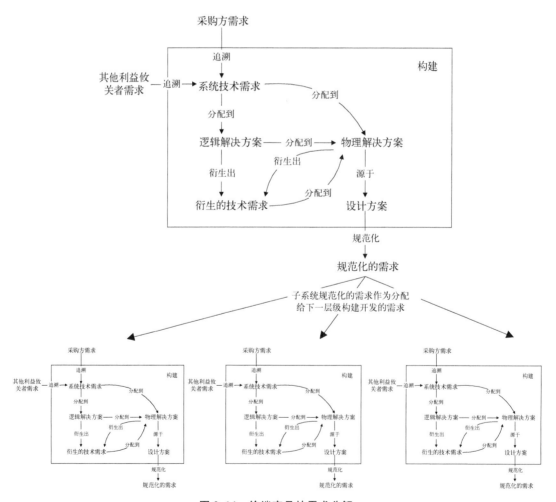

图 2.14　终端产品的需求分解

（4）产品实施：包括实施流程和交付使用流程

产品实施流程主要用于：① 将规范化的需求和设计解决方案的其他特征转换成一个经验证的终端产品或者是符合协议和其他利益攸关者需求的一组终端产品；② 将产品交付给预定的运行环境、客户或存储场地；③ 在指定的运行场地或指定的平台上进行产品安装；④ 提供协议中要求的服务支持。

产品实施的两个子流程关系如图 2.15 所示。

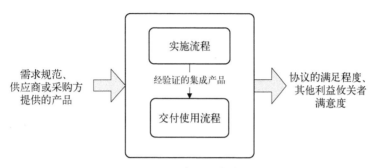

图 2.15　产品实施流程

（5）技术评估：包括系统分析流程、需求确认流程、系统验证流程、终端产品确认流程

技术评估流程会被系统工程的其他流程调用，共包含四个子流程：系统分析、需求确认、系统验证和终端产品确认流程。这些流程的关系如图 2.16 所示。

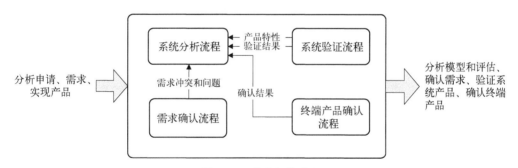

图 2.16　技术评估流程

图 2.17 是 EIA－632 标准中给出的 33 条系统工程流程需求。

图 2.18 以需求定义流程为例，介绍 EIA－632 标准中典型的流程需求，具体如下：

1）流程包含的需求。

2）流程的输入。

需求定义流程有三类输入：① 来自协议、其他文件，以及开发的系统项目中有利益关系的个人或团体；② 其他流程输出的需求，例如来自技术评审流程的技术规划和决策；③ 对第一类需求的申请或经批准的变更。

本阶段需求的定义来自利益攸关者，他们是对系统工程过程关心的人。利益攸关者有两类：系统产品的采购方和其他利益攸关者。

需求定义过程用来将利益攸关者需求转换成一组系统技术需求。这些需求采用一些可

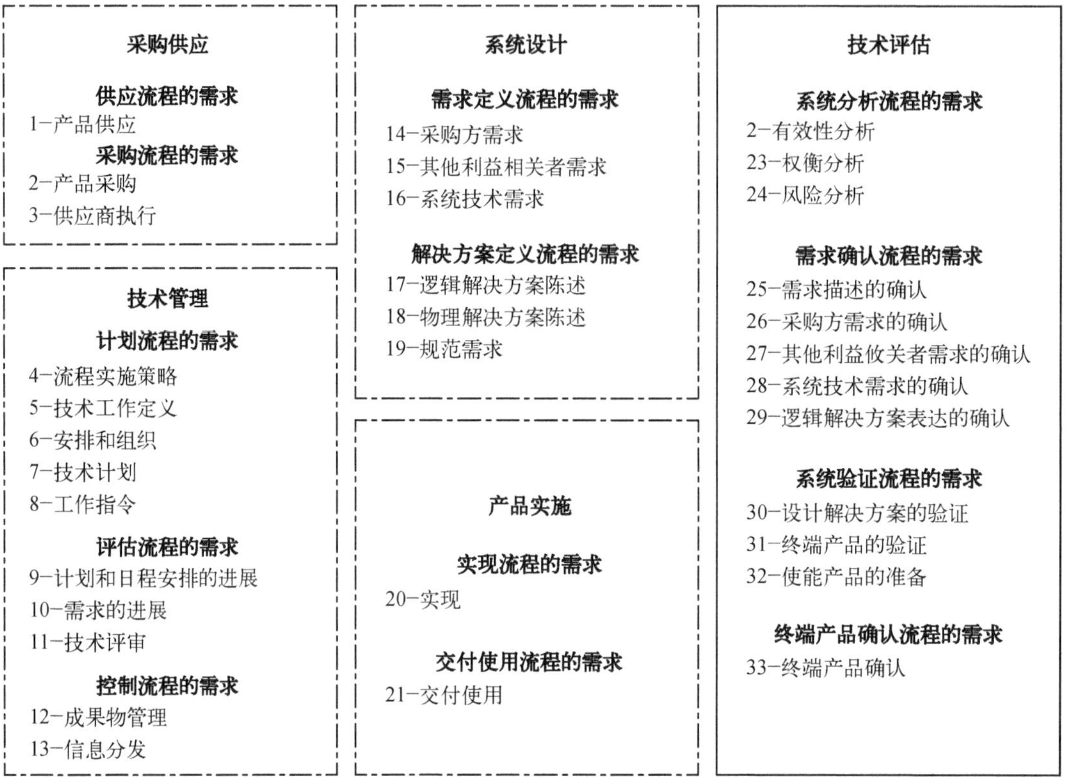

采购供应
供应流程的需求
1-产品供应
采购流程的需求
2-产品采购
3-供应商执行
技术管理
计划流程的需求
4-流程实施策略
5-技术工作定义
6-安排和组织
7-技术计划
8-工作指令
评估流程的需求
9-计划和日程安排的进展
10-需求的进展
11-技术评审
控制流程的需求
12-成果物管理
13-信息分发
系统设计
需求定义流程的需求
14-采购方需求
15-其他利益相关者需求
16-系统技术需求
解决方案定义流程的需求
17-逻辑解决方案陈述
18-物理解决方案陈述
19-规范需求
产品实施
实现流程的需求
20-实现
交付使用流程的需求
21-交付使用
技术评估
系统分析流程的需求
2-有效性分析
23-权衡分析
24-风险分析
需求确认流程的需求
25-需求描述的确认
26-采购方需求的确认
27-其他利益攸关者需求的确认
28-系统技术需求的确认
29-逻辑解决方案表达的确认
系统验证流程的需求
30-设计解决方案的验证
31-终端产品的验证
32-使能产品的准备
终端产品确认流程的需求
33-终端产品确认

图 2.17　EIA-632 标准中系统工程流程需求

需求定义流程
需求14-采购方需求
需求15-其他利益攸关者需求
需求16-系统技术需求

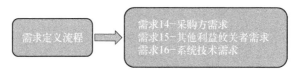

图 2.18　需求定义过程需求

接受的专业术语，描绘一个相对完整的问题域，这些问题被解决来提供一套最终产品和使能产品，以达到获取者和其他利益攸关者的要求和期望。

3）流程需求的描述。

> 需求 14——采购方需求
> 开发者应该为系统或系统的部分定义一组采购方需求并进行确认。

4）标准中建议的流程需求需要开展的任务或活动。

开发者必须计划和开展恰当的任务，来完成此需求。可以考虑开展如下任务：

① 定义、收集并按照优先级顺序将客户需求、用户需求和操作者需求分配给系统或系统的一部分，这些需求包括：开发需求、制造需求、测试需求、部署/安装需求、培训需求、运行需求、支持/维护需求和系统的退出需求。

② 确保输出的需求与采购方的需要和期望保持一致。

③ 在建立的信息数据库中记录输出的采购方需求集。

完成此需求关联的输出结果,当与其他利益攸关者需求结合时,定义系统技术需求和定义使能产品的需求。

2.3　小　　结

EIA - 632 是由美国电子工业协会和国际系统工程协会联合制定,定位为美国工业领域的顶层系统工程标准。该标准基于 20 世纪下半叶全球工业领域的最佳实践,总结提炼出了系统工程的核心思想,包括系统结构、系统的分层设计、系统化的工程方法(自顶向下的开发和自底向上的实现)、系统工程团队和工程生命周期,另外总结归纳了系统工程流程的典型需求,这些基本概念和系统工程核心思想不断得到延续和发展,都被借鉴和使用到其他系统工程标准及手册中。该标准的巨大影响力还体现在,其广泛应用于国际上知名的航空航天、防务企业和研究机构,成功应用于很多企业研发体系的顶层,成为一份具有生命力的标准。EIA - 632 与 EIA - 731《系统工程能力(Systems Engineering Capability)》成为系统工程领域具有时代意义的标准。

第3章
ISO/IEC/IEEE 15288《系统和软件工程——系统生命周期过程》

3.1 标准的范围和应用领域

ISO/IEC/IEEE 15288《系统和软件工程——系统生命周期过程》是国际标准化组织第一个用于处理全生命周期过程的相关与软件、硬件以及组织结构相交互的国际标准。该标准是由电气与电子工程师协会（Institute of Electrical and Electronics Engineers，IEEE）发布的，目前最新的版本是 ISO/IEC/IEEE 15288：2015[20]。

版本 ISO/IEC/IEEE 15288：2015 的颁布替代了 ISO/IEC/IEEE 15288：2008、ISO/IEC/IEEE 15288：2004 以及 ISO/IEC/IEEE 15288：2002。最初的 ISO/IEC 15288 是在 2002 年颁布的，这也是颁布的第一个用于处理全生命周期过程的国际标准。最新一版的 ISO/IEC 15288 是电气与电子工程师协会、国际系统工程标准化组织（International Organization for Standardization，ISO）以及国际电工委员会（International Electrotechnical Commission，IEC）联合技术委员会的标准化小组委员会共同制定的[21]。

该修订的 ISO/IEC/IEEE 15288 标准是 SC7 协调战略中的一个步骤，以实现完全集成的系统和软件生命周期流程套件及其应用指南。它也是 ISO/IEC JTC 1/SC 7 和 IEEE 共同战略的重要一步，以协调其各自的标准。新的 ISO/IEC 12207 和 ISO/IEC 15288 版本将提供适用于 ISO/IEC 和 IEEE 标准集合的单一共享基准系统和软件生命周期流程。

3.1.1 标准的范围和目标

ISO/IEC/IEEE 15288《系统和软件工程——系统生命周期过程》规定了通用于人工制造领域的有关产品开发生命周期的基本流程框架。该标准定义了一系列的流程以及其相关的专业术语，包括基本概念、开发、生产、综合、支持和处置阶段的流程。该标准同时支持定义、控制、评价和改进的相关流程内容。这些流程为处理实施、迭代、递归系统以及系统元素的生命周期活动提供了指导和参考。

ISO/IEC/IEEE 15288 标准中的流程内容可应用到系统层级结构中的各个层级。预选的流程内容可应用到产品的整个生命周期，用于管理和执行系统生命周期的各个阶段。该流程将实现利益攸关者的全程参与和实现，以确保交付的产品符合客户的需要和需求目标。该标准还提供了支持组织或项目中使用的系统生命周期流程的定义、控制和改进的流程。

通过该标准,将国际标准中的流程和活动进行选定、谈判、达成一致并执行。组织和项目可以在采购和供应系统时使用这些流程。该标准的使用范围包括了人工制造的系统,以及可能配置有一个或多个的系统元素:硬件、软件、数据、人类、过程(例如,向用户提供服务的过程)、程序(例如操作说明)、设施、材料和自然发生的实体。

ISO/IEC/IEEE 15288 标准有助于实现以下活动内容:

1)为系统创建一个需要的流程环境。

2)为项目裁剪和架构选择,以及创建流程环境流程元素来保证项目的生产和服务。

3)为采购和供应提供通用的流程和活动协议。

ISO/IEC/IEEE 15288 标准涉及了流程的实施者,流程的执行和为实施提供了必要的流程参考模型,这些模型有助于支持组织流程活动和改进。ISO/IEC/IEEE 15288 标准的目的是在产品生命周期中,为采办方、供应商以及其他利益攸关者之间提供一系列交流和协议流程,来保证生命周期中采购和供应活动的顺利执行。其次,本标准同时适用于采购方和供应商的不同角色组织。它可以应用于单一组织的自约束模式,也可用于多方的流程模式。多方可以来自同一个组织或来自不同的组织,而模式可以是非正式的协议模式或正式的合同模式。最后,该标准为创建基本的商业环境提供了依据标准和参考资料,包括:方法、程序、技术、工具以及培训等内容。

3.1.2 预期应用

本国际标准适用于系统的完整生命周期,包括系统的概念、开发、生产、利用、支持和退役以及系统的获取和供应。本国际标准的生命周期过程可以同时、迭代和递归地应用于系统及其元素。

系统具有广义定义,其中有关目的、应用领域、复杂性、规模、新颖性、适应性、数量、位置、生命和进化方面存在着各种各样的系统。该标准描述了构成任何人工制造系统生命周期的过程。因此,它适用于归为一类的系统概念,该系统是可批量生产的系统,可定制化的,同时也具有特点。另外,该标准也适用于一个完整的独立系统或者嵌入式系统,并集成到更复杂和更完整的系统中去的系统。

3.2 标准的关键概念和应用

3.2.1 组织和项目概念

1. 组织

当一个组织进入协议时,其在协议中被定义当事人。协议中的所有当事人可能来自同一个组织架构,也可能来自独立的不同的组织架构。一个组织可能是一个独立的人(当其被分配了职责和授权时)。

在非正式的术语中,负责执行流程的组织有时被称为该流程的名称。例如,组织执行采购流程时,则其被称作采购方。其他组织可能被称作供应商、制造商、运营商和维修商。在标准中组织活动中还定义有其他术语:"用户"被定义为利用产品或服务获取利益的组织;"客户"是对应于用户和采购方而言的;"利益攸关者"则是对应于利益系统的个人或者组织。

流程和组织是针对相关功能性的。该标准中没有直接定义组织的结构,也没有具体地定义特定流程应当由特定的组织来执行。实施该标准的组织有责任为组织定义合适的结构并分配适当的角色以执行过程。标准中定义的流程是关于各个不同组织中全面的过程理解。一个不论大或是小的组织都是依赖于商业目标,或者采购的策略来选择适当的一组流程内容来实现该目的。一个组织可能执行一个或多个流程。

本标准应当由内部或外部一个或多个组织来实现。当由内部实现时,签约的双方应当根据协议的内容来执行活动。当由外部组织执行时,双方应当通过合同的形式来执行活动。为了实现该标准的目标,任何项目都应当通过组织架构来执行。项目所依赖的用于组织架构的商业流程的输出物定义是非常重要的,例如,用于执行项目的员工和项目的设备。

2. 组织和采用的项目层级

现代商业驱动了开发具有鲁棒性的生命周期流程用于商业项目中。因此,该标准适用于各种层级的组织架构和各种层级的项目。组织的项目应当确定组织性的流程而不是直接确定对应的标准。在一些情况中,项目可能由没有在组织层面采用的适当流程集的组织执行。例如一个项目可能直接用于项目。

3.2.2 生命周期概念

1. 生命周期模型

每一个系统都有各自的生命周期。一个生命周期模型能够描述功能性模型的摘要来代表系统需要的概念性,还有系统的实现、应用、评估和退役过程。一个系统的整个生命周期都是组织中人员执行和管理行为的结果,使用、执行这些行为的过程。生命周期模型细节应通过流程、输出以及其关系和顺序来描述。不同的是,生命周期模型定义了一组流程和用于定义系统生命周期的生命周期流程。同时,该国际标准并不描述生命周期模型中的特定的流程顺序。流程的顺序是根据项目目标和所选择的生命周期模型来确定[22]。

2. 生命周期阶段

生命周期根据系统的性质、目的、用途和主要情况而有所不同。每一个阶段对于这个生命周期都有特定的目标,这些目标应当用于系统生命周期活动的计划和执行。系统生命周期阶段代表了相关于系统生命周期的主要过程、阶段,也描述了系统的状况。生命周期阶段描述了项目的主要进程和整个系统生命周期的里程碑。同时,这些阶段也为生命周期提供了决策门的过程。这些决策门被组织用来理解和管理、创建或使用系统的时间与成本、进度和功能相关的不确定性和风险。这些阶段为组织提供了一个框架,在该框架内,组织管理层对项目和技术流程具有高度的可见性和控制力。

3.2.3 流程概念

1. 流程标准

该国际标准中,根据以下三个基本原则确定生命周期中的流程:

1）每个生命周期过程在结果、活动和任务之间都有很强的关系；

2）最大限度地减少流程之间的依赖关系；

3）在生命周期中，由一个组织来执行一个流程内容。

2．流程描述

在标准中，每一个流程的内容定义应符合以下特点：

1）标题应表达整个过程的范围；

2）目的应描述执行过程的目标；

3）结果表达了流程成功执行所预期的可观察结果；

4）流程活动中的活动表达了一组任务的聚合。

这些任务是旨在支持实现结果的要求、建议或允许采取的行动。

3.2.4　标准中的流程

本国际标准构成了一组应用于生命周期过程中执行的活动，主要包括了四组流程。这些流程中的每一个生命周期流程都将通过定义其目标、描述输出物、列出需要执行的相关活动和任务来实现输出物。这四组流程活动和每组流程内容通过图 3.1 进行描述。本标准中描述的流程并不意味着排除或阻止组织使用其他流程[23]。

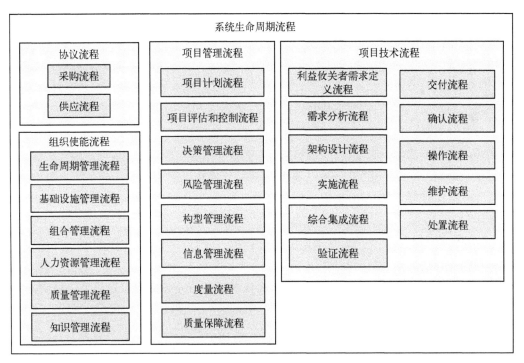

图 3.1　系统生命周期流程

3.2.5　流程应用

本国际标准中所定义的生命周期流程可以被任何组织用于使用、创建或采购系统。这些组织可以应用本流程于不同系统层级结构中,也可用于生命周期中的各个不同阶段。这些过程执行的功能是根据特定目的、结果以及构成过程的一系列活动和任务来定义的。

在生命周期过程中,如需要,图 3.1 中的每一个生命周期流程都可以被重复使用。本标准中提供的流程顺序并不意味着其应用中也必须遵循此流程的顺序,在具体生命周期中需定义具体的特殊流程关系。在整个生命周期中使用这些流程的详细目的和时间受多种因素的影响,例如包括社会、贸易、组织和技术方面的考虑,每一个考虑的因素在整个系统生命周期中都可能会产生变化。每一个独立的系统生命周期都是一个复杂系统的流程,该流程通常具有并发、迭代、递归和时间相关的特征。

在一个项目中是有可能存在流程并行执行的,例如,可以在设计一个系统的同时准备创建该系统时需要的准备活动。其次,在不同的项目中也可以并行执行流程活动,例如,系统元素在不同的项目职责下同时设计。

当一个流程或一组流程在同一系统上重复使用时,此过程称之为迭代过程。流程的迭代使用过程是逐步完善流程输出物的过程,例如,成功的验证活动和产品综合集成的相互迭代可增量式的构建充分确认一致性的产品的过程。流程迭代不仅是适当的使用,也是所期望执行的。应用一个流程和一组流程的过程是创建新的信息的过程。通常情况下,这些信息采用与需求分析、风险或机会有关的问题形式。此类问题应当在完成该流程或该组流程所有活动前解决。

流程使用的递归过程是本标准应用的一个关键方面,例如,重复地将一个流程或一组流程应用于系统结构中不同层级的系统元素的开发过程中。每一个系统层级结构中的输出物,不论是信息、产品或是服务,都应当作为下一个(当基于从上至下开发层级结构时)或上一个层级(当基于从下至上实现集成层级结构时)流程执行的输入物。一个流程应用的输出物应当是系统层级结构中下一个层级系统的输入,以确保得到一个具体和具有更高成熟度的输出物。这种方法确保了系统结构增量式的开发和实现价值。

对系统影响的不断变更,这一特性要求在使用和选择流程时需要不断的审查。变更的内容可能包括运行环境的变化、实现系统元素的新技术、更改组织架构和责任内容等。生命周期中流程的应用是动态的,也会影响相对应的外部系统。生命周期方法还允许将变更同时纳入下一生命周期阶段。生命周期阶段通过提供可理解和可识别的高级目的和结构,帮助生命周期过程的规划、执行和管理来解决生命周期中的复杂性。在一个生命周期阶段中所应用的一组程序应当通过生产的形式来确保其满足退出该阶段的标准准则,或满足进入下一个阶段的标准准则。

本章所讨论的生命周期中流程的递归和迭代过程并不意味着系统、使能系统、组织架构或项目中的每一个纵向的、横向的结构都应当执行迭代和递归。

在产品质量风险合理的情况下,还可以创建特定产品内容的流程实例来详细描述。流程的实例化涉及识别流程实例的特定成功标准,从产品需求中获取,并确定实现成功标准所需的特定活动和任务。详细描述实例化的流程有助于通过创建流程和具体产品需求追溯关系的方式,更好地管理产品的质量风险。

3.3　系统生命周期过程

3.3.1　协议流程

本流程规定了与组织内部和外部组织机构建立协议的要求。协议流程包括了以下内容：

1）采购流程：用于采购产品和服务的组织；

2）供应流程：用于供应产品和服务的组织。

这些流程定义了在两个组织之间建立协议所必需的活动。如果提供了与供应商开展业务的手段，就会启动采购流程。该流程包括了采购的产品，这些产品能够自行运行也可作为运行活动的服务，或者系统中的某些元素是由供应商提供的。当供应流程启动时，该流程提供了供应商和采购方之间能够就产品和产品服务的结果达成协议共识的手段。

1. 采购流程

（1）目标

采购流程的目标是获取任务采购者需求的产品或服务。

（2）输出

采购流程实施完成的输出物为

1）准备供应请求；

2）选择一个或多个供应商；

3）创建采购方和供应商间的协议；

4）符合协议的产品或服务将被接受；

5）满足协议中规定的收购方义务。

（3）主要任务活动

根据项目的组织架构与项目实施策略，通过完成以下任务活动来符合采购流程内容：

1）准备采购流程

① 定义如何执行采购活动的策略。采购流程的策略主要描述生命周期模型、风险和问题规避、里程碑的时间安排以及当供应商对于采购方属于外部架构时的供应商选择标准。该策略也包括了采购过程中关键的驱动力和特性，例如：责任和义务的具体模型、方法或流程，关键程度，形式，并优先考虑相关贸易因素。

② 准备提供产品或服务的请求，应包括产品或服务需求的描述。如果供应商是外部组织架构的，那么该请求应该包括供应商的商业经验和选择供应商时定义的标准。产品或服务的需求定义需提供给一个或多个供应商。根据采购方法，通过相关的需求定义流程来制定产品或服务的需求，其中该需求包括了利益攸关者需求和系统需求。采购方需开发相关的产品和服务需求或者授权供应商开发需求。当采购方授权供应商开发需求时，采购应当具有批准供应商所提供需求的授权。

2）告知采购并选择供应商

① 向潜在供应商传达产品或服务供应的请求；

② 选择一个或多个供应商。

3）创建和维护协议

① 与供应商制定包括验收标准的协议。

② 供应商与采购方的协议应采用正式的形式。正式协议中应包括需求、开发和交付的里程碑，验证、确认、可接受的条件，协议变更管理程序和支付的时间安排，因此该协议应当得到双方的认可。细节内容需要双方进行谈判得出结论，最后供应商和采购方应当接受认可协议中所协商的内容。书面书写合同，双方需签署合同。

③ 识别协议中需要变更的内容。

④ 评估变更协议所产生的影响。

⑤ 协议中任何内容的变更都会影响项目的计划、时间安排、成本、技术能力和质量。现有的协议内容是可以进行变更的，可以提出对协议内容进行修改的变更请求，也可以申请重新定义协议。

⑥ 与供应商谈判协议内容。

⑦ 必要时与供应商更新协议。

4）监督协议

① 访问协议的执行过程。

② 该构成包括：采购方应当根据协议内容，作为相关会议的参与者和责任方。项目评估和控制流程将作为评估项目成本、时间安排、绩效和不可预估的影响的考核过程和方法。

③ 提供供应商所需的数据并及时解决问题。

5）接受产品或服务

① 确认交付的产品和服务符合协议中制定的内容；

② 提供付款或其他议定的考虑；

③ 按照协议的规定接受供应商或其他方的产品或服务；

④ 关闭协议。

2. 供应流程

（1）目标

供应流程的目标是提供采购方符合协议需求的产品或服务。作为该流程的一部分，协议内容是可以在采购方和供应方双方认可的情况下进行更改。

（2）输出

供应流程实施完成的输出物为

1）确定产品或服务的采购方；

2）定义回复采购方要求的责任人；

3）采购方和供应商间创建协议；

4）批准产品或服务；

5）采购方表明满足协议的内容；

6）按照协议的规定，对所获得的产品或服务的责任转移。

（3）主要任务活动

根据项目的组织架构与项目实施策略,通过完成以下任务活动来符合供应流程内容:

1）准备供应

① 确定需要产品或服务的收购方的存在和身份。该过程通常通过在商业和任务分析流程中产生。对于一个产品的开发而言,消费者或个体,例如,供应商组织中的市场功效,通常代表了产品或服务开发的采购方。

② 定义供应策略。供应策略通常描述和反映了产品生命周期中的模型,风险、问题规避,里程碑的进程安排。同时,它也包含了关键的驱动和特性,例如,责任和义务的具体模型、方法或流程,关键程度,形式,并优先考虑相关贸易因素。

2）进行投标

① 评估提供产品或服务的要求以确定可行性和应对方案;

② 准备满足招标的回复。

3）创建和维护协议

① 与收购方谈判达成协议,其中包括验收标准;

② 识别协议中需要变更的内容;

③ 评估协议变更的影响;

④ 与采购方谈判协议内容;

⑤ 必要时与采购方共同更新协议。

4）执行协议内容

① 按照既定的项目计划执行协议;

② 评估协议的执行过程。

该过程包括了根据协议内容确认所有参与方的会议职责和任务。项目评估和控制流程用于评估项目的成本、时间进程、绩效和对输出物的影响。构想管理流程中的变更管理活动用于控制系统元素的变更。

5）交付和支持产品和服务

① 交付符合协议标准的产品和服务;

② 根据协议内容,协助采购方用于支持产品和服务的交付;

③ 接受并确认付款或其他商定的考虑;

④ 按照协议的规定将产品或服务转让给收购方或其他方;

⑤ 关闭协议。

3.3.2　组织项目—使能流程

组织项目使能流程主要用于确保组织架构在项目的启动、支持和控制阶段,具备采购和供应产品或服务的能力。这些流程将提供必要的资源和基础设施用于支持项目和保障其满足住址建构的目标和已创建的协议内容。这些流程并不能成为一套全面的业务流程,以实现组织业务的战略管理。

项目组织使能流程主要包括以下子流程内容:

1）生命周期管理流程；

2）基础设施管理流程；

3）组合管理流程；

4）人力资源管理流程；

5）质量管理流程；

6）知识管理流程。

1. 生命周期管理流程

（1）目标

生命周期管理流程主要用于定义、维护、保障政策、生命周期流程、生命周期模型和程序的可用性。该流程将提供生命周期中的政策、流程、模型和程序，用于保障与组织架构目标的一致性；用于定义、筛选、改进和维护支持各自项目需求的组织架构内容；也用于确保有效的、经过验证的方法和工具应用。

（2）输出

生命周期管理流程实施完成的输出物为

1）建立了生命周期模型和过程管理/部署的组织政策和程序；

2）定义用于生命周期中的政策、流程、模型和程序；

3）评估用于组织架构活动的生命周期模型和流程；

4）实现流程、模型和程序的优先级改进。

（3）主要任务活动

根据项目的组织架构与项目实施策略，通过完成以下任务活动来符合生命周期管理流程内容：

1）创建流程

① 创建用于流程管理的政策和程序，并保障其实施符合组织架构策略；

② 创建用于实现国际标准需求的流程，并保障其实施符合组织架构策略；

③ 定义用于实现流程和生命周期策略管理中的责任制、问责制和权限设定的内容；

④ 定义生命周期中用于控制实现进程的商业评估标准；

⑤ 建立了进入和退出每个生命周期阶段的决策标准和关键里程碑（有时用业务成就来进行描述）；

⑥ 为由阶段组成的组织建立标准生命周期模型，并确定每个阶段的目的和结果。

2）评估流程

① 监控整个组织的流程执行情况。此活动包括了根据商业标准，分析流程的度量标准和审查趋势，考虑到项目有效性和效率问题进行项目的反馈，根据规章制度和组织政策检测执行过程。

② 项目所使用的生命周期管理模型中，周期性地执行审查活动。该活动可以确保所使用的生命周期模型的持续性、适合性和效率，同时也可以改进生命周期模型中的活动。它们包括了生命周期中的策略、流程和控制进程中定义的交付标准。

③ 根据评估结果，识别出可改进的内容。

3）改进流程

① 优先考虑和规划改进的可能性；

② 实施流程内容改进并告知相关利益攸关者。

2. 基础设施管理流程

（1）目标

基础设施管理流程的目的是在整个生命周期活动中，为支持项目组织活动和符合项目目标而提供必要的基础设施和服务。本流程定义、提供和维护设备、工具，以及为组织商业活动时需要的沟通和信息技术提供保障和服务，这些活动都是为了使其符合国际标准的要求。

（2）输出

基础设施管理流程实施完成的输出物为

1）定义基础设施的相关需求；

2）识别和详细描述基础设施元素；

3）开发和采购需要的基础设施元素；

4）确保基础设施的可用性。

（3）主要任务活动

根据项目的组织架构与项目实施策略，通过完成以下任务活动来符合基础设施管理流程内容：

1）创建基础设施

① 定义项目基础设施需求。基础设施元素包括设备、工具、硬件、软件、服务和标准。用于项目的基础设施资源需要与项目的内容相符合，也应当与组织架构活动中的政策和策略计划相符合。同时，也应当评估商业约束和将会影响和控制项目基础设施资源和服务的时间进程内容。物理因素（例如，设备）、逻辑需要、人力资源方面（包括健康和安全因素）都需要考虑到。

② 识别、获取和提供用于实现和支持项目进程的基础设施资源和服务。通常建立一个库存资产登记处来跟踪基础设施要素并支持重用。

2）维护基础设施

① 评估交付的基础设施资源满足项目需求的程度；

② 随着项目需求的变化，识别并提供对基础设施资源的改进或变更。

3. 组合管理流程

（1）目标

启动和维持必要的、充足的和适合的项目，以实现组织的战略目标。这一过程承诺投入充足的组织资金和资源，并制定建立选定项目所需的当局。它对项目进行持续评估以确认其证明或可以重定向以证明持续投资的合理性。

（2）输出

组合管理流程实施完成的输出物为

1）商业风险投资机遇。投资或必需品是合格的并且是按照优先级划分的。

2）已识别的项目。

3）定义项目管理中的职责制、问责制和权限制。

4）维持符合项目协议和利益攸关者需求的项目。

5）终止或重新定义不符合项目协议或利益攸关者需求的项目。

6）关闭已经符合协议与满足利益攸关者协议的项目。

（3）主要任务活动

根据项目的组织架构与项目实施策略,通过完成以下任务活动来符合组织管理流程内容:

1）定义和授权项目

① 确定潜在的新的或修改的能力或任务;

② 优先考虑、选择和建立新的商业机会、企业;

③ 定义项目问责制和授权制;

④ 识别项目所期望的目的、目标和输出物;

⑤ 识别和分配用于完成项目目的和目标的资源;

⑥ 识别项目的任何多项目接口和独立的用于管理或支持的内容;

⑦ 指定项目报告要求并审查管理每个项目执行情况的里程碑;

⑧ 授权每个项目开始执行项目计划。

2）评估项目组织

① 评估项目以确认持续的可行性。该活动的内容包括:项目应该完善已创建的目标和目的;项目应遵守项目指令;项目应根据生命周期政策、流程和程序的内容来执行。

② 采取行动继续或重新引导令人满意的项目,或者通过适当的重新导向可望取得令人满意的进展。

3）终止项目

① 在协议允许的情况下,采取行动取消或暂停对组织不利或风险超过持续投资收益的项目;

② 在完成产品和服务协议后,采取行动关闭项目。

4. 人力资源管理流程

（1）目标

人力资源流程的主要目标是为组织架构提供必要的人力资源,以及维护商业需要的完整性和一致性。该流程将为生命周期流程提供具有技能和经验的人力资源,从而完成组织、项目和利益攸关者的目标。

（2）输出

人力资源管理流程实施完成的输出物为

1）识别项目所要求的技能;

2）向项目提供必要的人力资源;

3）人员的技能得到发展,维持或增强;

4）多项目资源需求中的冲突得到解决。

（3）主要任务活动

根据项目的组织架构与项目实施策略，通过完成以下任务活动来符合人力资源管理流程内容：

1）识别技能

① 根据现有的和预期的项目，识别需要的技能；

② 识别和记录人员的技能。

2）开发技能

① 创建开发技能的策略；

② 获得或发展培训、教育或指导资源；

③ 提供有计划的技能开发；

④ 维护技能开发记录。

3）获得并提供技能

① 当发现技能缺陷时获取合格人员；

② 维护和管理正在进行项目所需的技能人才库；

③ 根据项目和员工发展需要制定项目任务；

④ 通过职业发展和奖励机制激励员工；

⑤ 控制多项目管理界面解决人员冲突。

5. 质量管理流程

（1）目标

质量管理流程的目的是确保项目、服务和质量管理流程的实现满足组织和项目质量目标和达成客户的满意。

（2）输出

质量管理流程实施完成的输出物为

1）定义和实施组织质量管理政策、目标和程序；

2）创建质量评估标准和方法；

3）为项目提供资源和信息，以支持项目质量保障活动的实现和检测过程；

4）收集和分析质量保障评估结果；

5）根据项目和组织结果改进质量管理政策和程序。

（3）主要任务活动

根据项目的组织架构与项目实施策略，通过完成以下任务活动来符合质量管理流程内容：

1）计划质量管理

① 创建质量管理政策、目标和程序。政策、目标和程序应当是基于满足客户需求的商业策略的。ISO 9001：2008 是质量管理系统的流程体系标准。

② 定义质量管理流程实现过程中的责任和权限。

③ 定义质量评估标准和方法。

④ 为项目质量管理提供资源和信息。

2）评估质量管理

① 根据已定义的评估标准，收集和分析质量保障评估结果；

② 评估是否满足客户需求；

③ 周期性地审查质量保障活动是否符合质量管理流程的政策、目标和程序；

④ 监控流程、产品和服务质量改进的状态。

3）执行质量管理的纠正和预防措施

① 在质量管理目标未实现时制定纠正措施；

② 当存在风险有可能导致质量管理目标无法实现时，应当计划预防措施；

③ 检测质量管理的纠正和预防措施，完成并通知相关的利益攸关者。

6．知识管理流程

（1）目标

知识管理流程的目标是创造使组织能够利用机会重新应用现有知识的能力和资产。

（2）输出

知识管理流程实施完成的输出物为

1）确定了知识资产应用的分类标准；

2）组织的知识、技能和知识资产被开发或获得；

3）确保组织的知识、技能和知识资产是可用的；

4）收集和分析知识管理所需数据。

（3）主要任务活动

根据项目的组织架构与项目实施策略，通过完成以下任务活动来符合知识管理流程内容：

1）计划知识管理

① 定义知识管理策略。该活动的内容主要包括：识别领域和潜在所需的知识内容；为在生命周期中获取和维护知识、技能和知识资产制定计划；收集和维护各类型知识、技能和知识资产的特点；制定接受、认证和退役知识、技能和知识资产的标准；制定知识、技能和知识资产控制和变更的程序；存储和移除知识、技能和知识资产的机制。

② 定义需要管理的知识、技能和知识资产的内容。

③ 识别项目中需要应用的知识、技能和知识资产。

2）通过使能组织分享知识和技能

① 建立和维护一个分类，以便在整个组织内捕捉和分享知识和技能；

② 捕获或获取知识和技能；

③ 分享整个组织的知识和技能。

3）通过使能组织分享知识资产

① 创建知识资产分类的组织；

② 开发和获取知识资产；

③ 通过使能组织分享知识资产。

4）管理知识、技能和知识资产

① 维护知识，技能和知识资产；

② 检测和记录知识、技能和知识资产的使用；

③ 周期性地发布现有技术和市场所需的知识资产。

3.3.3 项目管理流程

项目管理流程主要用于创建计划、发展计划和执行计划，从而评价实际的成果、计划的进程和履行过程中的执行控制过程。根据计划或不可预见的事件需求，具体项目的管理流程能够在项目的任何层级和整个生命周期中应用。项目管理流程适用于严格和正式的程度，而流程的严格程度取决于项目的风险和复杂程度。项目管理流程包括项目和产品的技术管理。项目管理流程包括以下具体过程：

1) 项目计划流程；

2) 项目评价和控制流程；

3) 决策管理流程；

4) 风险管理流程；

5) 构型管理流程；

6) 信息管理流程；

7) 度量流程；

8) 质量保障流程。

1. 项目计划流程

（1）目标

项目计划流程的目标是制定和协调有效和可行的计划。该流程将确定项目管理和技术活动的范围，识别项目输出、任务内容、交付物，创建执行任务的计划，其中包括完成内容的标准，以及完成任务所需的资源。该程序是持续的过程，贯穿整个项目，定期修改计划。

（2）输出

项目计划流程成功完成的输出物为

1) 定义的项目目标和计划；

2) 定义项目过程中的角色、责任、问责、授权；

3) 实现项目目标所需的资源和服务；

4) 激活执行项目过程的计划。

（3）主要任务活动

根据项目的组织架构与项目实施策略，通过完成以下任务活动来符合项目计划流程内容：

1) 定义计划

① 识别项目目标和约束。项目目标和约束包括性能和质量、成本、时间和客户满意度。每个目标都需要识别应符合的细节程度，可以选择、剪裁和实施适当的流程和活动。标准 ISO/IEC 15026 是系统和软件的研发保障等级，ISO/IEC 27036 是供应商信息安全等级的标准，这些标准为项目的目标和约束提供了相关的保障和安防指导。

② 定义协议中所创建的项目目标范围。该过程包括了满足商业决策和完成项目必要相关活动内容。一个项目通常包括系统生命周期中的一个或多个阶段。计划包括定义维护项目计划的适当活动、执行评价和控制项目活动。

③ 定义和维护系统生命周期模型，该模型由使用组织定义的生命周期模型的各个阶段组成。

④ 根据不断发展的系统架构建立分解结构。

在定义的详细任务中定义系统架构中的每一个元素、适当的流程和活动，以符合识别的风险。工作任务结果中的相关任务应当分类为项目任务。项目任务应当识别研发和生产过程中的项。

⑤ 定义和维护项目执行过程中的具体流程。

2）计划项目和技术管理

① 根据管理和技术目标以及工作估算定义和维护项目进度计划。该活动应当定义活动的持续时间、关系、依赖和顺序关系，以及里程碑、资源、审查，安排必要的风险管理储备，以便及时完成项目。

② 定义循环阶段决策门的实现标准、交付日期和对外部投入或产出的主要依赖性。

③ 定义成本和计划预算。成本主要基于项目进度、预测劳力、基础成本、执行事项、获取的服务，以及预测辅助系统和风险管理服务的预算。

④ 定义角色、责任、问责和授权。该活动需要定义项目的组织架构，聘请具有特定技能的员工。授权内容包括个人的角色和责任。

⑤ 定义所需的基础设施和服务。

⑥ 计划从项目之外购买材料和提供系统服务。

⑦ 生成和交流项目和技术管理和执行计划，包括审查。

3）执行项目

① 获取项目的授权；

② 提交请求并获得执行该项目所需资源的确认；

③ 实施项目计划。

2. 项目评价和控制流程

（1）目标

项目评价和控制流程的目标是审查计划是否符合和可行的；确定项目、技术和流程执行过程的状态；直接执行以帮助确保性能符合计划和时间表；确认是否符合项目的预算，满足技术目标。该流程将定期或者在有重大活动时，根据需求、计划和总体业务目标评估进展和成果。当发现有巨大的项目偏差时，管理活动中的相关信息需要提交。该流程活动也包括间接的项目活动和任务，在适当的情况下，根据其他技术管理或技术流程来纠正已识别的项目偏差和差异。

（2）输出

项目评价和控制流程完成实施的输出物为

1）可用的绩效评估或评估结果；

2）充分地评估项目中的角色、责任和职责；

3）评估资源的充足性；

4）执行技术过程的评审；

5）调查和分析项目执行过程中与计划的偏差内容；

6）需通知所有受影响的利益攸关者；

7）当项目的输出不符合目标时，需要定义和指导具体的纠正活动；

8）必要时，可启动项目的重新计划；

9）授权从一个计划里程碑或事件进展到下一个计划的项目行动；

10）项目目标完成的符合性。

（3）主要任务活动

根据项目的组织架构与项目实施策略，通过完成以下任务活动来符合项目评价和控制流程内容：

1）计划项目评价和控制流程

定义项目评估和控制的策略。项目评价和控制流程的策略主要是识别项目评估和控制的活动、计划评估的方法和时间、必要的管理和技术审查活动。

2）评估项目

① 评估项目目标、计划与项目内容的一致性；

② 根据目标，评估管理和技术计划，以确定项目的充分性和可行性；

③ 根据适当的项目计划评估项目和技术的状态，以确定具体的项目成本、时间计划和性能差异；

④ 评估项目角色、责任、问责和权限的充分性；

⑤ 评估资源的可用性和充分性；

⑥ 根据测量成果和里程碑完成情况评估进度；

⑦ 执行必要的项目管理和技术审查、审计和检查；

⑧ 检测关键流程和新技术；

⑨ 分析评估测量结果并提出建议；

⑩ 记录并提供评估任务的状态和结果；

⑪ 检测项目执行的进程。

3）控制项目

① 启动问题处理时的必要活动。当项目或技术的完成度不符合计划要求时，需要适当地开展纠正和预测等活动。当发现有不充分和不可用的情况时，或者项目、技术完成度超过计划要求时，需要特定的活动来处理，这些活动可能涉及重新制定计划，以及对基础设施的评估。这些活动有时候可能会变更产品生命周期开发流程的实施和执行过程。处理问题的活动需要被记录和审查以确保其充分性和适时性。

② 启动必要的项目重新规划。当项目目标和约束条件变更时，或者当计划的假设不能确认时，需要启动重新制定计划内容。这过程包括考虑修改后的供应条款和条件，或启动新的供应商选择，这将调用采购和供应流程。

③ 当由于收购方或供应商要求的影响而导致成本、时间或质量出现合同变更时,采取变更行动。

④ 如果合理,授权该项目进入下一个里程碑或事件。

3. 决策管理流程

（1）目标

决策管理流程的目标是提供一个结构化的分析框架,用于在生命周期的任何阶段客观地识别、表征和评估一系列决策的替代方案,并选择最有利的行动方案。该流程主要用于解决技术或者项目问题,以及回复项目开发周期中涉及的需要决策申请,这些活动主要为了提供解决问题的可行性方案。决策管理流程中常用的方法是权衡分析和工程分析。每一个可行的方案都会根据评估标准进行评估,而评估标准包括了成本影响、项目进度影响、约束条件、法规影响、技术性能特性、关键质量特性和风险。这些比较的结果通过可选择的模型进行排序,然后用于确定最佳解决方案。关键的数据应当记录和维护,以便在后面的决策过程中为决策者提供必要信息和支持。

（2）输出

决策管理流程实施完成的输出物为

1）确定需要替代分析的决定;

2）选择和评估可行性方案;

3）选择更完善的活动方案;

4）识别解决方案,决策原理说明和假设。

（3）主要任务活动

根据项目的组织架构与项目实施策略,通过完成以下任务活动来符合决策管理流程内容:

1）准备决策过程

① 定义决策管理策略;

② 识别具体情况和需要做出决定;

③ 让相关的利益攸关者参与决策,以吸取经验和知识。

2）分析决策信息

① 选择和阐明每一个决策的管理策略。这里主要包括决策管理的严苛度,以处理问题和确定可能性的方案,同时也包括确定相关的数据和系统分析。

② 确定期望的输出和所选的测量标准。

③ 确定权衡分析内容和可行性方案。如果存在大量的可行性方案,则对其进行定性筛选以减少对可管理数量的可行性方案从而用于进一步详细的系统分析。这种筛选通常基于对风险、成本、进度和监管影响等因素的定性评估。

④ 根据评估标准评价每一个可行性方案。当需要时,系统分析流程将用于评估和权衡分析每一个可行性方案。该过程包括新的设计参数,不同的架构特性和关键质量数据的可用范围。为了获取每一个可行性方案的敏感性分析,系统分析流程评估了相关参数和其偏差值。这些分析结果可用于创建权衡分析方案的可行性。

3）制定和管理决策方案

① 确定每个决定的首选替代方案；

② 记录决议、决策原理和假设；

③ 记录、跟踪、评估和报告决策。

4. 风险管理流程

（1）目标

风险管理流程的目标是识别、分析、处理和检测持续性的风险。风险管理流程是在这个产品或服务生命周期中用于系统的持续的管理风险的过程。可用于处理系统采购、开发、维护和运行过程中的相关风险处理。

（2）输出

风险管理流程实施完成的输出物为

1）已识别的风险；

2）分析风险；

3）定义、优先化、选择的处理风险的可选项；

4）实施适当的处理过程；

5）评估风险以评价变更状态和处理过程的进展程度。

（3）主要任务活动

根据项目的组织架构与项目实施策略，通过完成以下任务活动来符合风险管理流程内容：

1）计划风险管理

① 制定风险管理策略。该过程包括整个供应链的风险管理，以及描述在整个风险管理流程中，如何通过合作的方式避免来自供应商的风险传递到下一个层级。

② 定义和记录风险管理流程的内容。该活动包括利益攸关者的期望、风险的类型、描述技术和管理的目标、假设以及约束条件。风险的类型包括系统生命周期中技术相关的风险，和设备相关的风险。

2）管理风险

① 定义和记录风险的阈值，表明在特定的条件等级下，该风险是可被接受的；

② 创建和维护风险的描述；

③ 根据利益攸关者的期望，周期性地向利益攸关者提供相关的风险汇报。

3）分析风险

① 识别风险管理内容下描述的类别中的相关风险；

② 估计每个确定风险的发生和其后果的可能性；

③ 根据风险阈值考核每一个风险；

④ 对于不符合风险阈值的风险项，定义和记录推荐的处理策略和度量过程。

4）解决风险

① 确定风险解除的推荐可行性方案；

② 实现处理风险的可行性方案，以确保其风险的阈值在利益攸关者可接受的范围内；

③ 当利益攸关者接受风险不满足风险阈值时，需要更高级别的考虑和对该风险持续性

的检测以确定今后是否需要任何风险的处理活动；

④ 当风险的处理方法确定时，需要配合管理活动。

5）检测风险

① 持续性地检测所有风险，以及当风险的状态变化时，需要检测风险管理内容中有关风险变更和评估的内容；

② 实施和检测用于评估风险解决效率的度量标准；

③ 持续性检测整个生命周期中因紧急状况而导致的新风险和资源。

5. 构型管理流程

（1）目标

构型管理的目标是管理和控制在整个生命周期中的系统元素和配置项。构型管理同时也管理构型定义与产品间的符合性。

（2）输出

构型管理流程实施完成的输出物为

① 确定和管理需要构型管理的项；

② 创建构型管理基线；

③ 在构型管理的控制下变更构型项；

④ 可用的构型状态；

⑤ 已完成所需的构型审计；

⑥ 系统的发布和交付是受控和批准的。

（3）主要任务活动

根据项目的组织架构与项目实施策略，通过完成以下任务活动来符合构型管理流程内容：

1）计划构型管理

① 定义构型管理策略。构型管理策略的主要内容包括：角色、职责、责任和授权内容；处置、访问、释放和控制以对配置项目的更改；需要创建的基线；根据完整性、安防和安全的等级，定义数据存储的位置和条件、存储的媒介和环境；标准或事件，用于启动不断发展的配置的配置控制和维护基线；审计的策略，和持续性评估构型定义信息的完整性和安全性的职责；变更管理，包括计划构型项、法规、紧急情况的变更申请和变更管理的过程。

② 定义构型项，定义构型管理过程中文档和数据的归档和检索方法。

2）执行构型项识别

① 识别将作为构型项的系统元素和信息项。需要特别关注构型项的定义。通常构型项将分配独特的标识符，也是被审查和审计的主体。通常被定义为构型项的是需求、产品、系统元素、信息项和基线内容。

② 识别系统信息的层级和结构。

③ 创建系统、系统元素和信息项的构型识别符。每一个构型项都将分配独一无二的构型识别符。根据相关的标准和产品部门间的协定，来定义这个标识符，因此，构型项将在受

控的情况下记录和描述其追溯性、规格或等同物。

④ 在生命开发周期中创建基线。基线的获取是系统元素在特定时间点的构型状态。基线的内容是通过技术流程来开发的,而其表示的形式则是构型管理流程中的某特定的时间点。基线是变更的基础标准。所选取的基线也是采购方和买办方的交付内容,该方法是根据工业的标准和规章,将买办方和采购方引入构型管理流程的主要方式和形式。通常系统层级有三种主要的基线类型,包括功能基线、分配基线和产品基线。

⑤ 创建的基线应获取购买方和采购方的同意。

3) 执行构型变更管理

① 识别和记录变更请求和偏差请求;

② 协调、评估和处理变更申请和偏差请求;

③ 提交请求进行审查和批准;

④ 追踪、管理和批准变更基线、变更申请和偏差申请。

4) 执行构型状态记录

① 为系统元素、基线和发布信息,开发和维护构型管理状态信息;

② 捕获、存储、报告构型管理数据。

5) 执行构型评估

① 识别构型管理审计和时间计划的需求;

② 确认产品的构型满足构型需求;

③ 监视已批准的构型更改的合并;

④ 评估系统是否满足功能和性能指标要求的基线;

⑤ 评估系统是否符合操作和配置信息项目;

⑥ 记录构型审计结果和处理的行动项目。

6) 执行发布控制

① 批准系统发布和交付;

② 跟踪系统发布和交付。

6. 信息管理流程

(1) 目标

信息管理流程的目标是生成、获取、确认、转换、保留、检索、传播和处理信息给指定的利益攸关者。信息管理计划、执行和利益攸关者制定的信息的控制,应当是无歧义性的、完整的、可验证的、一致的、可修改的,具有追溯性和有代表性的。

(2) 输出

信息管理流程实施完成的输出物为

1) 识别需要管理的信息;

2) 定义信息的表现形式;

3) 获取、开发、转换、保留、确认、表达和处理信息项;

4) 识别信息的状态;

5) 利益攸关者指定的信息是可用的。

（3）主要任务活动

根据项目的组织架构与项目实施策略，通过完成以下任务活动来符合信息管理流程内容：

1）准备信息管理

① 定义信息管理策略；

② 定义将要管理的信息项；

③ 信息管理的制定授权和责任描述；

④ 定义信息项的内容、形式和结构；

⑤ 定义信息维护活动。

2）执行信息管理

① 获取、开发、转换已识别的信息项；

② 维护信息管理项和其存储记录，以及信息状态记录；

③ 向指定的利益攸关者发布、分发或提供信息和信息项目；

④ 规定制定信息；

⑤ 处理不需要的、无效的或未经验证的信息。

7. 度量流程

（1）目标

度量流程是用于收集、分析、报告目标数据和用于支持管理效率和表明产品、服务和流程质量的相关信息。

（2）输出

度量流程实施完成的输出物为

1）识别需要的信息；

2）基于已识别和开发的信息需求，选择适当的度量标准；

3）收集、确认和存储必要的数据；

4）分析数据、解读结果；

5）信息项目提供支持决策的客观信息。

（3）主要任务活动

根据项目的组织架构与项目实施策略，通过完成以下任务活动来符合度量流程内容：

1）准备度量

① 定义度量策略；

② 描述与度量流程相关的组织架构和特性；

③ 识别和制定信息需求的优先级；

④ 选择和描述符合信息需求的度量标准；

⑤ 定义数据收集、分析、评估和报告的执行步骤；

⑥ 识别和计划将用的必要辅助设备和服务内容。

2）执行度量

① 将数据生成、收集、分析和报告程序纳入相关程序；

② 收集、存储和确认数据；

③ 记录结果和通知测量用户。

8. 质量保障流程

（1）目标

质量保障流程是用于协助确保组织质量管理流程在项目中有效地执行。质量保障确保了需求满足的可信度。整个开发生命周期中的可行性分析和输出都将确保生成出具有高质量的设计开发，严格遵循了组织架构、项目政策和流程的步骤。

（2）输出

质量保障流程成功完成的输出物为

1）定义和实施的项目质量保证程序；

2）定义评估质量保障的标准和方法；

3）评估项目产品、服务和执行的流程是否与质量管理的政策、程序和需求保持一致；

4）将评估结果提供给相关的利益攸关者；

5）已解决的事件；

6）处理有限问题。

（3）主要任务活动

根据项目的组织架构与项目实施策略，通过完成以下任务活动来符合质量保障流程内容：

1）准备质量保障

① 定义质量保障策略。质量保障策略主要是表明质量管理政策、目标、程序的一致性，其包括以下内容：项目质量保障的程序包括定义角色、职责、权限，生命周期流程中适当的活动，供应商的适当活动内容，对于详细产品和服务的必要验证、确认、监测、度量、审查和测试的活动项，产品和服务可认可的度量标准，以及对于流程、产品和服务的具体评估标准。

② 建立独立于其他生命周期过程的质量保证体系。

2）执行产品和服务评估

① 评估产品和服务是否符合既定标准、合同、标准和规定；

② 对生命周期过程的输出进行验证，以确定是否符合特定要求。

3）执行流程评估

① 评估项目生命周期过程的一致性；

② 评估用于支持和自动化流程一致性的工具和环境；

③ 评估供应商流程，确保与流程需求的一致性。

4）管理质量保障记录和报告

① 创建关于活动质量保障的记录和报告；

② 维护、存储和分发记录和报告；

③ 识别关于产品、服务和流程评估过程的事件和问题。

5）处理事件和问题

① 记录、分析和分类事件；

② 用于解决和评估问题的相关事项；

③ 记录、分析和分类问题；

④ 定义问题处理的优先级以及追踪实现过程；

⑤ 记录和分析事件和问题的趋势；

⑥ 通知利益攸关者事件和问题的状态；

⑦ 事件和问题被追踪到关闭。

3.3.4 项目技术流程

项目技术流程主要用来定义系统需求，将系统需求转换成有效的产品，在必要时保证产品生产的一致性，按照预定的功能服务使用产品、维护产品的持续可用性，最后当产品需要处置而不服役时，提供必要处理服务和方法。

技术流程定义了具体的流程活动，这些活动可以组织项目职能和项目功能，以便通过项目决策和项目活动来优化利益和降低项目风险。这些流程活动确保获得相应的产品和服务，以及获得和供应组织所需的及时性和可用性、成本效益以及功能、可靠性、可维护性、可生产性、可用性和其他质量的服务。进一步，这些流程还可以使产品和服务符合社会的期望或法定要求，其中包括健康、安全和环境因素。

技术流程包括以下子流程内容活动：

1) 业务或使命分析流程；

2) 利益攸关者需要和需求定义流程；

3) 系统需求定义流程；

4) 架构定义流程；

5) 设计定义流程；

6) 系统分析流程；

7) 实施流程；

8) 综合集成流程；

9) 验证流程；

10) 交付流程；

11) 确认流程；

12) 运营流程；

13) 维护流程；

14) 处置流程。

1. 业务或使命分析流程

（1）目标

业务或使命分析流程的目的是定义业务或任务问题或机会，表征解决方案空间，并确定可解决问题或利用机会的潜在解决方案类。

该流程需要包括整个生命周期活动中所有相关的利益攸关者。组织战略分析结果包括运行概念、战略目标和计划、新市场和任务元素以及识别新的问题和商业机会。业务或使命分流流程在系统解决方案的整个生命周期中都有应用，如果环境、需求或其他驱动因素发生变化，则会重新定义业务和使命内容。该流程侧重于必要的能力，并与项目组合管理流程进行交互,以确定可以解决能力的交易空间。流程中的识别问题和机会过程常常被转换为识别应当具有的目标能力。

（2）输出

业务或使命流程成功实现的输出物包括：

1) 问题或机会空间是定义的；

2) 表征解决方案空间；

3) 定义了生命周期阶段中的初步操作概念和其他概念；

4) 确定并分析候选备选解决方案类别；

5) 选择优选的候选备选解决方案类；

6) 可以使用业务或任务所需的任何支持系统或服务；

7) 建立业务或任务问题和机会的可追溯性以及首选的备选解决方案类。

（3）主要任务活动

根据项目的组织架构与项目实施策略,通过完成以下任务活动来符合业务或使命分析流内容：

1) 准备业务或使命分析流程

① 审查组织战略中确定的与所需组织目标或目标相关的问题和机会。该活动包括与组织业务、使命、愿景、运行概念、和其他组织战略目标和目的相关的问题和机会的描述。同时,也应当识别现有能力、系统、产品或服务的缺陷或差距。

② 定义业务或任务分析战略。该活动需要定义在识别问题空间,解决方案空间和选择具体解决方案时可采用的具体方法。

③ 识别和计划需要用于业务或任务分析流程中的使能系统或服务。该活动包括使能系统的需求和接口内容。用于业务或分析流程的使能系统包括组织的业务系统和存储系统。

④ 获取或采购使能系统或服务的使用权限。验证过程用于客观地确认使能系统是否实现其使能功能的预期用途。

2) 定义问题或机会空间

① 根据相关的贸易空间因素,分析问题和机会。该活动注重于对空间、基本内容或问题和机会驱动内容的理解,而不是关注于用于权衡研究所需的系统分析和决策管理的内容。该活动的问题和机会空间主要包括变更任务需求、业务机会、能力、性能改进或现有系统确实、安全性和安防性的改进以及有关于成本、效率、法规变更、使用者不满和 PESTEL 因素。其中,PESTEL 因素是指相关于政治、经济、社会、技术、环境和法律的内容。这可以通过外部、内部分析,或优势、弱势、机会和威胁内容的分析过程来实现。本活动的输出物可用于组合管理决策中。

② 定义使命、业务和运行问题或机会。该定义的内容包括环境和任何关键参数,而不考虑特定的解决方案,因为解决方案可能是操作变更,对现有产品或服务的更改,或新系统。

3) 表征解决方案空间

① 定义初步的运行概念和生命周期各个阶级的其他概念。该活动包括识别主要的利

益攸关者群体，例如，客户、使用者、管理者、监管机构和系统所有者。主要的初步生命周期概念包括：初步的采购概念、初步部署概念、初步运行概念、初步支持概念和初步退休概念。其中，运行概念是有关于系统的上层运行模式、状态、运行场景、潜在用例或相关于业务战略的使用内容。这些概念可以实现可行性分析和替代方案评估。运行环境的定义应当有对具体安防攻击和安全隐患漏洞的理解。这些漏洞需要在相关的产品开发过程中被诠释。

② 识别包含潜在解决方案空间的备选的解决方案空间类。备选的解决方案的范围涉及一个简单的运行变更到各种系统的开发或修改。解决方案空间包括了对能够满足运行需求和功能性修改的相关系统、产品和服务的识别。该活动应当推断出项目需要什么样的潜在服务的内容。解决方案空间的特性通常涉及用户架构视图下的架构定义流程内容，架构视图包括了能力视图、程序视图和运行视图。

4）评估备选的解决方案

① 评估每个备选解决方案。每一个备选的解决方案应当通过基于组织战略所创建的标准来进行评估。备选解决方案的可执行性是其中一个重要的决策标准。同时还需要考虑综合决策管理流程中提供的标准内容。系统分析流程可用于定义评估备选解决方案所采用的标准的价值性。备选方案的评估内容应可以包括建模、仿真、分析技术或专家评估的风险、可执行性以及备选方案的价值性。

② 选择最优的备选解决方案。决策管理流程可用于评估备选方案并指导最优方案的选取过程。被选取的最优方案应当符合组织战略的内容。有关备选方案的相关分析，可行性和市场因素的反馈内容可用于组织战略的更新和改进。

5）管理业务和使命分析

① 维护业务和使命分析的追溯性。在整个生命周期中，维护业务、使命的问题和机会、利益攸关者期望和需求，以及用于支持决策的系统分析结果的相关内容的双向追溯关系。

② 提供为基线选择的关键信息项。构型管理流程用于创建和维护构型项和基线内容。业务和使命分析流程为基线提供了备选内容，为构型项提供了信息内容。

2. 利益攸关者需要和需求定义流程

（1）目标

利益攸关者需求定义流程的目的是在可定义的环境下，定义系统需求以确保其功能和服务可以满足使用者和其他利益攸关者的要求。

该流程确定了在整个生命周期中利益攸关者的需要、期望和需求。通过分析将其转化为一组所有的利益攸关者需求内容并且是对每个结果运行服务进行验证的参考。利益攸关者需求的定义需要考虑系统和使能系统给予的特定内容。

（2）输出

定义利益攸关者需要和需求定义流程的输出为

1）确定系统的利益攸关者；

2）规定了使用服务和运行概念所需的特性和背景；

3）定义了系统的约束条件；

4) 定义利益攸关者的需要；

5) 将利益攸关者的需要分优先级地转换为清晰明确的利益攸关者需求；

6) 定义关键性能度量标准；

7) 获取利益攸关者同意的协议，表明其需要和期望已被利益攸关者需求体现出；

8) 获取在利益攸关者需要和需求定义流程中所需要的使能系统和服务；

9) 创建利益攸关者需求和利益攸关者需要的追溯关系。

（3）主要任务活动

根据项目的组织架构与项目实施策略，通过完成以下任务活动来符合利益攸关者需要和需求定义流程内容：

1) 准备利益攸关者需要和需求定义

① 确定在整个生命周期中与系统有利益关系的利益攸关者。利益攸关者是指与系统有关的组织或个人，主要包括：用户、运营商、支持商、开发商、生产商、培训商、维护商、退休处理、采购和供应商、与外部系统实体结构的合作伙伴、监管机构以及与系统有关的合法利益机构。如果直接沟通难以实现时，可以选择代表或指定的代理利益攸关者。

② 确定利益攸关者需要和需求定义策略。一些利益攸关者与系统有利益冲突，或者利益攸关者间有利益冲突。当利益攸关者之间有利益冲突时，本流程旨在与利益攸关者内部达成共识，以建立一套共同的可接受需求内容。当利益攸关者与系统有利益冲突时或者反对意见时，则需要执行风险管理流程和系统分析流程，来分析系统需求的安防性、可调整性和实现性。这种情况下，利益攸关者的需要不会被满足，而是以其他方式确保系统在受到批评行为时，仍能表明其研制保障等级和完整性。

③ 确认和计划用于支持利益攸关者需要和需求定义流程的必要使能系统和服务。识别使能系统的相关需求和接口内容。利益攸关者需要和需求定义流程中的使能系统是指用于管理需求的工具。

④ 获取或采购使能系统或服务的访问权限。

2) 定义利益攸关者需要

① 定义运行概念和生命周期中的初步概念。

② 识别利益攸关者需要。利益攸关者的需要是指直接从利益攸关者引出其需要，根据该领域的知识、背景理解以及先验项目经验中的不足之处间接地识别利益攸关者需要。利益攸关者的需要涉及了有效的度量。功能分析是提取需要的常用方法。同时质量保障特性和模型，以及将需求分析应用于质量模型的方法都可用于提取非功能性的质量保障需求。

利益攸关者需要描述了已确认的利益攸关者的需求、欲望、期望和感知约束。了解利益攸关者对于运营环境所需的最低安全性和隐私要求的需求，可以最大限度地减少计划、进度和性能中断的可能性。当出现例如影响用户或其他利益攸关者与系统交互的重大问题时，可以参考标准 ISO TS 18152 中定义的有关于识别和处理人机交互问题的解决方法的建议。

③ 划分需要的优先级。决策管理流程可用于支持优先级的划分，同时系统分析流程也可用于分析需要的可实现性或其他影响因素。

④ 定义利益攸关者需要和理由。需要描述了系统的目标和行为,以及运行环境和条件的内容。需要阐述需要的来源和理由。

3) 定义运行概念和生命周期中的其他概念

① 定义一组有代表性的场景,以识别与预期的运行概念和生命周期中的其他概念相对应的所有必需的功能。场景主要用于分析系统在特定的环境中运行的状态下,识别未被利益攸关者提出,但同样是必须补充的需要或需求。识别和分析系统的使用状态,其内容包括:为实现特定目的用户所执行的活动,与终端用户相关的系统特性(例如,期望的培训和疲劳度),系统物理环境(例如,光线可用性、温度),以及使用的设备仪器(例如,保护和通信设备)。在适用的情况下,分析用户的社会和组织影响是否会对系统的使用和设计造成限制。基于攻击、环境、工具、技术和能力的场景是运行概念开发过程中的主要考虑因素。划分场景的优先级有利于反应不同运行需要的重要性的权重。这些场景的定义可以推动运行概念和其他生命周期概念的发展。滥用和失败情景,需要定义额外的功能需求来降低风险。

② 确定用户与系统的交互性。操作性需求主要考虑了人员能力和技能的局限性。如有必要可以参考相关的标准作为指导,例如,标准 ISO 9241,用于定义相关的能力和技能:

(a) 身体、心理、学习的能力;

(b) 工作场所、环境和基础设施(其他设备的使用);

(c) 正常、异常和紧急条件;

(d) 操作人员和用户的招聘、培训和文化。

如果使用过程非常重要,那么操作性需求需要在整个生命周期中计划、规范化和实施。此时可以参考标准 ISO TS 18152 和 ISO/IEC 25060 作为指导。

4) 将利益攸关者需要转换为利益攸关者需求

① 定义关于系统解决方案的约束条件。约束条件主要来源于:利益攸关者定义的解决实例或区域;系统层级结构中的高层级的实现决策;所要求的使能系统、继承系统、接口系统或系统元素、资源和人员;利益攸关者定义的负担承载力目标。这些约束条件将不可避免地影响项目协议、管理决策和技术决策的内容。

② 识别与主要功能相关的其他利益攸关者需求和功能,主要包括对健康、安全、安防和环境等方面的考虑。标准 ISO/IEC/IEEE 15026 可用于信息系统和软件开发的指导。识别系统安全风险有助于定义安全性需要和系统功能。识别系统安防类风险有助于补充安防相关的需求和功能。如有需要,系统安防风险所涉及的应用包括了物理、程序、通讯、计算、程序、数据和排放等内容。安防的分析也指有关人员保护和损伤、实体和信息、敏感信息组成以及信息优先级的允许和拒绝。对于质量特性的相关信息可以参考标准 ISO/IEC 25030。

③ 定义与生命周期概念、场景、交互信息、约束条件和关键质量特性符合的利益攸关者需求。生命周期中的关键决策节点,应当通过审查的形式来确保是否需要变更。在整个生命周期过程中,利益攸关者需求将以一个适当形式被记录下来。这些记录组成了利益攸关者需求的基线内容,作为生命周期过程中变更的原始保留需要。它是业务或使命分析流程决策的追溯基础,也是利益攸关者需要、系统需求和子系统元素追溯性建立的基础。利益攸关者需求是系统和系统元素的确认准则。

5）分析利益攸关者需求

① 分析完整的利益攸关者需求集。分析每个利益攸关者需求的特性，以及整个利益攸关者需求集合的特性。此处的特性是指需求的必要性、实践性、无歧义性、一致性、完整性、单一性、可行性、追溯性、可验证性、经济性和边界性。有关需求特性的更具体的内容可以参考标准 ISO/IEC/IEEE 29148。系统架构流程可用于评估可用性和经济性。需求确认和验证流程可用于审查利益攸关者需求。

② 定义用于度量需求性能的重要指标，以实现技术评估。该任务是指对以识别的利益攸关者需求的技术和质量的度量，以及其关键性能参数识别的评估。定义、分析和审查关键性能度量，以确保利益攸关者需求的符合性，以及确定项目的成本，时间进度，或非符合内容所导致的风险。标准 ISO/IEC 15939 为识别、定义和应用适当的需求度量标准提供了参考和指导。INCOSE TE－2003－020－01 中定义了技术度量，为选择、定义和实现关键性能度量提供了相关信息。同时，ISO/IEC 25000 提供了有关质量度量的一系列标准。

③ 将分析后的需求反馈给利益攸关者，确保其需要和期望已经被捕获和满足。

④ 解决利益攸关者需求中的问题。

6）管理分析利益攸关者需要和需求定义

① 获取利益攸关者需求的明确协议。该任务用于确认利益攸关者需求正确地被描述和理解，也可以用于解决未被识别出或未被利益攸关者分解的需求冲突。

② 维护利益攸关者需要和需求的追溯性。在整个生命周期中，维护利益攸关者需要和需求，与利益攸关者、起源信息、组织策略、业务或使命问题和机遇间的相互追溯性。对系统额外的可追溯性构成了系统解决方案，有助于从该流程过渡到系统需求定义流程。利益攸关者需要和需求追溯性的维护过程通常是通过存储类的工具来实现。

③ 提供基线选择的关键信息项。构型管理流程用于创建和维护构型项和基线内容。利益攸关者需要和需求定义流程为基线提供了备选内容，为构型项提供了信息内容。

3. 系统需求定义流程

（1）目标

需求定义流程的目的是将利益攸关者的需求转换成待交付的可提供特定功能和服务的产品的技术角度的定义视图。这个过程构建了将满足利益攸关者需求的未来系统的描述，只要符合约束条件的要求，不需要考虑任何特殊实现方式。该结果来源于对系统需求的度量，从供应商的角度来说，该系统应具备什么样的特征，并以何种规模来满足利益攸关者的要求。

（2）输出

需求定义流程成功实现的输出物包括：

1）定义系统的详细描述，包括系统接口、功能、边界；

2）为具体产品解决方案，所提供的产品特性、属性、功能和性能需求；

3）定义度量系统性能的重要参数；

4）分析系统需求；

5）得到用于系统定义流程的使能系统和服务；

6) 实现了系统需求与利益攸关者需求间的可追溯性。

（3）主要任务活动

根据项目的组织架构与项目实施策略，通过完成以下任务活动来符合需求定义流程内容：

1）准备系统需求定义

① 根据要提供的行为和属性来定义系统的功能边界。系统功能边界的定义主要是依据在利益攸关者需要和需求定义流程中已定义的系统应用和运行场景的内容。本流程中的内容是指系统与使用者和环境行为的激励与反应，以及系统和相关环境间必要的相互作用的分析和描述，分析描述的内容包括了接口的属性和约束，如机械性、电子学、流量、数据流和线程流。

② 定义系统需求定义策略。主要关于在整个生命周期中如何识别、定义和管理系统需求。

③ 识别和计划用于支持系统需求定义过程所需的使能系统和服务。这里指的是用于定义需求和接口所需的使能系统，通常包括了用于管理和存储需求的工具。

④ 获取和采购使能系统或服务的访问权限。

2）定义系统需求

① 定义系统需要执行的每个功能。该任务需要定义系统是如何执行此功能，系统运行此功能的条件是什么，系统在什么条件激励下开始运行此功能，以及在什么条件下系统停止运行该功能。在某些条件下，功能是由分析关键质量特征过程所驱动的，例如，系统诊断功能或高频率的数据备份功能都是由可靠性分析过程驱动的。功能执行的条件可以包括对系统的所需状态和操作模式的参考。系统需求主要是根据期望系统的特性提取出来的，也会进行多次的建模以确保系统需求描述的充分完整性。支持系统实现其功能所需的使能功能，与其相关的系统功能同时被识别和定义。该过程是为了确保使能功能的识别和执行。

② 定义由利益攸关者需求引入的必要实施约束或不可避免的解决方案限制。这里的约束条件包括两方面，分别是从系统结构中较高级别的体系结构定义分配实现决策中所产生的约束条件，以及由利益攸关者需求的引入或是解决方案所产生的约束条件。

③ 识别有关于风险分析、系统度量标准，或关键质量特性的系统需求。该任务中关键的质量特性元素通常指健康性、安全性、安防性、可靠性、可用性、可支持性等特性的内容。任务中需要分析和定义安全性，即关于运行和维护的方法、环境和人员损伤的安全性因素。同时，该任务也需要确保与安全性相关功能和其相关的安全完整性，可以通过降低必要风险，并将风险分配给特定的安全性相关系统来实现。有特定的相关标准可用来指导有关功能安全性和环境保护因素的考虑，分别如标准 IEC 61508 和 ISO 14001。安防性指有关于组成和保护敏感性信息、数据和材料的因素。关于安防风险的内容需要根据相关安防性标准的指导进行详细定义，主要内容包括管理权限、人员、物理因素、电脑、通讯、网络、排放和环境等因素。标准 ISO/IEC/IEEE 15026-4 用于软件开发保障等级的指导。标准 ISO/IEC 27036 用于指导信息安全需求和产品服务的开发。标准 ISO 25030 用于指导外部系统

质量因素和特性的开发。系统需求规范应考虑关于人机交互的系统和人为因素的内容。对于系统的可用性需求,标准 ISO TR 18529 定义了获取可用性等级的内容,该标准主要描述了人体工程需求、人机交互工程和人体核心生命周期流程。

④ 定义系统需求和原理。系统需求的定义需要符合利益攸关者的需求,定义有关于功能边界、功能、约束、成本目标、特定接口和重要质量特性的需求。符合性的实践表明,该过程需要通过系统层次结构与其他生命周期过程并行的交互式和递归步骤来证明。标准 ISO/IEC/IEEE 29148 中的第 5 章和第 6 章定义了系统需求的内容,而第 8 章和第 9 章描述了推荐的系统需求规范的大纲内容。

整个生命周期过程中,需要通过适当的机制管理和记录系统需求。创建有关系统需求开发记录的基线,其内容包括需求相关的来源、决策和假设。系统需求的基线机制也是需求与信息项和子系统元素建立追溯性的基准。系统需求的变更需要提供解释原理来说明为何需要变更需求,同时也确保变更后的需求与利益攸关者需求的符合性。

系统分析流程主要通过系统成本、时间节点和技术性能等方面来确定合理的需求参数值。确认流程用于表明系统需求符合利益攸关者的期望和需求,而验证流程用于确认系统需求相关特性和特征的质量,可参考标准 ISO/IEC/IEEE 29148。

3) 分析和维护系统需求

① 分析完整的系统需求。分析每个系统需求和每组系统需求的特性。分析的特性内容主要包括需求的必要性、可实现性、是否具有歧义、一致性、完整性、唯一性、可执行性、追溯性、可验证性、经济性和有限性。标准 ISO/IEC/IEEE 29148 详细定义了需求的特性内容。需要识别和解决一组需求内部的冲突、缺陷和薄弱内容。系统分析流程可用于评估需求的可执行性、经济效益性和平衡性。

② 定义用于评估技术成果的关键性能度量指标。该任务定义技术和质量度量指标,以及在已定义的需求中有效度量的关键性能指标参数。分析和生产关键的性能度量参数指标(性能度量和技术性能度量),以确保满足系统需求和确保符合已定义的项目成本、项目进度表或相关的性能风险。标准 ISO/IEC 15939 描述了如何识别、定义和适用适当的度量标准的内容。INCOSE TP - 2003 - 020 - 01(技术度量)描述了如何选择、定义和实现关键性能度量的信息和过程。

③ 将需求分析结果反馈给相关的利益攸关者进行审查。需求分析的反馈信息可以确保特定系统需求的充分捕捉和表达。利益攸关者对系统分析结果的确认是对利益攸关者必要和充分地回应,也是对系统需求作为其他流程(如架构流程和设计流程)输入必要和充分地确认。该任务是确认流程对需求规范的应用过程。

④ 解决系统需求问题。该任务可参考标准 ISO/IEC/IEEE 29148 中对独立需求或需求集的特性定义要求。

4) 管理系统需求

① 获取有关系统需求的详细协议。该任务主要确保系统需求是否得到正确表达,对利益攸关者而言是否是可理解的,并且需求集中冲突的解决方案是否损害利益攸关者的期望。

② 维护系统需求的追溯性。在整个生命周期过程中,应当维护系统需求与利益攸关者

需求、架构元素、接口定义、分析结果、验证方法或技术的双向追溯关系,也应维护系统需求与分配、分解和派生需求的追溯关系。该过程有助于确保利益攸关者的需求通过一个或多个系统需求所满足,以及确保所有系统需求都用于满足至少一个利益攸关者需求。维护过程通常通过适当的数据管理和存储工具来实现。

③ 为基线提供选择的关键信息项。构型管理流程用于创建和维护构型项和基线内容。系统需求定义流程为基线提供了备选内容,为构型项提供了信息内容,其中系统需求就是典型的基线构型项信息。

4. 架构定义流程

(1)目标

架构定义流程的目标是产生系统架构备选方案,从中选出一个或多个能够符合利益攸关者期望并满足系统需求的架构方案。架构定义流程与业务或使命分析流程、系统需求定义流程、设计定义流程以及利益攸关者期望和需求定义流程之间进行迭代,该迭代过程有助于解决开发过程中的设计问题,并得到更好的解决方案。架构定义流程广泛地应用于整个开发生命周期。该流程可应用于系统的多个抽象层次,并突出该层面决策所必需的相关细节。

系统架构流程将基本原理、概念、属性和特征融入了相关的系统中。可参考相关标准ISO/IEC/IEEE 42010:2011中所定义的具体系统架构的描述内容。架构定义流程支持了利益攸关者和利益攸关者期望的识别过程。随着流程的展开,对系统指定的需求与系统的相互作用和关系产生的系统的紧急属性和行为之间的关系有了深刻的认识。另外,系统设计定义流程是由需求所驱动产生的,通过架构更加详细地分析了设计的可行性。有效的架构通常可能与设计内容无关,以便在设计交易空间中实现最大的灵活性。架构主要侧重于适用性、可行性和可取性,而设计侧重于与技术和其他设计元素的兼容性以及构建和集成的可行性。有效的系统架构可强调和支持设计定义流程或其他相关流程实施权衡分析的过程,可支持的流程主要包括:投资管理流程、项目计划流程、系统定义流程和验证流程。

(2)输出

架构定义流程成功完成的输出物:

1)确定利益攸关者的期望已被架构满足;

2)定义系统架构视角;

3)系统的内容、边界和外部接口已被定义;

4)开发系统的架构视图和模型;

5)对系统架构决策有重要意义的概念、属性、特性、行为、功能或约束被分配给架构实体;

6)识别系统元素和其接口;

7)架构备选方案已被评估;

8)实现整个生命周期流程中的架构基础;

9)实现了架构与需求和设计特性的一致性;

10)提供任何与架构定义流程相关的使能系统或服务;

11)创建系统元素与利益攸关者和系统需求间的追溯关系。

（3）主要任务活动

根据项目的组织架构与项目实施策略，通过完成以下任务活动来符合架构定义流程内容：

1）准备架构定义

① 审查相关信息和识别架构的主要驱动。可以通过审查的方法识别架构的主要驱动内容：市场研究、行业预测、产品竞争计划和科学发现；组织战略，运营概念，组织政策、指令、监管和法律约束，以及利益攸关者需求；商业和业务运营概念、系统运行概念、运行环境、技术线路和系统需求；在整个生命周期中能够影响可持续发展的其他因素。

② 识别利益攸关者期望。利益攸关者期望和需求流程已识别了相关的利益攸关者。在架构定义流程过程中可能识别出其他利益攸关者。利益攸关者主要关注与架构相关的期望和与生命周期阶段相关的约束条件，其中生命周期阶段是指：使用（可用性、安防性、有效性、应用型）、支持（修复性、实效性）、系统的演化发展（环境适应性、可扩展性、生存性）、生产（生产、可测试性）、退休（环境影响、可移植性）等。同时，利益攸关者还关注系统是否会在有意或者无意过程中，由于安全隐患而造成意外或威胁。

③ 定义架构定义流程的路线、方法和策略。该任务指定义利益攸关者的参与权、架构的评审活动、评估的方法和标准、度量的方法和手段。度量方法是指如何完成，例如：如何让利益攸关者参与，如何审查相关结果。架构定义流程的策略是指系统的计划和执行所定义的方法以符合路线图方针。

④ 定义基于利益攸关者关注内容和关键需求的评审标准。

⑤ 定义和计划支持架构定义流程所需的必要使能系统和服务。该任务需要定义使能系统的需求和接口。架构定义过程所需的使能系统指用于开发和集成架构，以及架构复用存储的工具。

⑥ 获取或采购使能系统或服务的访问权限。

2）开发架构观点

① 根据利益攸关者的关注点选择、调整或开发观点和模型。

② 创建或确定用于开发模型和视图的架构框架。

③ 捕获所选框架、观点和模型类型的原理说明。

④ 选择或开发用于支持的建模技术和工具。

3）开发架构备选方案的模型和视图

① 根据接口和与外部实体的交互来定义系统内容和边界。该活动主要基于业务或使命流程输出，并与利益攸关者的需要和需求定义流程同时执行。任务的主要内容是识别系统的外部实体和系统边界内容，其中外部系统实体是指构成系统环境的现有和预期的系统、产品和服务，而系统边界是指系统与外部实体交互的接口所跨越的边界。

② 识别架构实体和实体之间的关系，以解决关键的利益攸关者关注和重要的系统需求。架构不需要设计所有的需求内容，而是考虑有关于那些驱动架构设计的需求内容。另外，设计定义流程将考虑到所有需求内容。一些情况下，通过架构定义流程会发现一些需求是不合适的、无法负担的或者是不适用的。随后，可以通过迭代系统需求定义流程的过程解

决需求集合中出现的问题。同样很重要的一点是架构需要解决关键的利益攸关者关注问题，因为并非所有这些问题都会被记录在需求集合中。

③ 将对系统架构决策具有重要意义的概念、属性、特征、行为、函数或约束分配给架构实体。

④ 选择、调整或开发系统架构备选方案的模型。通常情况下是用模型来描述架构的定义内容，可以更好地表示利益攸关者的主要关注点。架构模型的相关内容可以参考标准ISO/IEC/IEEE 42010。

⑤ 根据已确定的观点构建模型，以表达该体系结构如何解决利益攸关者的关注并满足利益攸关者和系统需求。

⑥ 协调架构模型和视图内容。

4）架构与设计相结合

① 识别系统元素与架构实体间的相关性和性质。通常情况下，系统元素的本质概念要到设计定义流程过程中才能确定，这是由于其定义通常是由具体的设计内容所决定的。

② 定义系统内部元素和与外部实体间的接口与交互关系。该任务具体描述了特定层级架构描述的必要、详细的信息，当然此处描述的信息允许在设计定义流程中进行修改和提炼。

③ 将系统需求分区、整合、分配到具体的架构实体和系统元素。

④ 将系统元素和架构实体映射到设计特性。

⑤ 定义系统设计和评估的准则。

5）评估架构备选方案

① 根据系统需求和约束评估每个架构备选方案。

② 根据测评标准中利益攸关者的关注内容评估每个架构备选方案。

③ 选择最优架构备选方案并捕获关键决策和理由。

④ 为已选择的架构方案创建架构设计基线。

6）管理已选架构设计方案

① 形式化架构管理方法，并根据相关的设计、质量、安防和安全等内容指定与管理活动相关的角色、职责、权限。

② 获得利益攸关者对架构设计内容明确的认可。系统确认和验证流程可用于确定架构设计模型和视图是否正确地反映了利益攸关者的期望和系统需求规范的描述。在一些应用中，架构设计需要认证。认证过程是确定架构设计满足了预定的目标，同时也正确地实现了架构视图和关键概念，以及符合利益攸关者的关注信息。该活动能够提供关于架构定义流程中的反馈信息，用于帮助流程改进，以及在之后架构定义流程迭代过程中能够更好地阐述利益攸关者的关注点。

③ 维护架构实体和架构特性的一致性与完整性。

④ 组织、评估和控制架构模型和视图的考核。

⑤ 维护架构定义和评估测量。

⑥ 维护架构追溯性。

在整个生命周期过程中,应当维护系统架构实体(模型、视图和观点)与系统需求(分配、分解和派生)、接口定义、分析结果以及验证模型和技术间的双向追溯关系。如有必要,还需维护架构实体与利益攸关者关注信息的追溯关系。

⑦ 为基线提供选择的关键信息项。构型管理流程用于创建和维护构型项和基线内容。系统架构定义流程为基线提供了备选内容,为构型项提供了信息内容,其中系统需求就是典型的基线构型项信息。

5. 设计定义流程

(1) 目标

设计定义流程的目标是提供关于系统和其系统元素充分详细的数据和信息,以确保能够符合性地实现与系统体系架构设计的模型和视图中定义的体系结构实体相一致的系统。

架构定义流程识别了利益攸关者的需要和需求。通过架构定义流程可以获得对系统特定需求规范,与系统的应急属性和系统行为之间的关系,该关系追溯于对系统间各个元素的相互作用和关系的描述。另外,设计定义流程是有系统需求驱动,通过系统架构来更详细地描述系统的实现过程。系统架构着重于适用性、可用性和可取性,而设计定义流程侧重于技术和其他设计元素的兼容性以及构建和集成的可行性。

设计定义流程涉及技术的应用来实现系统的功能。设计主要提供了实现层面的定义,如图纸和详细的设计规范。该流程能够给系统架构流程提供反馈内容,以合并或确认架构实体与组成系统的系统元素的分配、分区和一致性。

(2) 输出

设计定义流程完成后的输出物为

1) 定义了每个系统元素的设计特征;

2) 系统需求分配给特定的系统设计元素;

3) 选择或定义设计定义过程所需的设计使能系统;

4) 定义或精细化系统的系统元素之间的接口;

5) 评估系统元素的设计备选方案;

6) 开发了设计元件;

7) 准备可使用的在设计定义过程中所需的使能系统或服务;

8) 建立设计特性与系统架构的架构实体间的可追溯性。

(3) 主要任务活动

根据项目的组织架构与项目实施策略,通过完成以下任务活动来符合设计定义流程内容:

1) 准备设计定义

① 确定构成系统元素所需的相关技术。通常情况下,一个系统元素需要多个相关技术的支持,例如:力学、电子学、软件、运营等。

② 确定必要的设计特征类型。对于每一项技术,需要定义其必要的设计特征类型,如:详细的模式、结构、大小、容量、测量和温度等特征。设计特征也应涉及安防类的考虑因素,例如:最小权限原则、分层防御、对系统服务的限制访问等。

③ 定义设计评估的准则。该活动包括了定义系统和其架构演变的设计特征、系统元件和技术的潜在预测、系统生命周期中的可替换性以及设计定义过程可能出现的结果。

④ 定义设计定义的策略。

⑤ 识别并规划支持设计定义所需的必要使能系统或服务。该活动包括了识别使能系统的需求和接口内容。设计定义过程中的使能系统是指用于协作和设计开发的工具以及支持设计服役的存储工具。

⑥ 获取或采购要使用的使能系统或服务的访问权限。

2）创建各系统元素相关的设计特征和设计驱动因素

① 将系统需求分配给系统元素。在架构设计过程中，一些系统需求可能已经分配给系统元素。该活动的目标是完成需要满足范围内的所有需求的分配过程。

② 将架构特征换成设计特征。该任务把已分配给系统元素的架构实体中相关的架构特征转换为其对应设计特征，例如：尺寸、形状、材料、重要质量特征、数据处理和结构等。转换过程是通过图纸、图形、模型、架构结构、度量标准和参考值来实现的，其中每一个数据的冗余度都需要详细定义。

③ 定义所需的驱动因素。该任务将定义或选择与设计特征相关的必要设计驱动因素，例如：模型、公式、算法、表达式、参数值、模式和偏差值等。

④ 检查设计方案。评估设计特征的可执行性，以及当无法实现设计特征时，如何在架构或需求中变更内容。

⑤ 定义或精益系统元素间的内部接口和与外部系统的接口。在架构定义流程中已经在一定程度上对内部接口和外部接口进行了识别和定义。设计定义流程将根据设计特征的内容，进一步提炼系统内部各个元素间的接口和相互作用，以及系统与外部其他系统的接口和相互作用。同时，该任务也可能识别和定义在架构定义流程中未能定义的补充性接口。

⑥ 创建设计元件。此任务根据实现技术将系统元素的设计特征形式化为定制的元件。系统元件可以是数据表（电子）、数据库（软件）、文档（操作）和导出的数据文件（机制）等内容。

3）评估获得系统要素的备选方案

① 识别可供使用的非开发项的备选方案。这里的非开发项是指货架产品（commercial off the shelf，COTS），先前设计的复用，或采购的元件。

② 根据预期设计特征或系统要素需求所制定的标准，评估每个备选方案中的非开发项和新研制项，以确定对预期应用的适用性。

③ 在备选的非设计项和新设计解决方案中，为每一个系统元素确定最优的实现方案。通常系统分析流程可用于分析和评估过程，同时决策管理流程可用于执行设计方案选择。

4）管理设计

① 将设计特征映射到系统元素。该任务包括了创建具体设计特征与系统架构的追溯关系。该任务能够给架构定义流程提供反馈信息，反馈信息是为了获得能够满足利益攸关者需求的预期的上层系统架构，来修改系统元素的物理组成过程。

② 捕捉设计原因。设计原因主要是描述主要的实现选择和驱动因素的相关信息。确认和验证流程是用来确认和验证详细的设计特征和实现选择。

③ 维护设计追溯性。在整个生命周期中，维护设计特征与架构实体、识别接口、分析结果、验证方法和技术，以及系统元素需求间的双向追溯关系。

④ 提供为基线选择的关键信息项。构型管理流程用于创建和维护构型项和基线内容。设计定义流程为基线提供了备选内容，为构型项提供了信息内容。

6. 系统分析流程

（1）目标

系统分析流程的目标是为技术理解提供严格的数据和信息基础，以帮助在整个生命周期中进行决策过程。

系统分析流程应用于开发任何技术评估的输入需求。该过程可以确保系统需求、架构和设计提供可信的适用性和完整性。该系统分析广泛地用于各种不同的分析功能、不同的复杂度等级和严苛度等级。它包括数学分析、建模、仿真、实验和其他技术来分析技术性能、系统行为、可用性、耐用性、重要的质量指标、技术风险、周期成本，同时对所有生命周期阶段的参数值的潜在值范围进行灵敏度分析。该流程还广泛地用于分析运行概念的相关需求，确定需求参数值，解决需求冲突问题，评估架构或系统元素的备选方案，评估用于集成、验证、确认和维护过程的工程策略。

（2）输出

系统分析流程完成后的输出物为

1）识别系统分析需要；

2）确认系统分析假设和结果；

3）将系统分析结果用于决策；

4）可得到系统分析的任何使能系统和服务；

5）创建系统分析结果的可追溯关系。

（3）主要任务活动

根据项目的组织架构与项目实施策略，通过完成以下任务活动来符合系统分析流程内容：

1）准备系统分析

① 识别需要启动系统分析流程的问题和疑问。该任务指分析中的技术性、功能性和非功能性的目标内容。非功能性的目标指重要质量标准、不同属性、技术成熟度、制造成熟度、技术风险等。问题或疑问的描述需要指出创建系统分析目标的必要性，以及所期望的有效的结果内容。

② 识别系统分析的利益攸关者。

③ 定义系统分析的范围、目标、真实度。

④ 选择系统分析的方法。

系统分析方法是根据时间、成本、保真度、技术驱动和分析标准来选择的。分析方法具有广泛的严谨程度，包括专家判断、计算、历史数据和趋势分析、工程模型、仿真、可视化和拓扑结构。

⑤ 定义系统分析策略。

⑥ 识别和计划将用于支持系统分析的必要使能系统和服务。

⑦ 获取和采购使能系统和服务的访问权限。

⑧ 收集分析所需的数据和输入。

2）执行系统分析

① 识别和确认假设。

② 应用选择的分析方法执行相关的系统分析。

③ 审查分析结果的质量和有效性。

④ 创建总结和推荐。

⑤ 记录系统分析结果。

3）管理系统分析

① 维护系统分析结果的可追溯性。在整个生命周期中，维护系统分析结果与系统定义项的追溯关系，该分析内容可用于决策并提供依据。项目中，通常是通过数据管理工具来实现维护过程的。

② 提供为基线选择的关键信息项。构型管理流程用于创建和维护构型项和基线内容。系统分析流程识别了基线的备选内容，也为构型项提供了信息内容。本流程中的分析结果和分析报告就是可用于基线的典型信息项。

7. 实施流程

（1）目标

实施流程的目的是实现特定的系统元素。该过程将特定的系统行为、接口和实施约束转换为制造活动，以根据已选定的设计技术方案来实现和建造系统元素。通过处理与所选择的实施技术相适应的材料和/或信息以及采用适当的技术专业或学科来构建或调整系统元件。实施过程可形成具体的系统元素，通过验证过程可证明该系统元素符合设计需求，通过确认过程可保证该系统元素满足利益攸关者的需求。

（2）输出

实施流程完成后的输出物为

1）定义系统的实现策略；

2）确定了对设计实施技术的约束条件；

3）实现系统元件；

4）根据供应协议将系统元素进行包装和存储。

（3）主要任务活动

根据项目的组织架构与项目实施策略，通过完成以下任务活动来符合实施流程内容：

1）计划实施活动

① 生成实施策略。该活动包括：实施程序步骤、制造过程、所需工具和设备、实施中的偏差和验证过程中的不确定性。在批量制造生产系统元素过程中，如何考虑和定义质量问题、批量生产问题、系统元素可互换性、实施程序和制造过程中的一致性和可复制性。

② 识别设计解决方案中实施策略和实施技术的约束条件。约束条件应包括所选实施技术当前或今后预期的限制，所采用材料或系统元件的适应性和使用时所需的使能系统及

其限制。

2）执行实施活动

① 根据已定义的实施程序来创建相对应的软件和硬件元素，以及操作培训来实现使能产品和系统原材料，通过以上过程来实现或者调整系统元素。需要考虑到软件制造、硬件制造和操作培训三个方面的主要内容。

② 记录整个实施过程，以便表明其符合采购协议、法规和组织政策的要求。该记录可作为客观证据证明从系统需求到架构设计都被完整和正确地实现在系统元素中了。

③ 封装系统元素并适当地保存。该步骤有助于保证系统功能特性的持续性。运输过程、存储方式以及持续时间都会影响系统的功能特性。

8．综合集成流程

（1）目标

综合集成流程的目的是根据架构设计来进行系统集成。该过程根据完整的系统配置或部分系统配置的要求，集成系统元素以创建符合系统需求的产品。

（2）输出

流程完成后的输出物为

1）定义系统集成的策略；

2）定义会影响需求，但又是综合集成过程中不可避免约束；

3）组装和综合集成系统，该系统可根据架构设计中的定义以验证系统需求；

4）记录由于集成活动所导致的不一致性。

（3）主要任务活动

根据项目的组织架构与项目实施策略，通过完成以下任务活动来符合系统综合集成流程内容：

1）计划综合集成

① 定义组装顺序和策略以便最大限度地降低系统集成时间、成本和风险。系统综合集成策略应当根据相对更加完整的系统配置过程进行集成，该步骤可允许和实现集成。通常，系统集成的顺序也取决于系统元素的可用性，和与系统故障隔离与健康检查的策略相一致。集成配置过程应当尽可能地包括人员操作。成功的综合集成流程和系统验证流程，以及系统确认流程应当可以在系统的不同层级成功地复制使用，直至系统的完整实施。

② 确定集成策略中对设计的约束内容。该约束包括了访问性、使能系统的集成以及中间组件配置所需的接口/互连等因素。

2）执行综合集成

① 根据已定义的综合集成程序，准备和获得必要的集成使能系统和原材料。集成过程中涉及的使能系统可以包括集成设备、夹具、空调设备和组装设备。同时，需要定义集成使能系统的需求、约束和其他限制。

② 按照协议时间表获得相应的系统元素。系统元素可能来自供应商的交付，或者是已有的库存。系统元素应当按照相关的健康、安全、隐私考虑进行处理。

③ 确保系统元素已经按照协议中的标准进行验证和确认。识别出来通过验证的系统

元素,并按照规定的流程进行处理。

④ 根据适当的接口控制描述和装配程序,通过指定的集成设施集成各系统元素。

⑤ 分析、记录和报告集成信息,其中应包括:集成活动结论、出现的问题以及其解决方案。这里应包括集成策略中,使能系统集成或者手动装配时出现的问题,以及相应的解决方案。同时还需要分析数据,以便评估改进的解决方案是否合理可行,并记录执行过程。

9. 验证流程

(1) 目标

验证流程的目的是确保具体的设计需求被生产的系统实现。此过程提供了实现纠正不正当行为的补救措施所需的信息实现的系统或其上的过程。

(2) 输出

验证流程成功完成的输出物为

1) 定义的验证策略;

2) 作为需求输入的验证约束条件;

3) 包括修正活动信息和数据的报告;

4) 提供表明实现的产品符合系统需求和架构设计的证明报告。

(3) 主要任务活动

根据项目的组织架构与项目实施策略,通过完成以下任务活动来符合系统综合集成流程内容:

1) 计划验证

① 定义整个产品生命周期的系统验证策略。该策略应当使用于系统及其描述,例如系统需求和设计定义。它包括每个验证操作步骤的具体内容和其目标,例如,验证设计、构建正确的设计的能力、系统复用的能力、修正故障的能力、预测故障的能力。验证证明是通过评估产品来表明实现了正确的系统,即符合产品实现的指定设计。在验证过程中,应尽可能包括人员的操作。因此,需要定义验证操作的范围和类别,例如,评审,检查,审核,对比,静态测试,动态测试,基于模型、拓扑结构或产品原型的验证演示活动,以及确定存在的风险,例如,安全性和商业的关键问题。

② 根据系统需求制定验证计划。该计划说明了集成策略中定义的配置顺序,并在适当的情况下考虑故障诊断的拆卸策略。计划通常定义了风险管理的验证步骤,逐步建立对完全配置的产品的符合性认可。

③ 识别和商讨关于设计决策的潜在约束。该潜在约束包括了验证使能系统,相关度量方法,必要的系统集成,以及使能产品的可用性、互联性以及交互性过程中,关于准确性、不确定性、复用性的实际限制条件。

2) 执行验证

① 确保用于验证活动的使能系统的可用性以及相关设施、设备和操作人员已经准备就绪以执行验证活动。

② 执行验证活动以表明对于具体设计需求的符合性。识别出存在的不符合的随机故

障和/或设计错误,以及失误操作的内容。验证是以符合组织限制的方式进行的,从而将验证行为、条件和结果复制的不确定性降到最低。

③ 生成可用的系统验证数据。这些数据用于表明与协议、法规和产品需求的符合性。

④ 分析和记录验证、差异和纠正措施信息,并生成验证报告。

根据协议和目标,进行验证以隔离导致不符合项的系统部分。故障诊断需要根据成本效益,考虑、分析至可提供解决方案的层级,其中包括缺陷更正后的重新验证和/或组织质量改进措施。验证数据,根据验证策略中定义的标准进行收集、分类和整理。它根据来源和纠正措施对不符合项进行分类。

10. 交付流程

(1) 目标

交付流程的目标是创建业务环境下根据利益攸关者的需求提供具体服务的能力。该流程作用于已验证的系统上,以及相关的使能系统,例如操作系统、支持系统、操作培训系统、用户培训系统等在协议中已定义的服务。该流程应适用于系统开发架构中的每一个层级和开发阶段,来标志已有阶段创建完成的里程碑。它包括准备适用的存储、处理和运输启用系统。

(2) 输出

交付流程成功完成的输出物为

1) 定义产品交付策略;

2) 在运行场地已安装的系统;

3) 在运行时,系统所能够提供的特定功能的能力;

4) 记录系统安装额配置;

5) 记录修复活动的内容;

6) 用于提供系统维护服务的使能系统。

(3) 主要任务活动

根据项目的组织架构与项目实施策略,通过完成以下任务活动来符合系统交付流程内容:

1) 计划交付过程

① 准备交付策略。交付策略应当包括协议中要求的安装和调试内容。应当尽可能包括人员的操作过程。

② 根据安装需求的内容准备运行场地的环境。运行场地准备活动应当考虑到适当的健康、安全、安防、环境等法规的要求。

2) 执行交付过程

① 在要求的时间节点和地点交付和安装系统。在交付系统前应考虑贮存问题。

② 将系统安装在其运行环境下,并根据系统需求规范的内容设定系统的外部环境接口。系统应配置必要的操作数据。

③ 表明系统的正确安装。交付协议中定义的验收测试结果可以表明系统安装的正确性。

④ 启动系统。

⑤ 表明已安装的系统具有交付所要求的功能和服务能力。协议中定义的验收测试是可以表明系统是否符合交付时所要求的功能的标准,该标准包括运行场所和操作人员服务的能力。

⑥ 表明系统所提供的服务是可以通过使能系统来维护和可持续运行的。

⑦ 分析、记录和报告交付信息,包括交付活动的过程,对于不符合项,需要详细说明并提出修正的措施方法。

11. 确认流程

(1)目标

确认流程的目的为系统实现的功能符合利益攸关者的需求,及在特定的运行环境下可以实现特定的功能。该过程用于考核评估,并确认利益攸关者的需求被正确的实现。当实现过程中,如果出现了差异和不符合利益攸关者需求时,需要详细定义并且需要记录该偏差以及其修正的指导活动。系统的确认流程活动内容需利益攸关者审查和批准。

(2)输出

实现确认的输出物为

1)定义系统确认的策略;

2)与利益攸关者确定必要的服务;

3)提供确认流程活动的记录数据;

4)提供纠正措施信息的数据的相关报告。

(3)主要任务活动

根据项目的组织架构与项目实施策略,通过完成以下任务活动来符合系统综合集成流程内容:

1)计划确认

① 定义确认策略,该策略可确认运行环境下的系统服务,同时确认其满足利益攸关者需求。系统确认是通过评估提供给利益攸关者的服务,来表明已经"正确"实现了系统实体,例如,其实现了开发目的和满足了客户需求。系统确认也可在生命开发周期的较早阶段进行,例如,通过原型、仿真和模拟等方式在特定的环境下正确地体现出系统的开发,这种确认一般用于概念设计阶段的确认过程。确认活动的性质和范围取决于模型、原型或者已实现的系统如何被确认和验证;同时也取决于其存在的风险(例如,新颖性、安全性、技术和商业关键性问题),取决于利益攸关者和相关组织定义的协议和项目约束条件。系统确认活动的执行者可以是供应商,或是采购方/采购方的代理人。协议中应详细定义实行的责任方。

② 准备确认计划。确认活动是基于利益攸关者需求的。定义恰当的确认流程活动步骤,例如,各种操作状态、运行场景和任务以逐步建立对已安装的系统的一致性可信度,并协助诊断系统间的差异性。策略中需要具体定义实现确认的方法和技术,以及其目标、条件和适当的符合性标准。当利益攸关者的要求不能完全理解,或者频繁的变更时,系统的增量式评估需要反复的确认(快速的开发过程),以便用于验证利益攸关者的需求,并减少项目中的风险,例如,标准 ISO 13407 中描述的迭代式开发生命周期过程。

2）执行确认活动

① 确保在执行确认活动中需要的操作，辅助的使能系统以及相关的设备都按顺序已经准备就绪。

② 执行确认活动来确保系统符合利益攸关者需求。以符合组织约束的方式进行确认，从而将确认操作、条件和结果的复制的不确定性降至最低。带有目标性的记录和批准确认活动和结果。确认流程可能不仅仅确认系统是否满足所有操作、功能和可用性的需求，而且还满足包括客户满意度在内的往往不太正式表达但有时是压倒一切的态度、经验和主观测试。

③ 根据法律、法规和产品组织的需求，为系统提供可用的确认数据。

④ 根据适当的协议条款和组织目标，执行确认以便隔离系统中符合的部分。

⑤ 根据确认计划中定义的标准来分析、记录和报告确认数据。

此活动根据其来源和纠正措施所有者对不符合项进行分类。分析确认数据以检测其基本特征，如故障的趋势和模式、设计错误的证据以及功能服务中的威胁。

12. 运营流程

（1）目标

该过程分配人员操作系统，并监视服务和操作员系统性能。为了确保持续性的服务，该过程需要识别和分析与项目协议、利益攸关者需求和项目组织限制相关联的操作和运行异常状态。ISO/IEC 20000-1：2011 标准提供用来支持操作过程的服务管理系统的相关需求。

（2）输出

实现运营流程的输出物为

1）识别出会影响系统需求、架构或者设计的相关操作和运营的限制内容；

2）确保运营操作过程中需要的辅助系统、服务和材料处于可用状态；

3）确保提供经过培训和能力认可的操作人员；

4）交付符合和满足利益攸关者需求的系统服务；

5）检测操作过程中的系统的运行性能；

6）提供客户支持服务。

（3）主要任务活动

根据项目的组织架构与项目实施策略，通过完成以下任务活动来符合运营操作过程内容：

1）准备操作过程的相关活动

① 定义操作过程策略。主要定义操作过程中用到的方法、时间安排、可用资源和相关的具有考虑。其需要包括定义和考虑以下的方面：介绍和列出系统正常操作和退出服务过程中的需要和可用的服务；定义所配备的操作人员的策略和时间安排表；发布和验收认可的标准和时间安排，来允许系统进行更新以维持现有的或者更新后的服务；操作概念中实现操作模式的具体方法，包括正常操作运行模式和应急操作；提供检查运行水平的操作度量标准；定义在操作过程中涉及的操作人员和相关人员操作安全考虑的策略，应考虑到相关的安

全标准要求;定义操作系统时保护和维持系统正常运行的环境要求;检查变更所带来的威胁的过程,以及操作检测活动的结果。

② 识别和定义操作过程中派生的有关系统需求、架构和设计的相关限制条件。

③ 识别和计划用来支持系统运行的必要辅助设备和服务。

④ 该策略可确认运行环境下的系统服务,同时确认其满足利益攸关者需求。

⑤ 识别和定义用于系统操作的相关培训和人员资质要求的需求内容。培训和资质要求包括了系统在操作环境下的认可,以及定义系统经常出现故障时用来执行故障检测和隔离功能的程序。定义操作人员需要的相关知识背景、技能以及经验要求,来指导选择人员的标准。资质的要求取决于系统的要求和环境。例如,在一些环境下对操作人员的资质有监管性的强制要求,而在另一些环境下并没有此类强制要求。

2) 执行操作过程

① 在预期的操作环境中使用该系统。操作策略是用来指导系统的使用和操作的。当该系统替代正在使用且即将处置的系统时,需要通过维护来提供可持续的服务。

② 根据需要使用操作工程中维持服务的相关材料和其他资源,例如,硬件的能源和运营商规定。

③ 检测系统的运行过程。该活动包括:管理已制定的操作策略;确保系统在安全的环境性运行,同时也符合有关职业安全和环境防护的立法指南;使用策略中定义的措施并分析它们以确认服务性能在可接受的参数范围内。检测过程是为了确保系统的性能维持在阈值和可接受的范围内。操作人员的反馈和建议对于提高系统的运行性能有很大的帮助。同时,根据目标和限制条件对运营成本进行监控,并确定其潜在的改进。

④ 记录系统服务性能不在可接受的参数范围内的情况。系统运行过程中可能出现不可接受的运行性能,比如当系统元素实现在硬件上是可能会超过其使用生命的范围,或者系统操作环境可能会影响系统的操作和维护人员。

⑤ 在必要情况下执行系统应急操作。系统应急操作包括:系统性能衰退的模式下运行时,能够执行退出、系统恢复的操作和系统关闭的操作,或者在其他模式和特定条件下,系统能够执行解决程序恢复系统的运行。在有些特定条件下,操作人员能够执行必要的操作来使系统继续运行,或者断开系统的电源。应急行动是按照事先确定的程序进行的。

3) 管理运营流程的结果。

① 记录操作结果和遇到的任何异常状况。此处的异常状况是指由于操作策略、运行中的辅助系统、运行中的执行过程或者系统的错误定义所引起的。项目评价和控制流程可用来分析数据以识别出异常的根本原因,执行修正和改进的操作,同时记录经验教训。

② 记录操作结果和遇到的任何异常状况。通过质量管理和项目评价控制流程来管理问题纪要和解决方案。任何对于系统需求、架构设计以及系统元素的变更状况都应根据其他技术流程来完成。如果在操作过程中遇到事故,操作人员需要记录该事故,以及执行经过验证的操作程序中规定的操作以恢复正常操作的过程。

③ 维护操作元素间的可追溯关系。系统操作元素与商业任务需求、运行概念、利益攸关者需求间的双向追溯性都需要进行维护和记录。

④ 提供为基线选择的关键信息项目。构型管理流程主要用来创建和维护构型项以及基线。该流程将识别可选的基线，以及提供给构型管理相关的信息。

4）为客户提供支持服务

① 为客户提供必要的支持和咨询服务；

② 记录和监测客户的支持请求以及所采取的相关活动；

③ 确定能够满足交付系统服务的客户需求程度。

13．维护流程

（1）目标

维护流程的目的是维持系统提供服务的能力。该流程监控系统提供服务的能力，记录分析事件需要采取纠正、适应性、完善性和预防性措施，并确认恢复的能力。

（2）输出

实现维护流程的输出为

1）识别对系统需求、架构或设计有影响的维护约束条件；

2）维护过程中可用的辅助设备和服务；

3）更换、修理或修改的系统可用元件；

4）需要变更来实现的修正、完善的维护活动；

5）确定系统失效和生命周期的数据，包括相关的成本。

（3）主要任务活动

根据项目的组织架构与项目实施策略，通过完成以下任务活动来符合系统修护流程内容：

1）准备维护过程

① 定义维护策略。维护策略主要是根据运营可用性需求来定义执行修正和预防性维护所需的方法、时间表、资源和具体考虑事项，也被称作维护概念。该策略需要描述以下内容：修正性和预防性维护用于确保在特定的运行环境下系统可以提供持续性的服务，以满足客户的需求；计划性的预防维护降低了系统在正常运行过程中的无故失效或影响正常运行的概率；整个使用成本包括采购成本和运营成本；需要定义可替换的零部件的数量、贮存的位置、贮存的条件、部件替换的频率和其可贮存的周期和翻新的频率；确保假冒系统不被引入系统；定义维护人员进行维修、替换、恢复工作时的技能要求等级和有关健康、安全、安防以及环境的相关要求；检测和考核维修活动的性能水平、效果和效率。

② 识别和定义维护过程中派生的有关系统需求、架构和设计的相关限制条件。

③ 识别交易，使系统和相关的维护和后勤行动产生一个具有可行性、可操作性、可支持和可持续性的解决方案。

④ 识别在执行维护活动过程需要的辅助设备或服务。

⑤ 获得或采购可使用的相关辅助设备或服务的使用授权。

2）执行维护过程

① 检查维护活动和问题报告，以确定未来的适应性、完善性和预防性维护需求。

② 记录维护活动的过程，记录和追踪问题报告和其解决方案。

③ 实施修正随机故障或预测性更换系统元件的程序。

④ 当遇到有可能导致系统失效的随机故障时,需要部署相关的活动使系统恢复到正常运行状态。

⑤ 根据系统维护计划和步骤,在系统出现失效前,执行预测性维护服务来更换和保养相关的系统元素、部件。

⑥ 当系统出现异常状况时,需要执行系统失效识别操作。

⑦ 确定何时需要完善性维护,何时需要适应性维护。

3) 执行辅助性支持活动

① 进行后续采购活动。

② 执行后续运营性活动。运营的保障活动是在整个运营生命周期内调整 SOI 和辅助性系统,以确保系统功能的有效和高效交付。同时,需要详询定义保障活动的步骤,以确保在适当的时间和地点,维修活动所需的特定数量和质量的维修材料和资源是可用的。

③ 在生命周期活动过程中,执行必要的包装、搬运、储存和运输。

④ 确认保障性活动能够满足所需补给水平,以便存储的系统要素满足维修频率和计划性维修服务。

⑤ 保障性活动应包括具有可计划性、资源性和可实施性的补充需求。

4) 管理维护和保障性活动的过程

① 记录维护活动和保障性活动的过程和发生的任何异常状况;

② 记录运行事件,记录和追踪问题报告及其解决方案;

③ 识别并记录事件、问题报告和保障性活动的状态趋势;

④ 维护维修元素的追溯性;

⑤ 提供为基线选择的关键信息项目;

⑥ 监控客户对系统和维护支持的满意度。

14. 处置流程

(1) 目标

处置流程主要目的为结束用于特定预期用途的系统元素或系统的存在,适当处理替换或处置的元素,并适当地关注已识别的处置需求(例如:协议、组织政策、环境、法规、安全、安防等)。

该流程主要用于停用、拆卸、移除具有特定用途的系统或任何系统的元素。该过程将描述浪费的产品,托运其到最终的产品环境,以及将其重置到原有的或者可接受的环境。处置过程根据立法、协议、组织限制和利益攸关者要求,以无害环境的方式破坏、存储或回收系统元素和废弃产品。处置方法应包括阻止过期、不可重复使用或不充分的要素重新回到供应链。当必要时,应当维护记录,这些记录是为了可检测运营者和使用者的健康和环境的安全。但系统的部分元素经过更新和改进后可继续使用时,处置过程可确保更好地处理废弃部分。处置流程可应用于系统的整个生命周期,包括概念和开发阶段的处置策略,产品生产阶段的废物处理,以及运营和产品支持阶段的系统元素更改。

（2）输出

处置流程完成的输出物为

1）处置过程中对于需求、架构、设计和实现过程相关约束的输入；

2）用于处置过程的辅助系统和服务；

3）根据安全和安保要求，系统元件或废弃产品被销毁、储存或回收；

4）环境将恢复到原来的状态或约定的状态；

5）记录可用的处置流程活动和分析。

（3）主要任务活动

根据项目的组织架构与项目实施策略，通过完成以下任务活动来符合处置流程内容：

1）准备处置过程

① 为系统定义处置策略，包括每一个系统元素和产生的所有废弃物品。策略过程包括以下内容：永久终止系统功能和服务交付；将系统转换和保留到社会上和物理上可接受的状态，从而避免对利益攸关者和环境产生后续不利影响；考虑处置活动中的健康、安全、安防和私人的可用性，以及物理材料和信息中的长期条件状况；考虑通过更改和试用的形式使系统可交付到以后的使用中，包括了继承性的使用。

② 识别与系统需求、架构、设计结构或者实现技术相关的处置过程的系统约束。该过程包括拆卸问题、相关的辅助系统、储存地点的可用性和技术等级的可用性。

③ 识别和计划用于支持处置过程的必要辅助系统和服务。该过程包括识别辅助系统的需求和接口内容。

④ 获得和获取辅助系统和服务的可用性。

⑤ 当系统需要存储时，制定设备的容量、储存的地点、检查的标准和存储的周期。

⑥ 定义预防方法以排除不应重新利用、回收和重新使用以重新进入供应链的要素和材料。

2）执行处置过程

① 停用系统或系统元素以准备其移除过程。该过程应考虑与其他系统的接口，例如：电源和燃油连接、断开的步骤，相关的健康、安全、安防和运输。当系统的接口需要更改和技术更新时，受影响的系统元素应当停用和移除。应当在概念设计阶段或产品开发阶段，将其用于系统原型的设计开发。

② 将系统、系统元素或者报废的物品从使用或生产中移除以进行适当的处置和操作。

③ 从系统或系统元件中撤回受影响的操作人员并记录相关的操作知识。

④ 将系统或系统元素拆卸成可管理的元件，以便于拆卸重复使用、回收、修复、检修、归档或销毁。

⑤ 处理系统元素及其部分，这些元素及其部分是不可重复使用的，以确保它们不会回到供应链中。

⑥ 必要时进行系统元件的销毁，以减少废物处理量或使废物更易于处理。

3）完成处置过程

① 确认处置后不存在有害健康、安全和环境因素。

② 将环境恢复到原始状态或协议指定的状态。

③ 存档系统生命周期中收集的信息，以便在对健康、安全和环境造成长期危害的情况下进行审计和评估，并允许未来的系统创建者和用户从过去的经验中建立知识库。

3.4　小　　结

ISO/IEC/IEEE 15288《系统和软件工程——系统生命周期过程》标准规定了通用于人工制造领域的有关产品开发生命周期的基本流程框架。标准主要介绍了系统工程中的主要流程内容和相关的专业术语定义与描述，整个内容涉及了生命周期中的基本概念、开发、生产、综合、支持和处置阶段的流程。这些流程为处理实施、迭代、递归系统以及系统元素的生命周期活动中的活动提供了指导和参考。本标准可用于有关人工制造系统生命周期的过程，即此标准适用于需要批量生产、可定制化的、具有强适应性的系统开发中。同时，该标准也适用于一个完整的独立系统或者嵌入式系统，以及集成到更复杂和更完整的系统中去的系统。

ISO/IEC/IEEE 15288 标准主要将系统生命周期模型划分为四组流程内容：协议流程、组织项目使能流程、技术管理流程和项目技术流程。协议流程主要用于商品的采购和供应过程，以协议的形式为供应商和采购商之间就产品和产品服务达成共识的手段。组织项目使能流程主要用于确保组织架构在项目的启动、支持和控制过程中，具备采购和供应产品或服务的能力。项目管理流程主要用于创建计划、发展计划和执行计划，评价实际的成果、计划的进程和履行过程中的执行控制过程。技术流程主要用于定义系统需求，将系统需求转换成有效的产品，在必要时保证产品生产的一致性，按照预定的功能服务使用产品，维护产品的持续可用性，最后当产品需要处置而不服役时提供必要处理服务和方法。

第4章

SAE ARP 4754A《民用飞机与系统的开发指南》

4.1 背 景 概 述

现代民用飞机作为一种广泛使用的交通工具,需要具备安全性、经济型、舒适性和环保性等特征,其中安全性是民用飞机取得商业成功的前提,也是适航规章对民用飞机开发并投入运行的强制要求[24]。

随着技术的发展,现代民用飞机已发展成由飞控系统、航电系统、环控系统、液压系统、起落架系统等多系统高度综合的复杂系统。随着飞机功能与实现飞机功能的系统之间的集成程度日渐增长,在复杂性增加的同时也使得在飞机设计中出现错误的概率增加,尤其是对于需要多个系统共同实现某一功能的情形更为明显。针对飞机及系统的需求开发、设计和实施过程中引入的错误,对于那些功能有限且与其他飞机系统没有高度集成的简单系统,可以通过在系统及其组件上执行彻底的试验、直接检查,以及其他可以完整描述系统性能的直接验证方法来进行检测和纠正。对于更为复杂或集成的系统,由于所有系统状态不能被确定或需完成的试验数量过多,无法进行彻底的试验。因此,为了满足适航规章以及使用维护等顶层设计要求,确保飞机和系统设计中引入的错误得到有效控制,必须在飞机和系统的开发过程引入规范的设计开发流程。在这种情形下,美国联邦航空局(Federal Aviation Administration,FAA)请求美国汽车工程师协会(Society of Automotive Engineers,SAE)制定一份用于飞机和系统开发的指南性文件,即在1996年11月颁布的SAE ARP 4754《高度综合和复杂系统的审定考虑》,2010年12月换版为SAE ARP 4754A《民用飞机与系统的开发指南》(下文简称4754A),作为飞机和系统设计研发活动的指南。4754A提供了用于表明适航规章相关条款符合性的实践方法,每个制造商也可以结合该指南来编制并达到制造商内部标准的工作手册或文件[25]。

尽管4754A本身并非适航规章,但SAE ARP 4754最早是应FAA邀请编制,并推荐作为表明对相关适航条款符合性的指南。目前,FAA以及欧洲航空安全局(European Aviation Safety Agency,EASA)在其适航条款14CFR/CS 23.1309和25.1309的符合性咨询材料中均引用了ARP 4754作为飞机和系统开发可接受的符合性方法和开发保证指南。在2011年12月FAA颁布的适航指导性材料AC20-174《民用飞机和系统的开发》也明确提出认可4754A作为建立开发保证系统的可接受方法[26]。因此,4754A作为用于指导现代民用飞机/系统开发的重要标准文件,在飞机和系统研制过程中得到了广泛应用。

4.2 演 进 历 史

4.2.1 SAE ARP 4754A 及其相关标准的发展历程

任何标准的出现与发展都是与工业技术发展紧密相关并互相促进,飞机系统和设备相关的标准亦然。在 20 世纪 60 年代以前,飞机设备以机械式设备为主,如机械式仪表和液压作动设备等;在 60 年代以后,飞机电子控制设备组件增多,并出现了由底层和简单软件支撑的模拟式设备;80 年代到 90 年代,出现了集成数字系统以及以 PLD、ASIC、FPGA 为代表的复杂电子设备;在 2000 年后,飞机系统出现了高度集成和复杂的趋势。为了适应飞机系统的发展,保证集成了新颖系统后的飞机安全性以及系统完好性,工业界(通常受局方委托)先后制定了针对机载软硬件和系统的工业标准,用于规范和指导软硬件及系统的设计开发过程。在经过实践和使用验证其可用性和正确性后,适航当局通过颁布适航指导性材料接受使用这些工业标准作为表明对相关适航条款符合性的方法之一。RTCA DO 178/SAE ARP 4754/SAE ARP 4761/RTCA DO 254 等工业标准即是在这种背景下制定的[27]。图 4.1 反映了不同的工业标准和适航指导材料出现的时间及与飞机系统设备发展的对应关系。

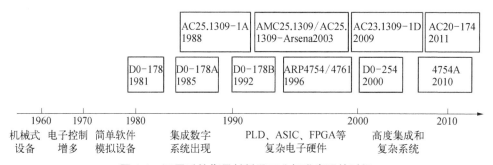

图 4.1　不同适航指导材料及工业标准出现的时间

20 世纪 80 年代,随着软件在机载设备中应用逐渐增多,软件在机载环境中的可靠性成为影响飞机飞行安全的重要因素之一。软件通过程序逻辑来执行机械或硬件的功能,其可靠性难以通过传统可靠性分析的方法来获得,因此迫切需要制定相应的工业标准,为机载系统和设备的软件开发过程提供指导,保证机载软件能够满足飞机适航的安全性要求。RTCA 于 1981 年颁布了 DO-178,随后在 1985 年和 1992 年修订为 DO-178A 和 DO-178B,并根据软件技术的发展,于 2012 年再次修订为 DO 178C。DO-178B 针对不同安全性等级(A~E)的软件,定义了软件开发的目标、满足上述目标的活动以及证明达到目标的软件生命周期数据,为不同等级软件的开发活动提供了指南。

在 DO-178 的 B 版本编制过程中,业界认识到了规范系统开发过程的重要性。显然,系统级的信息是软件开发过程的输入,同时很多系统级的决策也是飞机系统功能特征和安全性的基础,因此在该类系统设计决策过程和结论中引入一定的规范和规则是必要和合适的。应 FAA 请求,SAE 组建了系统综合需求工作(Systems Integration Requirements

Task，SIRT)组，负责 ARP 4754 的编写。从某种角度看，ARP 4754 可以看成是 DO‐178 向系统层面的扩展，即将基于安全性等级的目标和开发保证活动应用于飞机和系统的开发，并为软件提供安全性目标输入。

1996 年 11 月 ARP 4754 正式发布，同年 12 月，定义结构化系统安全性分析过程指南的 ARP 4761 发布。ARP 4754 在发布后在工业界得到了普遍应用，且被 AC 23.1309‐1D、AMC 25.1309 和 AC 25.1309‐Arsenal 等适航局方发布的指导性文件接受作为表明对相关条款符合性的方法。但随着航空技术革新和飞机、系统设计的发展，ARP 4754 也在应用中暴露了部分缺陷，包括：应用范围不明确、开发流程未扩展到飞机层面、与 DO‐178 以及新发布的 DO‐254 存在不一致、缺少详细的开发保证等级分配指南等问题。针对这些问题，SAE 对 ARP 4754 进行了修订。

2010 年 12 月，4754A 正式发布，将其应用范围扩展到包括飞机和系统生命周期的开发过程，同时对内容框架以及具体流程指南都进行了修订，使其相较 ARP 4754 更加完善。

4.2.2　ARP 4754A 与 ARP 4754 的差别

1. 应用范围的差别

ARP 4754 的标题为《高度综合和复杂系统的审定考虑》(*Certification Considerations for Highly-Integrated or Complex Aircraft Systems*)，而 4754A 的标题为《民用飞机与系统的开发指南》(*Guidelines for Development of Civil Aircraft and Systems*)。从标题可以看出，ARP 4754 的应用范围定义为高度综合系统(实现或贡献于多个飞机级功能的系统)和复杂系统(安全性不能简单通过测试来表明的系统)，而 4754A 则面向飞机和实现飞机功能的系统。

现代民用飞机的设计是从飞机级开始的自上而下的设计过程，随着飞机功能和系统复杂性、集成性不断增加，在飞机级功能开发、需求定义、架构设计中也引入设计错误的可能性增加。4754A 将其开发流程扩展到飞机级，提供了飞机级开发和开发保证的指南，同时也给出了飞机级和系统级之间的需求、开发保证等级的传递关系。另一方面，4754A 中阐释的飞机级的功能开发过程，也与 ARP 4761 中飞机级安全性功能危害性分析相对应，使得飞机开发过程和安全性分析过程具有完整的对应关系。4754A 将应用范围从系统开发扩展到包括飞机和系统开发在内的飞机全生命周期开发过程，使得其内容体系更加完整，也适应于现代民用飞机开发过程的发展需要。

2. 内容框架的差别

相较 ARP 4754，4754A 内容上的变化主要包括：

1) 4754A 增加了开发计划流程，该流程定义了飞机开发中的所有计划元素，包括开发计划、安全项目计划、需求管理计划、确认计划、实现验证计划、构型管理计划、流程保证计划和审定计划。

2) 4754A 将系统开发流程更名为飞机和系统开发流程，并给出了从飞机级功能识别到系统实现过程中的详细开发流程活动。而 APR 4754 并未给出详细的开发流程活动。

3) 4754A 将飞机开发相关的安全性评估、开发保证等级分配、确认、验证、构型管理相关、流程保证的分析和管理流程合并为综合流程。

从 ARP 4754 到 4754A 的章节变化如图 4.2 所示。

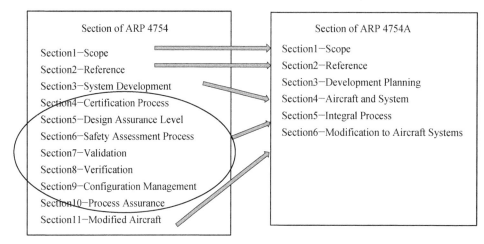

图 4.2　4754 到 4754A 的章节变化

4754A 中民用飞机开发过程的流程活动划分为计划、开发和综合三大类,使民机开发流程活动的分类更加清晰,涵盖的飞机开发流程活动更加完整。

3. 具体内容和流程的差异

(1) 与其他相关标准的关系

在 ARP 4754 颁布后,顺应技术发展,DO - 297《集成模块化航电系统开发指南》、DO - 254《电子硬件开发生命周期》、ARP 5150/5151《商业运营中的飞机安全性评估》等标准先后发布。相较于 ARP 4754,除了 DO - 178 和 ARP 4761 外,4754A 中还定义了自己与 DO - 297、DO - 254、ARP 51050/5151 等标准的关系,与这些标准一起构成了飞机和系统开发及运营的全生命周期标准体系。

(2) 开发流程的差异

4754A 将应用范围扩展到飞机级,相较于 ARP 4754,其将开发流程扩展到包括飞机开发过程在内的完整飞机/系统开发过程。4754A 定义的飞机开发过程包括:概念设计、飞机功能开发阶段、分配飞机功能到系统、飞机级的集成和验证等。同时 4754A 建立了飞机级的开发过程与飞机级安全性评估各细节过程的详细输入输出关系。

(3) 开发保证的流程和方法

4754 并未说明系统开发保证等级(development assurance level,DAL)与飞机级安全性分析的关系,以及开发保证等级如何从飞机级向系统级和组件级分配的具体流程和方法。相较于 4754,4754A 扩充了运用于飞机与系统级的设计保证概念,规范了术语"开发保证"的使用。将术语"开发保证等级"按照飞机/系统级和组件级进行了详细划分和定义,对飞机与系统引入了功能开发保证等级(function development assurance level,FDAL)的定义,对组件引入"组件开发保证等级(item development assurance level,IDAL)"应用于软硬件的开发保证活动。4754A 详细定义了功能开发保证等级和部件开发等级的分配流程和方法。

4.3　内容介绍

4.3.1　4754A 的内容概述

4754A 阐述了在考虑整个飞机的运行环境和功能的情况下的飞机系统的开发流程和活动,包括开发过程中的三大流程:即飞机与系统开发计划流程、飞机与系统开发流程以及综合流程;这些流程中又具体定义了为满足适航审定和产品保证要求而对设计需求的确认和对设计实现的验证等活动。

制定 4754A 的主要出发点在于确保飞机的安全性,因此该标准主要面向与飞机安全运行相关的系统。4754A 给出了从飞机级开始的自上而下的迭代开发过程,以保证飞机的安全性需求与运行需求在飞机和系统设计中得到完整的实现与证实。

从飞机的开发和使用生命周期来看,4754A 主要针对飞机和实现飞机功能的系统开发,但没有专门对关于软件或电子硬件开发、安全性评估过程、飞机结构开发等方面的详细内容进行阐述,也未说明如何编制主最低设备清单和构型偏离清单;4754A 也未包括在役飞机安全性工作等运行方面的内容。但 4754A 提供了与相关过程指导性文件的接口,并与这些指导性文件一起,构成了飞机设计和使用全生命周期的指导性文档体系。

4.3.2　4754A 的内容架构

4754A 将飞机和系统的开发过程划分为三项主要的活动流程,即飞机与系统开发计划流程、飞机与系统开发流程以及综合流程。这三项活动流程在飞机和系统开发中的关系如图 4.3 所呈现的模型所示。

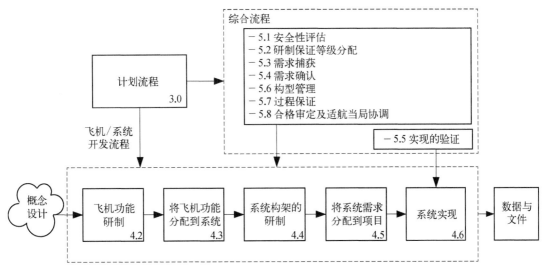

图 4.3　4754A 描述的系统开发流程

4754A 的内容围绕这三项过程展开,同时还包括了关于飞机或系统改型的流程和主要活动的介绍。其主要内容框架包括:

(1)计划流程

4754A 在计划流程章节中描述了开发计划流程的目的和目标,流程活动、计划节点的转移标准以及对计划偏离的处理方式等。

(2)开发流程

开发流程章节中主要概述了从概念定义到合格审定的飞机及系统开发生命周期内采用的一般流程方法,给出了飞机及系统的开发过程模型。进一步通过提出"开发保证"的概念,描述了飞机安全性和系统开发之间的联系。按照分层级、自上而下的方法分别给出了飞机开发的主要流程任务,包括"飞机功能开发""飞机功能分配到系统""系统架构开发""系统需求分配到部件"和"系统实施"。

(3)综合流程

综合流程章节中描述了整个开发过程中与安全性相关的重要流程元素,包括安全性评估、开发保证等级分配、需求捕获、需求确认、实施的验证、构型管理、过程保证和合格审定 & 适航当局协调。这些过程元素与前一章节描述的飞机和系统开发流程任务有着多重交互关系,贯穿整个开发过程。

(4)飞机或系统改型

飞机或系统改型章节中描述了 4754A 前面章节中给出的飞机及系统开发过程与方法如何应用于飞机、系统或部件的改型。对部件、系统或飞机进行改型的原因很多,例如增加新功能或进行必需的纠正措施。系统改型过程也是整个安全性管理计划的一部分,在保证飞机和系统改型的方法上,美国和欧洲存在差异,这一章节强调了这些差异。

4.4　4754A 与系统工程的关系

4754A 遵从系统工程的基本理念和原则,是系统工程在民用飞机产品开发过程中的典型应用。因此从系统工程的角度去理解和应用 4754A,能够有助于掌握 4754A 的本质要求。

4754A 与系统工程的一致性,具体体现在以下三个方面。

(1)4754A 遵从典型的系统工程生命周期过程

系统工程定义的一般生命周期阶段包括概念阶段、开发阶段、生产阶段、使用维护阶段和退役阶段等。对于不同的系统集成商和应用部门,其定义的生命周期阶段都是在以上生命周期阶段的框架下的细化或扩展。

尽管 4754A 偏重于飞机的开发过程,但其接受从概念阶段开始的总体生命周期框架,并将开发阶段纳入飞机/系统的全生命周期阶段来考虑。从图 4.3 可以看出,4754A 定义的飞机生命周期过程包括概念设计、开发、生产和运行等阶段,遵从一般系统生命周期阶段框架。

同时,4754A 对于开发过程中的具体要求也体现了对系统工程全生命周期的考虑,

4754A 在需求捕获流程中各种关于功能需求的定义包括了对运行需求和维护需求的定义，以使飞机开发过程中充分考虑飞机运行和维护中机组、维护人员以及其他支持人员与飞机功能和设备接口，支持计划内和计划外的飞机维护维修。

（2）4754A 中定义的主要流程活动与典型系统工程流程活动具有对应关系

4754A 中阐述的三大流程：计划流程、开发流程和综合流程中的主要流程活动与典型系统工程流程活动具有对应关系。

4754A 中的计划流程对应于一般系统工程管理流程中的项目计划流程。4754A 阐述了飞机级、系统级和组件级三个层级的开发活动，因此其飞机/系统开发流程包括从飞机功能开发、分配飞机功能到系统、开发系统架构、分配系统需求到组件的设计活动，这些活动也是一般系统工程流程中的需求分析、架构设计过程在不同系统层级的具体应用。4754A 系统实现流程包括底层软硬件的开发以及从下到上的集成活动，对应于一般系统工程流程活动中的实施流程和综合流程。4754A 综合流程中的需求捕获、需求确认、实施验证过程与一般系统工程过程中技术流程中相应活动对应，构型管理流程与一般系统工程过程中管理流程构型配置管理流程对应。其过程保证活动能够在项目评估和控制流程、测量流程等活动中得到体现。

需要注意的是，由于 4754A 是针对航空产品的应用，安全性和适航是其关注的重点，因此其综合流程中包括安全性评估、开发保证等级分配、审定和规章局方协调等特殊流程，虽然在一般系统工程过程中并无直接相应的流程活动，但这些活动可以看成是从公众安全性期望到安全性需求分析以及安全性需求的分解和分配过程，因此也是一般系统工程过程中的技术流程和管理流程特殊应用。表 4.1 列出了 4754A 中流程活动与部分其他系统工程标准中流程活动的对应关系。

表 4.1　4754A 的流程活动与 INCOSE 的《系统工程手册》及 ISO 15288：2015 流程活动对应关系

4754A 中流程和章节	INCOSE V4.0		ISO 15288：2015	
3.1　计划流程	5.1	项目计划流程	6.3.1	项目计划流程
4.2　飞机功能开发	4.2 4.3	利益攸关者需求定义流程 需求定义流程	6.4.2 6.4.3	利益攸关者需要和需求定义流程 系统需求定义流程
4.3　分配飞机功能到系统	4.4	架构定义流程	6.4.4	架构定义流程
4.4　系统架构开发	4.4	架构定义流程	6.4.4	架构定义流程
4.5　分配系统需求到组件	4.3	架构设计流程	6.4.5	设计定义流程
4.6　系统实现	4.7 4.8	实施流程 集成流程	6.4.7 6.4.8	实施流程 集成流程
5.1　安全性评估	4.6 4.3	系统分析流程 需求定义流程	6.4.6 6.4.3	系统分析流程 系统需求定义流程
5.2　开发保证等级分配	4.6	系统分析流程	6.4.6	系统分析流程
5.3　需求捕获	4.2 4.3	利益攸关者需求定义流程 需求定义流程	6.4.2 6.4.3	利益攸关者需要和需求定义流程 系统需求定义流程

4754A 中流程和章节	INCOSE V4.0	ISO 15288：2015
5.4　需求确认	4.11　确认流程	6.4.11　确认流程
5.5　实施验证	4.9　验证流程	6.4.9　验证流程
5.6　构型管理	5.5　构型配置管理流程	6.3.5　构型管理流程
5.7　过程保证	5.2　项目评估和控制流程	6.3.2　项目评估和控制流程
5.8　审定和局方协调	4.1　利益攸关者需求定义流程 4.11　确认流程	6.4.2　利益攸关者需要和需求定义流程 6.4.11　确认流程

4.5　应用考虑

4.5.1　适航审定对 4754A 的应用要求

如前所述,4754A 并非直接的适航规章要求,但局方接受其提出的针对飞机及系统的开发保证方法作为表明对 25.1301 以及 25.1309 符合性方法。基于开发保证方法提出的初衷是为了解决不能通过彻底试验来检测在复杂系统设计错误的可能性,因此在飞机设计和审定中对于 4754A 的开发保证方法应用的严格程度可以根据飞机系统的复杂性和综合性来考虑。因此,从适航审定的角度,可以从以下几方面考虑 4754A 的应用。

1) 基于 4754A 以及其引用的 ARP 4761 中的结构化系统安全性分析方法来进行飞机各层级的安全性分析工作。

2) 对于飞机级和系统级开发过程,根据系统的复杂程度考虑对 4754A 的开发保证方法应用的严格程度。对于复杂和高度综合系统(如飞控系统、综合模块化航电系统),需在总体遵从 4754A 的基础上与局方讨论具体的开发保证实施方案,以及可接受的对 4754A 的偏离,确定具体的开发保证计划、程序、方法和活动规划。对于简单系统,可以与局方讨论考虑通过完整的结果符合性验证规划、设计保证系统评审、4754A 开发保证活动的应用等方式来管控开发错误的风险。

4.5.2　4754A 应用中的其他支持性文档

4754A 给出了飞机和系统的开发的总体流程指南,SAE 还发布了其他辅助支持性文档以便飞机制造厂商进一步理解和应用 4754A,这包括 SAE AIR 6110 和 SAE AIR 6218 等。

(1) SAE AIR 6110

SAE AIR 6110《飞机系统开发流程示例》是 SAE 于 2011 年 12 月发布的《航空航天信息报告》(*Aerospace Information Report*),该文档是作为 4754A 的附加支撑材料,为读者进一步理解 4754A 的要求提供了进一步的信息和示例说明。

SAE AIR 6110 以飞机地面减速功能、刹车系统为例,给出飞机和系统开发的详细示例,通过 4754A 中给出的方法和工具对飞机功能及系统进行分析,涵盖了 4754A 中关于飞机和系统开发的主要流程和方法论,同时也展示了在飞机/系统开发过程中 4754A 和 ARP 4761 的应用关系。

SAE AIR 6110 给出了对飞机/系统开发过程中的典型活动流程,这些活动也包括 ARP 4761 中描述的系统安全性评估过程活动,以及 4754A 中描述的综合流程活动(如开发保证等级分配)。

(2) SAE AIR 6218

SAE AIR 6218《制定集成系统的开发保证计划》是 SAE 于 2012 年 9 月发布的《航空航天信息报告》(*Aerospace Information Report*),该报告给出了在部分审定项目中关于制定集成系统的开发保证计划的有益经验。

集成系统(integrated system)是指一套/一组相互依赖的系统,这些系统具有复杂的关系和连接,以实现特定的能力。集成系统能够共享系统资源,但其功能实现比单独的系统复杂,因此集成系统的架构使引入级联故障或其他非预期后果的概率增加。近年来,集成系统在飞机中的应用越来越多,且其应用呈现出加速的趋势。尽管 4754A 给出总体的开发流程,但 4754A 并未对集成系统的独特特性的开发保证活动进行特别关注,SAE AIR 6218 补充给出了关于制定集成保证计划的经验。SAE AIR 6218 给出的主要内容包括:

1) 针对包括集成系统的飞机开发过程,除了 4754A 给出的常规计划元素外,需增加系统集成计划和飞机系统集成计划。

2) 对于 4754A 的其他常规计划元素,即飞机审定计划、安全项目计划、开发计划、确认和验证计划、构型管理和流程保证计划,基于过去项目的经验,给出了针对集成系统对计划内容的影响考虑。

4.6　小　　结

本章先详细叙述了 SAE ARP 4754A 的发展历史,之后对比了 4754A 与 4754 之间的差别,然后对 4754A 标准的详细内容架构进行了描述,包括飞机和系统计划流程、开发流程、综合流程以及飞机或系统改型等内容,接着对 4754A 标准与系统工程关系进行了描述,最后介绍了 4754A 标准对适航审定的应用以及 4754A 应用中的其他支持性文档。

第5章
美国国防部系统工程基础

5.1　美国国防部系统工程背景

随着武器装备技术复杂程度日益提高,美国当局认为对武器装备研制全过程的工程管理缺乏系统的研究,越来越多的可预见或不可预见的威胁需要国防部能够快速、可靠的部署和改进日益复杂的武器装备系统,但是国防部发现实现这一目标非常困难。当前处于设计阶段的武器系统要完全装备部队可能还需要很长时间,经过这么长的设计周期,武器系统装备部队时所面临的威胁环境、所需的技术解决方案几乎不可能与设计阶段的预想仍然保持一致,武器系统的开发周期越长,战场士兵面临风险和威胁的时间也会越长。现有的武器装备系统工程化工具、制造工艺和相关技术很难支持在可接受的成本和时间进度内进行武器装备系统快速设计变更以增强其能力。传统的方法通常只关注一些点的解决方案,加之由于国防费用有限,这就要求对武器装备的研制要确立一次成功或者尽量避免反复的思想,因而也就迫使美国国防部必须建立科学、严密的研制工作管理方法,以保证节约经费,及时研制出新装备。为此,迫切需要采用敏捷、可靠、高效的系统工程方法来进行武器装备的研发[28]。

系统工程是指:通过定义、综合、分析、设计、试验与评定,将使用需求转化为系统性能参数和系统的构型;综合有关的技术参数并确保所有物理的、功能的和程序接口的兼容性,使整个系统的技术确定和设计达到最优化;将可靠性、可维护性、安全性、生存性、人的因素等综合到整个的工程实践中去。为了防止装备研制的失败,美国国防部实施了系统工程管理,美国武器装备研制实行全过程管理、决策点控制、综合化管理、系统工程管理、制度化、标准化、规范化管理的特点以确保研制的武器装备是可生产、可使用、有保障并能满足任务需求。

5.2　美国国防部系统工程的发展和演变过程

美国国防部在武器系统采办中历来重视系统工程的应用。美国国防部为了确保高效率地完成重要武器系统的采办,满足全球战略的需要,对采办管理工作一直十分重视,经过近几十年的发展,采办管理的做法已经比较成熟,形成了一套科学、完整的管理体系。这一管理体系中主要有三大类管理文件,即美国国防部有关采办管理的指令、美军标有关工程管理标准和资料项目说明(data item description, DID)。美国国防部有关指令详细规定了国防部的采办政策、程序、职责和需求,这些都是国防部内部必须执行的法规。美军标有关工程管理标准是按照国防部指令规定的原则制订的,通过在合同中明确规定执行这些标准,国防部对承包商研制全过程的工程管理提出需求,并进行控制和监督。资料项目说明是国防部规定承包商向国防部反馈研制信息需求的一种表格式的文件。国防部通过在合同中规定需提供的资料项目说明,可及时掌握承包商研制全过程各方面的情况,并及时进行管理和研究,以提高系统性能、效益,避免风险。系统工程是 20 世纪 20 年代美国贝尔实验室在建造美国全国电话网络中首先提出的,然而,系统工程的真正形成、应用和发展首先是在国防领域。系统工程的雏形形成于 20 世纪 40 年代,在 50 年代到 60 年代,系统工程迎来了其发展的高潮。

　　在 20 世纪 50 年代,无论是在工业界还是在国防部系统内都对系统工程没有系统性的认识,毕竟系统工程对当时的人们来讲还是新鲜的事物。为了指导承包商以及军方采办项目人员,美国空军系统司令部在 1965 年发布了一本手册《系统工程管理程序》(AFSCM 375 - 5)。该手册在"介绍"中提到:在最近几年(指 20 世纪 60 年代),已经开始设计及开发逐渐复杂的军事系统;专注可靠性、维修性、生存性、工具、运输、安全、人员表现及系统试验的专家已经产生一种认识,即一个系统不只是由设备拼成。在《系统工程管理程序》的叙述中,所有系统的组成必须共同工作并且有一个一致目的,即基于所给输入产出单一的一套最佳输出。对一致性的绝对需要需求有一种能够引领一个复杂军事系统成功设计的创造性技术的组织。这种创造性技术的组织就称为系统工程(system engineering)。在手册里,系统工程包含了很多方面,例如系统方法、系统分析、系统整合、功能分析、系统需求分析、可靠性分析、维护与维护性任务分析及类似功能。《系统工程管理程序》为随后制定系统工程标准提供了基础[29]。

　　60 年代后期以来,随着一些重大系统的研制,综合性通用基础标准加速发展,其中又特别注重了工程管理标准的制订。1969 年美国国防部发布了第一个系统工程标准《系统工程管理》(MIL - STD - 499,下称 499)该标准是由美国空军空间与导弹中心牵头起草(后来的标准修订都是由该单位负责的)。经过 5 年的使用后,1974 年美国国防部发布了该标准的修订版,标准名称改为《工程管理》(MIL - STD - 499A,下称 499A)。499A 的使用期可谓是长久的,一直到 80 年代末 90 年代初,美国国防部着手对该标准进行修订,新标准的名称是《系统工程》(MIL - STD - 499B,下称 499B)[30]。自 1991 年到 1994 年连续公开了 499B 的 4 个草案版。然而,90 年代初进行的国防采办改革,使得 499B 的编制工作发生了转折。1994年,新入主国防部的佩里签署命令,进行基于性能规范和采用适用民用标准的军标改革。这使得 499B 的草案没有转为正式发行版,此外,499A 也停止使用了。499A 的废止以及 499B的未正式发布,使得军方在国防采办中缺乏由军方制定的对系统工程的具体指导和规定。

　　1994 年发布了两个关于系统工程的协会暂行标准:EIA/IS 632 和 IEEE 1220。这两个标准都是基于 499B 提出,后来都在 1998 年修订为正式版本。2002 年国际标准化组织发布了与系统工程相关的 ISO/IEC 15288。这 3 个标准可以作为美国军方具体指导和规范系统工程应用的参考(美国国防部均发布了采纳通知)。随着国防采办项目出现的新情况,美国国防部重新认识到系统工程在国防采办中的重要性。依照 2003 年版的 DOD 5000.1、DOD 5000.2 文件规定及主管采办的副部长在 2004 年发布的关于系统工程的备忘录的精神,美国空军空间与导弹中心在 2005 年 4 月公布了新的系统工程标准:《系统工程》(MIL-STD-499C,下称 499C)草案[31]。

5.3　美国国防部系统工程的作用

美国国防部发布的《系统工程手册》是针对复杂系统研制和集成而产生的工程管理技术,能够实现项目总体最优,运用系统工程方法是飞机研制的内在需要。例如,美国第二代战斗机 F-111、F-4 等在交付空军时只解决了 57% 的问题,还有 43% 的问题到交付使用后才逐步解决,严重影响了飞机的作战使用。有的飞机任务需求分析粗糙,研制到一半才发现根本不能满足使用需求,只能半途中止,在经历了一系列的挫折和失败后,耗费了数以亿计美元后,人们发现如果应用了系统工程的原理和方法,那么这些失败是可以避免或至少可以减缓的。自从将系统工程方法引入飞机研制过程后,取得了许多令人瞩目的研制成果,如 F-16、F-22 和 B777 等型号。对飞行器研制来说,只有采用系统工程的原理和方法,才能使工程技术人员和管理人员在给定的任务需求和资源约束条件下合理地确定系统的技术需求,选择出最优的系统技术方案,全面地管理工程的发展,正确地验证系统的技术性能,并使设计出来的飞行器投入生产,使生产出来的飞行器在使用过程中得到经济而有效的保障。系统工程在国际上飞行器研制过程中已经得到广泛应用并取得了显著的效果,并在 Boeing、Airbus、Mikoyan 等巨头公司最佳实践经验中得到了总结和提升。

DOD 发布的《系统工程手册》可以为工程及非工程技术人员提供系统工程相关知识良好的学习资料,可从 DOD 的《系统工程手册》中了解系统研制工作的概况,获得规划和评估系统研制工作的基本框架。

5.4　美国国防部系统工程基础的内容

DOD 的《系统工程手册》既适用于非工程技术人员,也适用于工程技术人员。非工程技术人员可从中了解系统研制工作的概况,工程技术人员可以从中获得规划和评估系统研制工作的基本框架。

DOD 的《系统工程手册》内容共分为 4 篇:概述,系统工程过程,系统分析与控制,规划、组织和采办。

5.4.1　概述

本节介绍系统工程过程的若干概念,论述这些概念在国防部采办过程中的应用,通过典型的采办生命周期论述系统工程如何支持采办决策。系统工程管理是一个多任务的过程，集生命周期任务、系统工程问题解决过程以及渐进式基线制定过程为一有机整体，而系统工程过程是一个解决问题从而促使系统的产品和过程平衡发展的过程，在整个生命周期内系统工程过程适用于各个研制级别，产品综合工作组（intergral product team，IPT）利用系统工程过程制定全生命平衡的设计方案，每次系统工程过程所得到的输出都是下一次应用系统工程过程的重要输入。

　　系统工程管理是支持国防部采办的一种关键性过程，系统工程管理成功，项目也会成功；系统工程管理失败，项目采办工作亦将失败。

　　DOD 的《系统工程手册》将系统工程管理主要分为 3 大类活动，如图 5.1 所示。

　　1）研制阶段划分。该类活动控制设计过程并建立协调设计工作的基线，将项目周期分解为若干阶段，按阶段控制进度，避免"打乱仗"。

　　2）系统工程过程。该类活动建立一种架构，解决设计问题，跟踪设计工作中各项需求的来龙去脉。该活动是系统工程管理的核心，其目的是构建一个既合理又游刃有余的工作框架，有一个"法制"的环境。

　　3）生命周期综合。该类活动促使客户参与设计过程，确保所研制的系统在其整个生命周期内始终富有生命力。这意味着在研制过程中要考虑在整个生命周期内遇到的所有问题，使系统达到总体优化需求，并进行生命周期的综合协调。

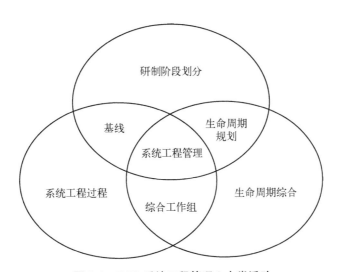

图 5.1　DOD 系统工程管理 3 大类活动

　　这三大类活动的每一类对正确管理研制工作都是必不可少的。研制阶段划分的主要目的有两个：一是控制设计工作；二是建立技术管理工作和整个采办工作之间的联系。所谓控制设计工作，就是通过建立设计基线来控制各级研制工作；建立与采办管理的联系，就是通过规定研制过程中的若干关键事件来评估设计方案的生命力。基线的生命力是采办管理的里程碑决策的重要输入。总之技术研制阶段划分（图 5.2）与采办进度之间的时间上的合理安排和协调是保证采办计划顺利实施的关键。

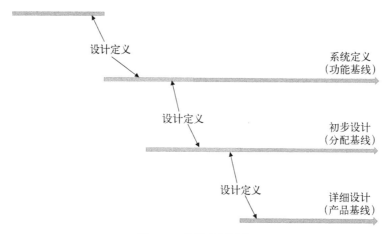

图 5.2 研制阶段划分

　　系统工程过程(图 5.3)是工程管理的核心。其目的是构建一个既合理又有灵活余地的过程,将需求转化为规范、系统体系结构和构型基线。这个过程的种种规定可以成为控制手段和追溯手段,保证研制出满足客户需求的方案。系统工程在研制过程的任何阶段都可以重复一次或多次。

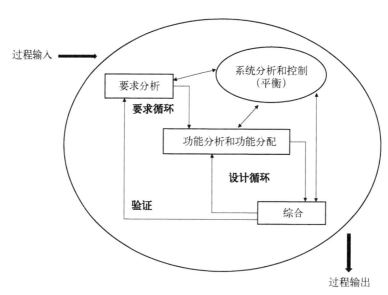

图 5.3 系统工程过程

　　生命周期综合是保证设计方案在系统整个生命周期内始终保持生命力的必要活动(图5.4)。它包括制定产品研制计划和过程进展计划,将多个学科的需求纳入设计和工程过程。用这种方法可以减少产品设计过程中反复循环的次数,大大减少重新设计和返工的现象。

　　美国国防部对重要武器系统采办管理的指令很多,其中核心的约有 50 项左右。而DOD 5000.1《重要武器系统采办》、DOD 5000.2《重要武器系统采办程序》是最重要的两项。这两个文件对系统采办政策、程序和国防部各部门的职责作了详细规定。

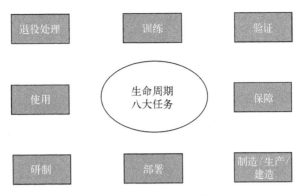

图 5.4　主要生命周期功能

1. 采办政策

美国国防部的政策是确保高效率地完成重要武器系统的采办,以保障美国国家政策和目标的贯彻实施。具体政策如下:

1) 提高武器系统的作战效能与作战适应性是采办过程的主要目标。通过提高作战效能与作战适应性,保证有良好的战备状态和后勤支援能力。

2) 在最大实际可行的范围内开展有效的设计与价格竞争,在满足任务需要的前提下,提高武器系统的费用效益。

3) 为了保证采办及时并提高效益,需要保证采办规划的稳定性。为此,国防部各部门都应实施有效的长期计划;考虑用渐进的备选方案代替边缘技术方案,采用预先计划的改进方案以减少风险;现实地估计和预算重要武器系统的研究、研制、试验与评价、生产、后勤及人力所需的投资。

4) 在每项重要武器系统开始采办时,要提出采办策略,详细说明目标、资源、管理、竞争范围、招标合同类型、项目研制阶段需求、剪裁等问题。采办策略批准后,指导整个研制过程,未经批准不得更改。

5) 系统采办过程中,注意与北大西洋公约国家密切合作,使设备的标准化和互换性达到最高的实用程度。

6) 牢固的工业基础是国防强有力的根本。一方面鼓励采办中工业界的竞争,一方面保持与工业界的合作,并从近期及长期两方面考虑武器装备采办对工业界的影响。

2. 采办的基本程序

国防部为了决策和管理的需要,将新武器系统采办程序,实行分阶段决策评审的全生命管理。具体做法是:把武器装备采办过程划分为若干阶段,在进入下一个阶段前设立里程碑决策点,由里程碑决策当局按照预定的评审标准(包括经费、进度、质量、可保障性、互操作性等关键性能参数指标)进行阶段评审,达到进入标准方可进入下一阶段。美国国防部的5000.2 指示《重要武器系统采办程序》对国防部内装备采办运行程序进行了明确的规定,如图 5.5 所示。在实施装备开发决策之后,里程碑决策当局可依据特定阶段的准入标准和法定要求,批准信息技术项目在任何一个决策点进入采办程序。整个项目的进程,取决于能否获得足够的知识继续下一阶段的工作。国防部为响应用户快速采办信息技术的需求,于

2000年开始提倡优先采用渐进式采办策略。所谓渐进式采办,是指在预先认识到需要对未来军事能力进行改进的情况下,以递增方式交付用户所需的能力。其目的是保证采办需求与实际资源相平衡,并迅速将当前条件下可实现的能力交付给用户。在渐进式采办过程中,用户所需的作战能力在一定的时间内可通过多次能力递增来满足,每次能力增量都要以现有成熟技术为基础,因此为了不断获得成熟的技术满足渐进式采办的要求,可能需连续经过几个技术开发阶段。

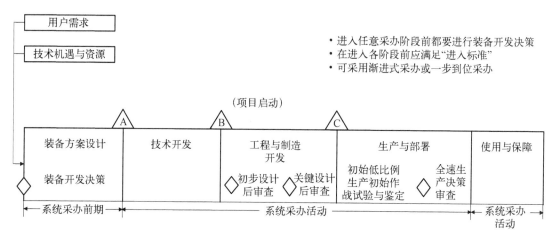

图 5.5　国防采办管理系统

5.4.2　系统工程过程

系统工程过程(system engineering process,SEP)是一个全面综合、反复迭代、循环递进、供综合工作组按自上而下顺序解决有关问题的过程。它将需求和要求转化为对系统的一组产品和过程的描述,为决策者提供信息,并为下一级别的研制提供输入。要按照顺序应用系统工程过程,一段时间用于一个级别,随着研制级别向下扩延,其细节和定义愈加丰富。图5.6可以看出,系统工程过程包括输入和输出、要求分析、功能分析/功能分配、要求循环、综合、设计循环、验证以及系统分析和控制。

系统工程过程的输入主要包括客户需求、目标、要求和项目约束条件。输入可能包括但是不限于:任务、效能测量、环境、可用的技术基础、前面研制工作得出的输出要求、项目决策要求以及基于"共同认识"的要求。

要求分析是系统工程过程的第一步,用于分析系统工程过程的输入。通过要求分析确定功能需求和性能需求,即将客户的要求转化成一组需求,规定系统必须做什么和必须做到什么程度。系统工程师必须确保这些需求易于理解、无歧义、全面完整而且简明。

要求分析必须理解并定义功能需求和设计约束条件。功能需求要定义数量、质量、范围、时限和利用率。设计约束条件定义那些限制设计灵活性的因素,诸如环境条件或限值、需要抵御内部或外部的威胁、合同、客户或规章规定的标准。

功能分析/功能分配是指将通过要求分析确定的较高级别的功能分解成较低级别的功能,将较高级别的有关性能需求分配给较低级别的功能区。其结果是得出对产品或产品项

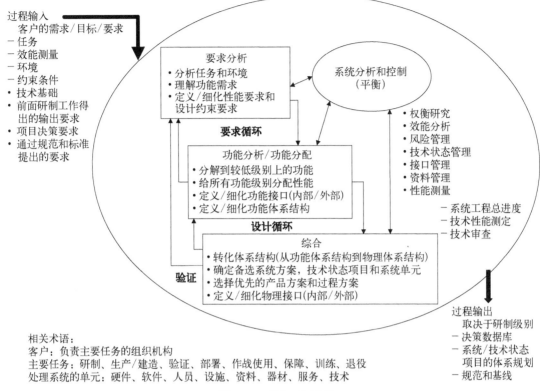

图 5.6　系统工程过程

目的描述，即说明产品或产品项目需要按一定的逻辑程序做什么和需要什么样的性能。通常将这种描述称为产品或产品项目的功能体系结构。功能分析和功能分配有助于更好地理解系统必须做什么，以什么样的方式去做，并在某种程度上搞清有关较低级别功能之间的矛盾及其优先序。功能分析和功能分配给出了为优化实际解决方案所必不可少的信息。功能分析和功能分配的主要工具有功能流程图、时限分析、需求分配单等。图 5.7 概要地给出功能分析与功能分配的几类基本特征数据。

　　要求循环是指通过进行功能分析和功能分配这项活动可以更好地理解要求，促进要求分析的再三斟酌。应使已明确的每一项功能都能够追溯到一项要求作为其出处。这种根据功能分析和功能分配的结果返回去重新检查考虑要求分析的迭代过程称为要求循环。

　　设计综合是通过能共同组成并定义产品项目的硬件单位和软件单元定义产品或产品项目的过程。通常将这种设计综合的结果称为物理体系结构。每一部分都至少必须满足一项功能需求，任何部分都可能支持许多功能。这一物理体系结构是生产规范和基线的基本框架。

　　设计循环与前文提及的要求循环相似，设计循环是为了证实经过综合的物理设计在所要求的执行级别上能否执行所要求的功能而返回去重新检查考虑功能体系结构的过程。这种设计循环使得人们有可能再三斟酌系统将如何执行其任务的问题，这有助于优化综合设计。

　　验证是指每次应用系统工程都要将解决方案同需求进行比较。系统工程过程的这一部

- 输出：
  - 功能体系结构及支持性细目
- 输入：
- 要求分析的输出
- 实现手段：
- 产品多学科工作组，决策数据库；工具和模型，如质量功能展开、功能流程图、N2图表、要求分配单、时限数据流程图、状态/模式图、行为图
- 控制：
  - 约束条件：政府提供的设备、商用货架产品和重复使用硬件/软件；系统方案和分方案的选择；组织机构的程序
- 活动：
  - 定义系统的状态和模式
  - 定义系统的功能和外部接口
  - 定义功能接口
  - 分析性能
  - 分析故障模式、影响和危害性
  - 定义故障检测和行为恢复
  - 综合功能

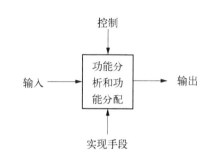

图 5.7 功能分析与功能分配

分称为验证循环，或更通俗点叫"验证"。每个研制级别上的每一项需求都必须是可验证的。系统工程过程中制定的基线文件必须为每项需求规定验证方法。可以用于验证的方法有检查、分析（包括建模和仿真）以及测试、演示。

系统工程过程的输出与研制级别有关。输出包括决策数据库、系统或构型项目的体系结构以及与研制阶段相称的各种基线。

系统工程过程的主要工作之一是从对需求分析中得出可以量化的系统技术需求，并将其向各下级层次进行分配。系统工程过程的输出与研制级别有关，输出包括决策数据库，系统或构型项目的体系结构以及与研制阶段相对应的各种基线（包括相应的规范），系统体系结构/构型项目体系结构包括物理体系结构和相应的产品和服务，采办项目专用规范是系统工程过程的主要输出。

采办项目专用规范规定系统或构型项目必须具有的能力及其验证方法。采办项目专用规范包括系统规范、产品项目性能规范和产品项目详细规范。系统规范规定系统需求，而产品项目性能规范和产品项目详细规范则规定构型项目需求。

简而言之，系统工程过程的输出是描述或控制产品构型或过程的各种数据或资料，而这些产品的构型或过程又是研制该产品所必不可少的。

5.4.3 系统分析与控制

系统分析与控制包括为衡量进展情况、评价和选择备选方案以及形成资料和决策文件而需开展的技术管理活动。这些活动适用于系统工程过程的所有步骤。

系统分析活动包括权衡研究、效能分析和设计分析。通过这些活动评价备选方案是否满足技术要求和项目的目标，为严密而又定量地选定性能、功能和设计需求提供依据。用作向分析活动提供输入的方法或手段包括建模、仿真、实验和试验。控制活动包括风险管理、构型管理、资料管理、进度管理、技术性能测定和审查。

　　构型管理对控制整个生命周期的系统设计是必不可少的。构型管理使得系统、分系统或构型项目的研制工作能有序地进行。构型管理流程是要在产品生命周期内,保证产品需求、产品构型信息与产品属性之间一致性。通过构型管理策划、构型标识、构型更改管理、构型状态纪实、构型审核五大功能活动,用技术和行政的手段,建立起规范化的产品研发秩序,保证产品需求和设计目标的实现。构型管理的目的是:确保产品的功能、性能和物理特性进行正确识别、记录、确认和验证,建立产品完整性;确保对产品特性的变化进行正确识别、审查、批准、记录和实施;确保按照给定的产品构型信息所生产的产品是可识别的。

　　构型管理策划过程是对项目初期构型管理的工作进行策划,形成构型管理计划,并可根据项目研制进展进行更新修订。根据确定的构型管理计划的要求,实施构型管理过程,包括构型标识、构型更改控制、构型纪实和构型审核。构型管理活动图如图 5.8 所示。

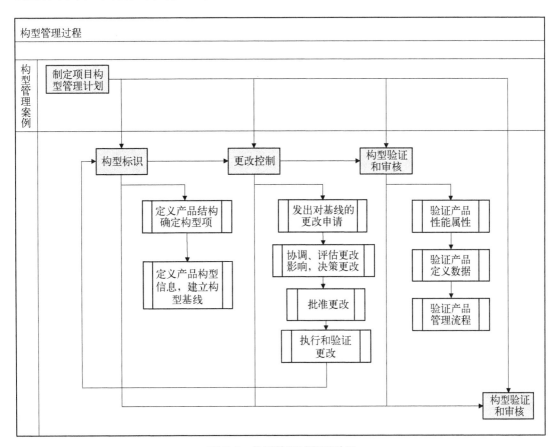

图 5.8　构型管理过程活动图

　　构型标识是前提,为了实现产品属性与产品相关的信息之间的一致性,要在产品定义信息中对产品的性能、功能和物理属性进行标识和定义。随着产品生命周期的推进,产品定义数据不断地细化和明确,并用来定义在整个生命周期内的构型基线。构型基线里规定的属性要在产品上予以实现,并要对产品与产品构型信息间的一致性进行验证。更改控制是核心。构型更改控制流程通过识别和评估所有建议更改的影响,以及验证产品和相关产品构型信息得以更新并继续保持一致，从而保证产品全生命周期内的一致性。纪实是基础。对已确定的产品构型信息、提出的更改状况和已批准更改的执行情况等所做的正式记录和报告。审核是关键，为确定构型项是否符合其构型信息所进行的检查。所有的这一系列过程和活动都会留下产生各类型的数据，这些产品数据都在数字化的平台上进行严格的控制，形成了构型管理的数据库。

一个具有良好构型管理的采办项目可以确保：设计可追溯至需求，更改收到控制并形成文件，接口得到定义并便于理解，产品与其支持文件保持一致。构型管理提供说明下列内容的文件：将要生产什么，正在生产什么，已经生产什么，对已经生产的什么产品进行了改型。在综合产品和过程研制的环境下使用综合工作组（IPT）对复杂系统进行严格有序的构型管理是必要的。构型管理对跟踪决策和更改，对编制设计文件、过程文件和程序文件都是必不可少的。受管理的构型基线包括以下三种：

1）功能（系统级）基线；

2）分配（设计依据）基线；

3）产品（制造依据）基线。

在系统研制的每个层级都要经过技术审查以评估研制的成熟性、风险和费用/进度的效果，找出上阶段设计的薄弱环节和缺陷，保证与规定的技术需求相符，从而确定研制工作是否继续往下进行。设计评审的主要内容包括系统需求评审、系统设计评审、初步设计评审和关键设计评审。设计评审是承制方和政府代表共同的工作，要评估更改建议使其不越出合同的范围。初期的审查和审核注重需求和功能，而后期的审查和审核则越来越注重产品。DOD的《系统工程手册》中规定了系统、设备和计算机程序技术评审的类别及进行技术评审和审核时的需求。每一研制项目需执行的技术评审，根据工作说明和合同资料需求单的规定进行。手册中规定了10项技术评审和审核。即系统需求评审、系统设计评审、软件规范评审、初步设计评审、关键设计评审、试验准备就绪评审、功能构型审核、物理技术状态审核、正式合格鉴定评审和生产准备就绪评审。

系统需求评审　该评审的目的在于确定承包商在明确系统需求上所做的工作是否充分。它将在系统主要功能需求已经确定的情况下进行。

系统设计评审　进行该项评审，以评定与分配的技术需求有关的最优化、相关性、完整性和风险，还包括对系统工程过程和下阶段工作工程计划的简要评审。当系统技术设计工作进行到系统特性被确定，分配构型标识已经完成时，进行这种评审。

软件规范评审　最后定稿的关键系统构型项目（critical system configuration item，CSCI）需求和使用方案的评审。当已制定了作为软件初步设计基础的软件需求规范、接口需求规范和使用方案文件时进行此项评审。

初步设计评审　对每一项构型项目或构型项目的集合体都应进行这项评审，以评定所选择的设计方法的进度、技术充分性和风险率，确定其与构型项目研制规范的性能和工程特性需求的一致性，以及在构型项目与其他设备之间建立物理的和功能的接口。对CSCI来说，重点是评定选择的顶层设计和试验的进展、连贯性和技术适应性，软件需求与初步设计的兼容性等。

关键设计评审　在关键设计基本完成后，应对每一构型项目进行本项评审，以确定每一构型项目的详细设计是否满足构型项目研制规范的需求,建立构型项目与其他设备的具体设计的相容性,评定可生产性和构型项目风险范围,以及审查初步的产品规范。对 CSCI 来说,重点在于确定对详细设计、性能和试验特性的可行性。

试验准备就绪评审　确定每一 CSCI 软件试验程序是否完成,以保证承包商准备好正式的 CSCI 试验。

功能构型审核　证实 CI 的开发已圆满完成,并已达到功能构型标识文件和分配构型标识文件所规定的性能和功能特性。

物理技术状态审核　是对指定的 CI 的技术检验,以证实"制出的 CI"符合该 CI 技术文件的规定。

正式合格鉴定评审　通过对产品最后项目或关键项目的测试、检验或分析处理,验证该产品已符合采购方的合同的特定性能需求。

生产准备就绪评审　当采购单位建议必须进行时,进行此项评审,以评价所研制的系统或设备是否已具备经济的、高效率的批生产条件。

权衡研究是综合工作组为在系统工程过程中做出选择、解决矛盾而采用的一种正式的决策方法。良好的权衡研究分析需要综合工作组参与,否则得到的解决方案可能因依据不正确的假设或考虑不周而遗漏了重要资料。权衡研究的目的是在选择最佳备选方案的过程中做出更好和更有依据的决策,根据性能、费用、进度、风险、可靠性等确立判断的准则,给选定方案提供依据。为了在几个候选方案间进行选择,需建立权衡树和评定方法,初期的权衡研究侧重于系统备选方案和系统需求,后期的权衡研究则是协助选定零部件设计。下图 5.9 详细描述了权衡研究的过程。

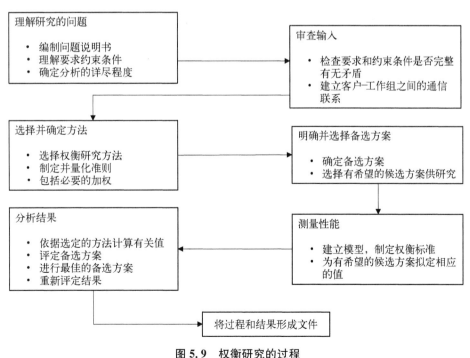

图 5.9　权衡研究的过程

风险管理是一个持续的、前瞻性的过程,适用于预测并规避可能会对项目负面影响的风险,并积极挖掘对项目产生正面影响的机遇。风险管理可以考虑既属于项目管理过程,也属于系统工程过程。风险管理是辨识和度量风险,选择、拟定并实施风险处理方案的一种有组织的手段。风险管理是一种过程而不是一系列的事件。风险管理涉及风险管理规划、风险的早期辨识和分析、风险的连续跟踪和再评估、纠正措施的尽早实施、沟通、文件编制和协调等。

风险的基本特征有:

1) 风险与机遇并存性:在特定条件和激励下,两者可互相转化。风险管理的终极目的是将所有风险转化为机遇。

2) 普遍性:风险是不以人的主观意志为转移的一种客观存在,在产品生命周期内无处不在,无时不有,并会在一定的条件下由潜在变为现实。

3) 不确定性:对具体项目来说,某一风险的发生是偶然的、随机的和难预测的。

4) 多变性:随阶段的推进,新风险会不断产生,已被识别的风险也会不断变化。尤其对于大型复杂项目而言,由于导致风险的成因复杂多样,并往往交织在一起,风险的多变性更加明显。

风险管理目标是:围绕项目预期目标,培育良好的风险管理文化,建立健全项目风险管理体系,在产品和项目全生命周期中,持续开展项目风险规划、风险评估、风险处理和风险监控的完整过程,降低项目消极事件的概率和影响,以"最小的风险管理成本"获得最大的产品保证,将项目风险控制在可承受范围内。正如图5.10所描述的那样,所有四部分形成连锁的闭环,并从初始规划之后相互依赖。

虽然构筑风险管理的方法很多,但DOD的《系统工程手册》中构筑的风险管理方法由四部分组成:规划、评估、处理和监控。

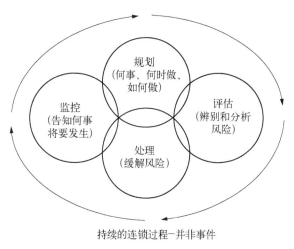

持续的连锁过程-并非事件

图5.10 风险管理的四要素

1) 风险规划是设计如何进行项目风险管理活动的过程,包括定义项目组织及成员的风险管理职责,定义风险管理流程、报告及要求,制定一套基本的风险管理方法,编制项目风险管理计划,对项目人员进行风险管理知识宣贯和培训等。

2) 风险评估是指对项目风险进行识别,对风险所产生的原因及其可能造成的后果进行分析,对风险概率及其后果的严重程度进行量化评价,并对所有风险进行排序的过程。

3) 风险处理是指在风险评估基础上,基于风险排序进行风险决策,采取风险规避、风险转移、风险控制和风险承担等策略,制定并实施相应的风险应对计划的过程。

4) 风险监控的目的是为了确认风险应对计划执行情况的有效性,以掌握项目当前风险状态。风险监控是良好的项目管理的一部分,在一个顶层水平上,为实现项目的目标和里程碑所开展的定期的项目管理评审和技术评审,为识别所有的性能、进度、成熟性以及费用问题提供了大量的有用信息。

5.4.4　规划、组织和管理

讨论与开展了系统工程工作密不可分的一些问题,从系统工程规划到更为广泛的管理问题均有论及,比如:产品改进策略、系统研制的组织和综合、合同签订考虑事项等。

系统工程规划必须包括基于事件的进度安排并确定实行反馈和控制的方法,系统工程规划的结果是完成工程工作的重要规划和控制文件,同时系统工程规划应明确实现技术策略所需要的估算资金和详细进度,建立采办过程和技术过程之间的合适联系。

综合系统研制是通过使用多学科工作组的方式把所有最主要的职能机构结合为一个整体,对设计、制造和保障性的过程进行优化。系统工程在项目的应用是通过合理有效地对系统工程活动进行管理,将预定的系统工程活动在项目中进行规划和实施监控,实现有效的实施,起到预期的作用。

项目的系统工程活动的关键在于聚焦对项目中的技术工作、活动和项目接口进行管控,从而实现对提交合格的产品、服务并持续维护其能力。系统工程的管理活动主要是系统工程管理规划,包括:系统工程管理计划、集成主计划/集成主进度等。

(1) 系统工程管理计划

系统工程管理计划是进行系统工程管理的顶层文件。系统工程管理计划的编制工作在项目的早期,建立了贯穿整个系统生命周期的系统工程活动的技术内容,规定了针对项目的范围和内容,对应的系统工程及其对应的活动、对应的完成这些活动的组织人员、资源、对应的生命周期的进度安排、关键节点的目标和输出产物等。系统工程管理计划提供了项目管理团队和技术团队对项目活动的共同的理解和沟通的平台,提供了通过有效实施系统工程的技术和技术管理活动后满足相关项目活动和准入准出准则后,能够最终成功完成项目,提供客户满意的系统置信度。计划完成后,在项目层面的所有评估、度量、控制应围绕此系统工程管理计划进行执行。

系统工程管理计划基本内容包括:

1) 项目定义;

2) 系统工程的过程、经验、方法、使能环境的定义和裁剪;

3) 技术组织、人员和团队功能定义和责任,应包括项目生命周期的所有专业;

4) 生命周期模型和产品方法定义;

5) 技术评审、评估和控制机制;

6) 关键技术确定和风险规避规划;

7) 与项目管理活动的关系和界面;

8) 技术计划文档化和约定。

系统工程管理计划中定义的过程应覆盖系统全生命周期,并考虑 DOD《系统工程手册》中的所有技术过程和技术管理过程内容。由于活动范围的广度,如图 5.11 所示,系统工程管理计划可以链接多个子计划组成,最终目的是把生命周期范围的系统工程活动进行定义,包括需求活动、功能分析与设计综合、风险管理、质量管理、构型管理、制造、集成、验证、确认、运行支持等活动。

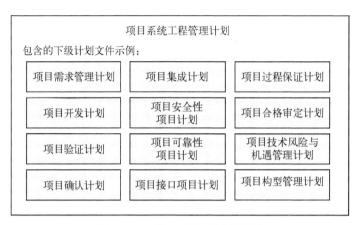

图 5.11　系统工程管理计划范围

(2) 集成主计划/集成主进度

项目集成主计划是一个基于事件的计划,包括一个项目所有事件的层级架构,这些主要事件由具体的阶段成果组成,而这些阶段成果的完成需要相关联的具体准则得到满足。项目集成主计划应该提供充分的定义以跟踪每个事件所需完成的阶段成果的每一步完成情况,也必须能够展示每个阶段成果相关完成准则得以满足的情况。项目集成主计划中的主要事件不涉及时间和时间跨度,每个事件相关的所有阶段成果的完成标志着事件的完成,每个阶段成果完成的标志是所有相关的支撑准则完成。项目集成主计划是项目执行的基线。

主要事件是项目集成主计划的基础,代表了评估项目进程的逻辑节点,可能包含项目设计评审、试验、交付以及关键进度或者风险减轻节点。阶段成果是一个中间活动,以逻辑顺序满足主要事件完成的需求。准则已经具体到实施层面,是可以度量的指标,相关活动工作应该和工作分解结构进行关联。

5.5　小　　结

DOD 的《系统工程手册》中心内容是评述经典的系统工程过程,以及系统工程师作为系统工程的主要实践者在系统工程过程诸项活动中所起的作用。DOD 系统工程手册的主要意图是详细介绍系统工程过程,使之成为一种逻辑严密而又便于理解的工具,帮助进行产品规划、设计和研制以满足规定的需求。

DOD 的《系统工程手册》中前两部分介绍了系统工程总的轮廓,并论述系统工程在国防部采办管理过程中所起的作用。其中第二部分比较详细地介绍了系统工程过程的具体活动。第三部分从系统管理的角度叙述了在系统分析和控制的总标题下的一系列有关专题。

需求转化是设计师通过要求分析、功能分析/功能分配以及设计综合这样一些有序的活动来实现的,系统工程师的主要任务是评估进展情况,考虑备选方案从而确保产品符合设计所依据的需求。最后第四部分介绍了实施专门系统工程过程以外的一些考虑事项,它们是工程管理人员为取得成功而必须考虑的。特别是在资源有限的环境下,任何系统的系统工程师都必须尽早将主要注意力转移到计划职能和有关产品改进和综合工作组的管理问题上去。

  DOD 的《系统工程手册》试图综述指导和管理国防部采办项目需要进行的主要活动和需要解决的问题。对复杂的采办项目而言,严格应用系统工程原理是取得成功的关键。然而,关键是实践者能够消化吸收这些基本原理并根据具体项目对之进行裁剪。

第6章
《NASA 系统工程手册》及应用

美国国家航空航天局(National Aeronautics and Space Administration，NASA)成立于1958 年，是美国联邦政府的一个行政性科研机构，负责制定、实施美国的太空计划，并开展航空科学及太空科学的研究。

NASA 是目前世界上最权威的航空航天科研机构，下属 10 个研究中心，承担的航天相关的前沿性和探索性研究包括空间科学(太阳系探索、火星探索、月球探索、宇宙结构和环境)、地球学研究(地球系统学、地球学的应用)、生物物理研究、航空学(航空技术)等；在航空技术方面，从事包括空气动力、推进技术、材料与结构、航空电子学和人因(human factor)工程方面的研究。

NASA 所研究的都是极为复杂的系统以及前沿性的技术，并且不同学科/系统之间的跨度很大。为了在整个 NASA 机构范围内统一对系统工程的认知，NASA 于 1995 年首次发布了《NASA 系统工程手册》(SP-6105)。该版系统工程手册主要阐述了系统工程的基本概念和相关技术，用于培训其雇员认识 NASA 相关系统的基本属性和运行环境。经过十多年的发展，NASA 总工程师办公室(Office of Chief Engineer)牵头对《NASA 系统工程手册》进行了更新，并于 2007 年发布了 Rev 1 版。该版本系统工程手册吸收了包括国际标准化组织 ISO 9000 标准，卡耐基梅隆软件工程研究院的能力成熟度模型集成，以及 NASA 综合行动组、哥伦比亚事故调查委员会在系统工程方面的一系列历史经验教训。旨在将NASA 的系统工程最佳实践推广至不同项目上，以推进 NASA 高速有效地开展系统研发，提升产品质量，保证项目成功。自 2007 年开始，系统工程已经作为 NASA 的一个专门学科，经历了高速的发展和演进。2016 年，NASA 又对其系统工程手册进行了更新，除了保留原来版本中的系统工程基本原理，更新了 NASA 系统工程知识体系，增加了包括系统工程师能力模型、人机集成(human system integration)、预算周期(budget cycle)、系统工程需求的裁剪和定制等，对 NASA 最新的系统工程最佳实践进行深刻分析，并且遵循了 NASA 系统工程相关的最新政策，同时也吸纳了其他机构的最佳实践以及外部的系统工程书籍和指南等。

6.1　NASA 系统工程的流程和引擎

NASA 认为系统工程是一种规律化的方法，可以用于系统的设计、实现、技术管理、运行以及报废。这种方法强调系统的整体性,因为系统在由不同的要素(可以包括人、硬件、软件、设施、策略和文档)构成或集合起来时表现出了组成其任一要素不具备的属性、特性、功能、行为以及性能。也就是说,系统作为一个整体所产生的价值要超出各个组成部分所产生的价值,而这部分价值主要是由组成系统各部分间的交互创造出来的。所以,要在做技术决定时"总揽全局"。

正是由于 NASA 对复杂系统的深刻认识和理解,NASA 基于其组织内开展的众多工程最佳实践,以及组织外的系统工程标准(如 AS 9100,对照表详见表 6.1)、指南等文件,在其程序性需求文件 NPR 7123.1《NASA 系统工程流程及需求》(*NASA Systems Engineering Processes and Requirements*)中定义了 17 个系统工程的通用技术流程,规范了系统工程的各个关键过程。NPR 文件又将这 17 个通用技术流程分为三类:① 系统设计流程:用于"自顶向下"地对系统结构中每个产品进行设计的过程;② 产品实现流程:用于"自底向上"地对系统结构中每个产品实现的过程;③ 技术管理流程:用于规划、评估和控制系统设计及产品实现流程的实施,并且指导技术的决策(决策分析)。NPR 7123.1 中把这 17 个系统工程通用技术流程组成的流程模型称之为"系统工程引擎"(SE Engine),是为了强调这些通用技术流程像引擎一样,驱动着系统产品的开发及项目管理的相关工作,确保在成本、进度和风险的约束下,考虑所有适用的生命周期阶段满足利益攸关者的期望。

NPR 7123.1 中的 17 个通用技术流程包括:

1) 利益攸关者期望定义流程;
2) 技术需求定义流程;
3) 逻辑分解流程;
4) 设计解决方案定义流程;
5) 产品实现流程;
6) 产品集成流程;
7) 产品验证流程;
8) 产品确认流程;
9) 产品交付流程;
10) 技术规划流程;
11) 需求管理流程;
12) 接口管理流程;
13) 技术风险管理流程;
14) 构型(又称"技术状态")管理流程;
15) 技术数据管理流程;
16) 技术评估流程;
17) 决策分析流程。

以上第 1 到 9 的流程属于技术开发流程,第 10 到 17 的流程是技术管理流程。图 6.1 是系统工程引擎模型,对技术流程的相互关系和流程的基本流向给出了示意。

《NASA 系统工程手册》对上述三类系统工程通用技术流程给出了其特定的应用背景。

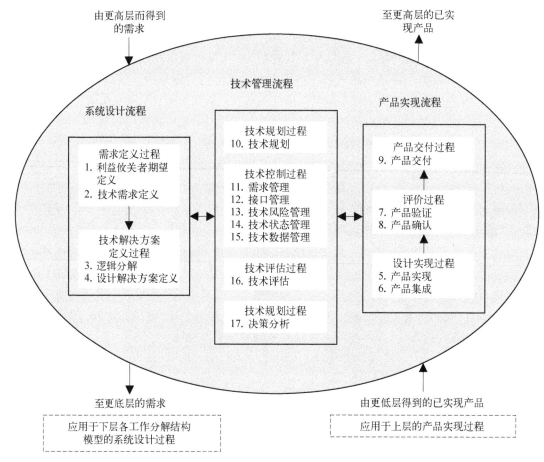

图 6.1 系统工程引擎模型

（1）系统设计流程

系统设计流程主要用于：定义利益攸关者期望并形成基线、生成技术需求并形成基线、将技术需求转换成设计解决方案并满足基线化的利益攸关者的期望。这些流程应用到系统结构中的每个产品，从结构的顶端一直到底层，直至系统结构中任一分支的最底层产品，被明确在何处制造、购买或重复使用。系统结构中的所有其他产品都是通过实施或集成实现的。系统设计者不只为执行系统运行功能的产品提供解决方案，也需要为系统结构中的使能产品和服务建立需求，这些使能产品或服务用于支持运行/任务功能的产品。

（2）产品实现流程

产品实现流程主要用于系统结构中的每个运行/任务产品中，从最底层的产品一直到较高层的集成产品。这些流程用于为每个产品创建设计方案（通过采购、编码、制造或重复使用的方式）并且验证、确认、交付到上一层级的产品，作为适用于生命周期阶段且满足设计方案以及利益攸关者期望的一个功能。

（3）技术管理流程

技术管理用于创建并完善项目的技术计划，管理接口间的沟通，评估系统产品或服务基于计划和需求的进展，控制项目直至结束过程中的技术执行，为决策过程提供辅助。

　　系统工程引擎内的流程是迭代、递归地使用。迭代是对同一个产品或一组产品不断修正对需求的偏离或不符合的设计的过程。递归则是通过重复使用流程对系统结构中下一层级的系统产品进行设计或对上一层级的终端产品进行实现,达到对系统不断"增值"的作用,也就是不断细化设计或生成更完整的上层系统。递归也用于在下一个生命周期阶段重复使用相同的流程,使得系统定义更为成熟,满足阶段成功的标准(本阶段完成可以进入下一阶段)。技术流程的迭代和递归使用将系统从最初始的概念分解到更具体的层级,直到足够细化以至于技术团队可以通过这些具体的信息进行产品实现。然后,迭代和递归地使用流程将最小颗粒度的产品集成为更大的系统直到整个系统或产品完成组装、验证、确认和交付。

　　AS 9100 是一份在 ISO 9001 质量体系要求基础上开发的航空航天标准,其中加入了航空航天行业所建立的有关质量体系的附件要求,以满足美国国防部、NASA 以及 FAA 等监管机构的质量要求。此标准旨在为航空航天行业建立统一的质量管理体系要求。NASA 下属各中心已经取得了 AS 9100 质量系统认证,并且要求 NASA 的承包商遵守 NPR 7213.1《NASA 系统工程流程及需求》(*NASA Systems Engineering Processes and Requirements*)。表 6.1 是 NASA 的 17 个系统工程流程和 AS 9100 标准要求的对照表。

表 6.1　系统工程流程和 AS 9100 标准要求的对照表

NASA 系统工程流程	AS 9100 要求
利益攸关者期望定义流程	客户需求
技术需求定义流程	产品实现规划
逻辑分解流程	设计和开发的输入
设计解决方案定义流程	设计和开发的输出
产品实现流程	生产的控制
产品集成流程	生产的控制
产品验证流程	验证
产品确认流程	确认
产品交付流程	工作转移控制;交付后的支持;产品的保存
技术规划流程	产品实现的规划;需求评审,测量、分析及改进
需求管理流程	设计和开发的规划,采购
接口管理流程	构型管理
技术风险管理流程	风险管理
构型管理流程	构型管理;标识及追溯;不合格品的控制
技术数据管理流程	文档的控制;记录的控制;设计及开发的变更控制
技术评估流程	设计和开发评审
决策分析流程	测量、分析及改进;数据分析

6.2 不同项目阶段对系统工程引擎的应用

NASA 要求在开展一项系统工程项目时,用一组系统化的、规律化的流程从项目的设计、开发、运行、维护及退出的全生命周期过程不断进行迭代和递归,也就是说系统工程引擎需要在项目全生命周期的不同阶段进行迭代和递归使用[32]。

图 6.2 是一张概念图,说明了 NASA 系统工程通用技术流程(系统工程引擎)在项目的七个不同阶段中如何被使用。

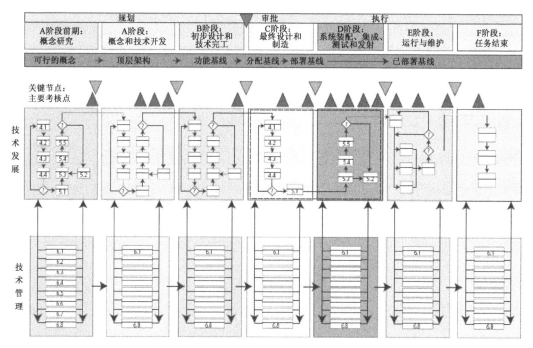

图 6.2　NASA 工程项目全生命周期过程的流程概念图

图 6.2 中最上面的水平部分主要展现了以下几个要素:

1) 系统的成熟度,项目从可行概念到可部署的系统;

2) 阶段活动;

3) 关键决策点(key decision point,KDP);

4) 主要项目评审。

图 6.2 中间的水平带表明了在项目每个阶段的技术开发流程(技术流程 1～9)。系统工程引擎从预 A 阶段(即 A 阶段之前的阶段)到 D 阶段循环 5 次。NASA 基于管理的考虑,将技术开发流程分解到阶段 C 和阶段 D,以确保更有效的控制。阶段 C 和阶段 D 用虚线包络的流程是一个完整的系统工程引擎(技术开发流程)。

一旦项目进入运行阶段(阶段 E)以及关闭阶段(阶段 F),技术工作也调整到了最后两个阶段相应的活动上。

图 6.2 中最下面一个水平带表明 8 个技术管理流程(技术流程 10～17)在每个项目阶段的重复应用。从预 A 到 F 阶段,系统工程引擎重复使用了 7 次技术管理流程。

表 6.2 是 NASA 生命周期阶段的简要描述,举例介绍系统工程引擎在不同生命周期阶段是如何被使用的。

表 6.2 项目生命周期各阶段

阶 段	目 的	输 出
预 A 阶段(即 A 阶段之前的阶段)概念研究	为能够确定的新计划/项目列出一系列可供选择的概念或想法。确定期望系统的可行性,开发任务概念,牵引出系统级需求,识别潜在的技术需求	以仿真、分析、研究报告、模型和样机为表现形式的可行的系统概念
A 阶段概念和技术开发	确定被建议的某个新主要系统的可行性和需求,并确立与 NASA 战略计划相符的初始基线。开发最终的任务概念、系统级需求,并发展必要的系统体系技术	以仿真、分析、模型、样机和比较研究定义为表现形式的系统概念定义
B 阶段初步设计和技术实现阶段	对项目进行尽可能详尽的定义,并建立能够满足任务需求的初始基线。开发系统结构终端产品(和辅助产品)的需求,对每个系统结构终端产品进行初步设计	以样机、比较研究结果、规范、接口文档和原型样机为表现形式的终端产品
C 阶段最终设计和制造	完成系统详细设计(及与该系统相关的分系统和运行系统),制造硬件和代码软件。生成每个系统结构终端产品的最终设计	终端产品详细设计,终端产品部件制造和软件开发
D 阶段系统装配、集成、测试和发射	进行产品的组装和集成,产生系统,同时进行测试,确定系统能够满足要求。发射并准备运行,移交给用户	已完成运行准备的系统终端产品和保障相关的辅助产品
E 阶段运行与维护	管理任务,使其满足初始确认的需求,同时进行相应的维护保障。完成任务运行计划	预期系统
F 阶段任务结束	按阶段 E 产生的计划实现系统的退役/废弃,并对回传数据或返回样品进行分析	产品终止

在预 A 阶段,系统工程引擎(SE Engine)被用于系统初始概念、开发。主要包括以下工作:

1) 通过清晰地定义在执行任务目标过程中人员、硬件和软件的特定角色;

2) 建立系统功能和性能边界;

3) 开发/识别一组初步的关键的高层需求,定义一个或多个初始的运行意图(concept of operations,ConOps)场景;

4) 通过建模、样机、仿真或者其他方式实现这些概念,并且验证和确认这些概念和产品是否能满足关键的高层需求和运行意图。

不能低估这种项目早期运行概念开发的重要性。因为系统需求变得越来越详细,并且包含更为复杂的技术信息,利益攸关者和用户对需求内涵的理解则变得愈加困难,例如,想要在项目早期就显性化地看到终端产品变得更为困难。运行概念必须包括所有重要的运行情况下的场景,包括已知的非正常状态。为了开发一组有用的和完整的场景,必要考虑重要的失效和降级模式运行状态。运行意图还可以用于识别缺失的或者相互冲突的需求。

在预 A 阶段,初始概念开发工作过程中的验证和确认并不是正式过程(正式的验证和确认流程用于最终产品),而是借鉴该方法确保开发的系统概念能够满足利益攸关者可能的需求和期望。预 A 阶段的主要目的是通过进行系统概念定义并进行项目可行性分析。主要是通过对概念设计层层向下分解,直到可以确认项目风险达到可以接受的程度。理论上来说,这个过程可以一直开展到系统的电路板层级,但是,这会耗费大量的时间和金钱。实际情况是,设计人员在比电路板更高的层级就可以比较准确地确定项目的可行性。

在 A 阶段,继续使用系统工程引擎进行递归过程。将预 A 阶段开发和确认的概念和初步的关键需求继续细化,将其转换成为一组基线化的系统需求和运行意图。在这个阶段,对具有高风险的关键方面进行仿真,以确保概念和正在开发的需求是好的。同时确定后续阶段需要的验证、确认工具和技术。

在 B 阶段,系统工程引擎递归应用到产品树中的所有产品,使得需求和设计进一步趋于成熟,同时,对概念进行验证和确认已确保设计能够满足需求。然后,对运行设计和任务场景进行评估,并评估在设计能力和预计成本范围内的执行的可行性。

C 阶段再次使用系统工程引擎的左侧(流程 1~5)冻结所有需求更新,冻结运行意图的确认,进行最终设计直至产品树中的最底层级并开始生产。

D 阶段利用系统工程引擎的右侧递归地进行最终终端产品的实现、集成、验证和确认,并且在最后阶段,将终端产品交付给用户。

在阶段 E 和 F 中,系统工程引擎的技术管理流程用于监控性能、控制构型、并进行与运行相关的决策、持续的工程维护和系统终止。对于现有系统的任何新能力或更新会重新使用系统工程引擎,就如同开发一个新系统。

6.3 NASA 系统工程项目群及项目的全生命周期

美国政府部门和机构,如美国国防部和美国国家航空航天局,负责管理每年投入在大型复杂系统的开发和采办中的亿万资金,而这些资金都来自纳税人。因此,这些机构必须遵守严格的采办指南,以证明他们是美国纳税人资金的优秀管理者,并且投入在这种大型的、甚至非常昂贵的计划中的投资是可计算的。

NASA 最佳采办实践起源于 NASA 方针指令和需求,即 NASA 程序性指令 7120.4《计划/项目管理》和 NASA 程序性需求文件 7120.5《NASA 计划与项目管理流程和需求》。由于 NASA 是联邦机构,机构资金的使用计划还必须通过决策里程碑与决策门评审,以确保计划满足成本、进度和技术基线。

基于以上背景,NASA 典型的项目群/项目生命周期将完成一个工程或项目必须开展的所有事情进行分类,并划分为明确的阶段,各阶段由关键决策点区分。其中,关键决策点是决策部门决定一个工程/项目是否准备就绪进入生命周期的下一个阶段(或下一个 KDP)的事件。阶段的界限必需定义清楚,这样就可以在决策项目是否应该向前推进的时候提供依据,避免项目盲目推进导致的风险,例如在初步设计阶段还没有论证清楚需求和方案就进入制造阶段,会导致巨大的返工风险甚至因项目经费消耗导致项目终止。当然,实际项目执行也可以允许项目在有遗留问题的情况下继续进行,但必须在规定的时间期限内解决。没有通过关键决策点的工程或项目,需要回到项目的早期策划阶段重新开始,或者终止项目。

美国国家航空航天局(National Aeronautics and Space Administration, NASA)的系统工程项目群/项目生命周期模型具有典型的成本和风险控制的特点,就是有诸多的关键决策点和评审,通过层层把关,将风险和由风险带来的成本进行有效控制。正如《NASA 系统工程手册》中指出"尽管与系统工程相关的分析和优化活动最显著的影响是在研制阶段早期获得的,但影响数百万美元价值或费用的决策仍然应该坚持按照系统的方法处理,直至系统的生命周期末期"。

1. 成本效能的考虑

在介绍 NASA 系统工程项目群及项目的生命周期模型之前,需要介绍 NASA 的一个重要概念:成本-效能(cost-effective)。

成本:系统的成本是对设计、建造、运行和废弃系统所需资源的一种价值度量。由于资源以很多方式出现,如 NASA 的人力部门以及合同商所从事的工作、原料、能源、设施和设备的使用(如风隧道、工厂)、办公室以及计算机等。利用货币单位可以很方便地以常用术语表示它们的价值。

效能:是系统对于是否达到目的定量度量。有效性度量通常取决于系统的性能。例如,发射工具的有效性依赖于成功地将载荷放到可用轨道的可能性。相关的系统性能属性包括能发射到特定轨道的质量,入轨质量与发射速度间的折中,以及发射的可实现性。

成本-效能:系统是在系统目标为条件的基础上,将费用和效能联系起来。尽管有必要在度量时根据其中一项或者这两项进行度量,但有时是可以将两者综合为单值目标函数,以进行设计优化。即使不知道如何权衡费用和效能进行比较,但总是更多倾向于更低费用同时更高效能的设计。

《NASA 系统工程手册》指出"系统工程的目标是在考虑性能、成本、进度和风险的情况下,以尽可能最佳的成本效能设计、制造系统以使得其安全运行,完成预期目的。一个具有高成本效益和安全的系统应该能够在成本和效能之间取得平衡"。

设计权衡分析是系统工程流程中很重要的一部分,这个过程通常需要尝试找到一种可以提供最佳的成本和效益组合的设计。在设计权衡过程中,如果成本和效能之间呈矛盾状态,系统工程师的决策将会进入两难的境地,例如:

(1) 在风险不变的情况下,降低成本,性能必然要降低;

(2) 在成本不变的情况下,降低风险,性能必然要降低;

(3) 在性能不变的情况下,降低成本,就必须要接受更高的风险;

(4) 在性能不变的情况下,降低风险,就必须要接受更高的成本。

以上的情况还没有考虑项目的时间进度,时间其实也是一种成本。

图 6.3 是《NASA 系统工程手册》引用自美国国防采办大学的一张图,也出现在了 INCOSE 的《系统工程手册》。主要说明的是项目群/项目的生命周期成本在系统工程早期阶段基本就已经确定。该图在本书的 1.3 节有详细说明,值得一提的是,NASA 系统工程手册在这张图中,在各阶段加入了关键的评审活动(MCR—任务设想评审,SRR—系统要求评审,SDR—系统定义评审,PDR—初步设计评审,CDR—关键设计评审,SIR—系统集成评审,

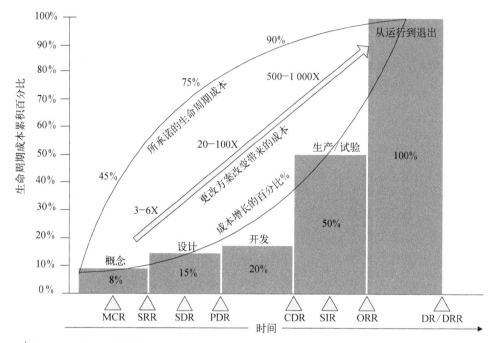

图 6.3　早期阶段的决策对生命周期成本的影响(来源：2016 版《NASA 系统工程手册》)

ORR—运行准备性评审,DR/DRR—系统退役/评审)。NASA 希望提醒系统工程师,每次关键的评审都要记住每个关键决策都是有成本的,例如,系统设计的方式会决定后续的试验、制造、集成、运维会有多高的成本。这种成本效益的概念贯穿于 NASA 的系统工程项目生命周期中。

2. NASA 系统工程项目群/项目生命周期模型

NASA 针对其主要的项目类型或产品线(product line)定义了特定的生命周期,其中包括：飞行系统和地面支持(flight systems and ground support,FS&GS)、研究与技术(research and technology,R&T)、设施构建(construction of facilities,COF)、环境的符合性与恢复(environmental compliance and restoration,ECR)等。NASA 对以上每一类项目或产品线都定义了生命周期和里程碑评审的相关细节,这些定义在 NASA 的程序性需求(NASA procedural requirement,NPR)文件中。

NASA 通过生命周期模型将整个研制过程分解成更多容易管理的阶段,使得管理者能及时、清晰地看到项目在其预算及其他管理的环境下,在各阶段取得的进展。《NASA 系统工程手册》介绍了 NPR7120.5,NASA《空间飞行计划与项目管理要求》中定义的生命周期模型。将 NASA 主要的生命周期阶段定义为项目策划和项目实施两部分;对于空间飞行系统项目,又将 NASA 生命周期的项目策划和项目实施阶段分解为以下 7 个渐进的部分。项目生命周期阶段包括：

1) 前 A(Pre - A)阶段：概念研究(例如,识别可行的备选方案);

2) A 阶段：概念和技术开发(例如,定义项目、识别并提出必需的技术);

3) B 阶段：初步的设计和技术实现(例如,建立一个初步的设计、开发必要的技术);

4) C 阶段：最终的设计和制造(例如,完成系统设计、零部件制造以及软件程序编码);

5）D 阶段：系统装配、集成和测试、发射（例如，集成零部件、系统验证、运控准备和发射）；

6）E 阶段：运控和维护（例如，运行和维护系统）；

7）F 阶段：收尾（例如，系统废弃处理和数据分析）。

图 6.4(a)和(b)分别是 NASA 项目生命周期的概要和详细阶段划分，定义了区分各阶段的关键决策点(KDPs)和评审。NASA 生命周期模型主要描述了生命周期的目标、主要活

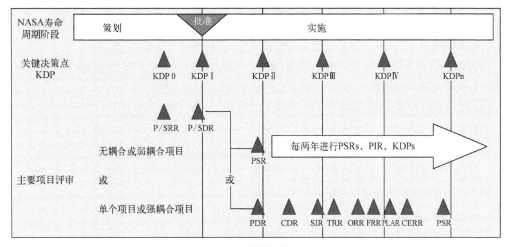

（a）概要阶段

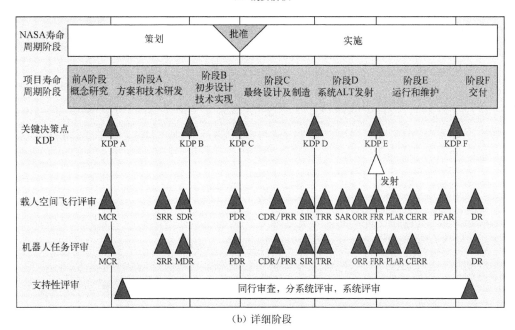

（b）详细阶段

图 6.4　NASA 项目生命周期模型（来源：2007 版 NASA《系统工程手册》）

注：CDR——关键设计评审；PLAR——发射后评估评审；CERR——关键事件准备性评审；PRR——产品准备性评审；DR——系统退役评审；P/SDR——项目/系统定义评审；FRR——飞行准备检查；P/SRR——项目/系统要求评审；KDP——关键决策点；PSR——项目状态评审；MCR——任务设想评审；SAR——系统验收评审；MDR——任务定义评审；SDR——系统定义评审；ORR——运行准备性评审；SIR——系统集成评审；PDR——初步设计评审；SRR——系统要求评审；PFAR——飞行后评估审查；TRR——测试准备性评审；PIR——项目实施评审。

动、产品以及关键决策点(KDPs)。另外,还描述了项目经理和系统工程师必须遵守的预算周期。

(1)工程策划

工程策划阶段的主要目的是创建一个有成本效益的项目。通过项目策划授权文件(formulation authorization document,FAD)授权项目群经理发起一个新项目的规划,并开展项目分析以制定一个合理的项目计划。通过关键决策点1之前,需要进行的主要评审有项目/系统需求评审(P/SRR),项目/系统定义评审(P/SDR),流程批准评审(PAR)以及管理类的项目管理委员会(PMC)评审。《NASA系统工程手册》给出了项目群/项目生命周期内完整的评审清单。所有类型的项目策划都是一样的,关键决策点1之前需要经历一个或多个项目评审,通过关键决策点1批准项目开始实施。

项目策划阶段的典型活动包括:

1)识别项目利益攸关者和用户;

2)根据用户的期望开发项目需求,并将需求分配给工程;

3)识别NASA的风险分类;

4)定义并批准项目的采购策略;

5)开发和其他项目的接口;

6)开始开发项目群内部应用于多个项目的通用技术;

7)进行初始的成本估算并批准基于项目生命周期成本的项目预算;

8)按照NPR 7120.5执行项目策划阶段的技术活动;

9)达到NPR 7123.1中详述的项目策划评审开始/成功标准的要求;

10)对在运行期间的项目收益有一个清晰的愿景,并且将其写入运行概念文档。

(2)工程实施

在项目实施阶段,项目群经理与任务理事会(任务理事会是NASA总部下辖进行宇航科研工作的单位)有关负责人以及各项目经理一起以最佳的成本效益执行项目计划。通过项目评审确保项目在资金限制条件下持续服务于NASA和任务理事会的主旨和目标。根据项目类型的不同,项目生命周期有两种不同的实施途径。每种实施途径有不同类型的主要评审。对于没有联系的和弱耦合的项目,执行阶段只要求项目状态评审和项目执行审查以评估项目的性能,并建议大约每两年在关键决策点核准。一旦进入运行阶段,这些项目通常每两年在项目状态评审/项目执行审查之后有1个关键决策点。实施阶段中紧密联系的项目评审和单个项目的评审联合进行的,这样可以确保将多个项目适当的集成,形成更大的系统。一旦进入运行阶段,紧密耦合的项目也需进行每两年一次的项目状态评审/项目执行审查/关键决策点,以评估项目的性能,准许其继续进行。

项目实施阶段的典型活动包括:

1)通过直接分配或参与竞争来启动项目(例如,招标书、机会通告),监督项目的论证、审批、实施、集成、运行以及最终的退役。根据资源和要求的变化调整项目。

2)执行NPR 7120.5中所要求的工程实施技术活动。

3)达到NPR 7123.1中的项目实施评审的必要条件/通过标准。

（3）项目预 A 阶段：概念研究

这个阶段通常或多或少都是由概念研究团队来进行的，其目的是要做出各种各样的可行的方案设想，并从中选择新的项目（工程）。通常这项技术活动由对新概念进行的零散组织的检查组成，通常没有集中管理，大部分面向一些小的研究。它主要的产物是一个建议项目清单，这些项目是以识别需求和发现机会为基础的，与 NASA 的任务、能力、优势和资源内在保持一致。

预先研究可能持续几年，可能是仅有零散联系的一系列报告。这些研究主要聚焦于确定任务目标、制定系统顶层要求和运行方案。通常提出概念性的设计用于展示项目的可行性和支持纲领性的评估。重点是确保项目的可行性及目标，而不是项目是否最优。相应地，分析和设计工作在深度和可选项的数量上都有一定的局限性。

（4）项目阶段 A：概念和技术研发

在阶段 A，所进行的技术活动主要是逐步阐明一个基本的任务设想，开始实施或承担所需技术的开发职责。这项工作，以及与客户的交互，有助于建立任务设想和工程对项目的要求。

在阶段 A，通常与项目办相关的团队再次阐述任务设想，以确保项目的必要性、可实现性足够充分以保证其在 NASA 预算中的位置。团队的主要工作集中在分析任务要求，建立任务体系结构。技术活动更为正规，重点转向系统优化而不是可行性。工作更具深度，考虑更多可选项。目标更加明确，项目在系统要求、系统顶层体系结构和运行方案方面提出更多的定义。概念研究进一步发展，相比预研阶段呈现出更多的工程细节。技术风险的识别更为详细，技术开发需求聚焦起来。

在阶段 A，工作主要集中在将功能分解至特定的硬件、软件、人员等。系统功能和性能要求，以及体系结构和设计，将随着系统级折衷、分系统级折衷不断反复迭代变得更确定，从而挑选出更具成本效益的设计（折衷研究应先于系统设计决策，而不是在系统设计决策之后）。这一阶段主要的产品包括系统及其主要终端产品的可接受的功能基线。这一阶段工作也产生出不同的工程和管理计划准备用于管理下游流程，比如验证和运行以及工程专项计划的实施。

（5）项目阶段 B：初步设计和技术实现

在阶段 B 中，进行的技术活动是建立一个初步的项目基线，按照 NPR 7120.5 和 NPR 7123.1，包括由项目级的性能要求正式传递到一整套完整的系统和分系统设计规范，既包括飞行部件也包括"地面部件"和"相应的初步设计"。技术要求必须足够详细以建立一个确定的项目进度和成本估算。应该注意到，尤其对基于机会通告启动的项目，阶段 B 是最终确定顶层要求及传递给下一级的要求，并置于构型控制范围的阶段。尽管在阶段 A 就已经确定这些要求的基线，但在阶段 A 后期和阶段 B 早期，还是有很多源自权衡研究和分析引起的不可避免的变化。但是到阶段 B 中期，顶层要求应该最终确定。

事实上，阶段 B 的基线是由覆盖项目技术和经营管理方面的一组基线集组成，包括属于基线技术部分的系统（分系统）要求和规范、设计方案、验证和运行计划等，以及属于经营管理方面的进度、成本预计和管理计划。基线的确定意味着构型管理程序的执行。

在阶段 B,主要的工作转向创建一个满足任务目标的功能完整的初步设计解决方案(例如功能基线)。权衡研究继续进行,主要终端事项之间的接口定义清楚。开展工程试验项目,并获取数据用于进一步的设计工作,通过成功的技术研发和论证降低工程风险。阶段 B 以一系列初步设计评审结束,包括系统级初步设计评审和视需求确定的对低级别的终端事项和产品的初步设计评审。初步设计评审将针对需求所做的持续改进反映到设计方案中。在初步设计评审中发现的设计问题应该得到解决,这样最终的设计可以依据明确的设计规范开始。从生命周期的这点开始,几乎对基线做的所有变化都将是反映设计的持续细小改进,而不是基本的变化。在基线确定之前,系统体系结构、初步设计以及运行方案必须通过充分的技术分析和设计工作证明有效,以建立一个可靠的、可行的、比 A 阶段更充分、更详细的设计方案。

(6) 项目阶段 C:最终设计和制造

在阶段 C,进行的活动是建立一个完整的设计方案(分配基线)、制造或生产硬件、编制软件代码,为系统集成做准备。权衡研究继续进行,研制更接近实际硬件的工程测试单机并进行测试,以确认设计的单机能够在预期的环境下运行。将工程专项分析的结果集成进设计和制造过程,清楚定义制造过程和控制并确认有效。执行所有阶段 A 中提出的用于测试以及操作设备、过程和分析、工程专项分析集成、制造过程及控制的计划。当详细的接口定义清楚后,构型管理持续跟踪并控制设计的更改。在对最终设计持续改进的每一步,相应的集成和验证活动计划更为详细。在此阶段,紧密跟踪技术参数、进度和预算,以确保能尽早地发现不期望的趋势发生(比如无法预料的航天器重量增加或成本增加),并采取纠正措施。这些技术活动集中于准备关键设计评审、产品准备性评审(如果需要)和系统集成评审。

阶段 C 包括一系列的关键设计评审,具体有系统级关键设计评审和对应于系统不同层级的关键设计评审。对于每个终端项的关键设计评审应该在硬件制造/生产开始以及需交付的软件产品编制代码之前进行。通常关键设计评审的顺序反映了下一阶段发生的系统集成的过程,也即从较低级别的关键设计评审到系统级关键设计评审。然而应该根据项目的需求对评审的顺序进行调整。

如果产品是以流水作业生产的,则需进行产品准备性评审以保证用于开始生产的生产计划、设施以及人员准备就绪。阶段 C 以系统集成评审结束。这个阶段的最终产品是准备集成的产品。

(7) 项目阶段 D:系统总装、集成及测试和发射

在阶段 D,进行的技术活动包括系统的总装、集成、测试和发射。这些活动聚焦于对飞行准备的检查。技术活动包括系统的总装、集成、验证和确认,包括在期望的环境条件中并留有一定余量的情况下进行的飞行系统试验。其他的技术活动包括对操作人员的初步培训和执行后勤和备用计划。对于飞行试验项目,关注的焦点转至发射前的集成和发射。尽管所有这些活动在项目的这个阶段执行,但这些活动的计划是在阶段 A 提出的。这些活动的计划不能拖延至阶段 D 开始,因为项目的设计必须足够超前,以反映测试和操作的要求。阶

段 D 在系统能证明达成所创建目标时结束。

（8）项目阶段 E：运行和维护

在阶段 E，执行的技术活动是执行主任务，满足最初确认的需求，并针对需求进行维护支持。这个阶段的产品是任务执行的结果。这个阶段只完成系统的演变，但演变不应导致系统结构变化。范围的变化相当于新的"需求"，并且项目生命周期应重新开始。对于大型的飞行项目，可能会有一个延续较长时间的巡航阶段、轨道射入、在轨装配以及在轨测试。在临近主任务末期时，项目可以申请延期以继续任务活动或尝试开展额外的任务目标。

（9）项目阶段 F：收尾

在阶段 F，进行的技术活动主要是对系统执行退役处置计划，分析所有返回的数据和样品。这个阶段的产品是任务执行的结果。

当系统完成任务后，阶段 F 进行系统最终的收尾，这时将取决于很多因素。对于任务持续时间短并返回地球的一个飞行系统，收尾需要的条件同硬件的分解是相同的，并将它们交付所有者。对于长生命的飞行项目，收尾会按照既定计划进行，或者由于一个计划外事件开始，比如任务失败。终止一个运行任务可以参照 NPD 8010.3《空间运行系统退役或终止与任务终止的意向通知》。另外的一种可能是，技术的进步可能使得以目前的状态或改进的状态继续运行此系统是不经济的。

除了关于这个阶段什么时候开始不确定性外，与系统的收尾相关的技术活动是长期的、复杂的，并且可能影响系统设计。因此，必须在项目早期考虑不同的选择和策略，以及不同选择所对应的成本和风险。

表 6.3 来自 NPR 7123.1，主要展示的是系统工程过程的主要产物在项目全生命周期的成熟度变化。

表 6.3　系统工程产物的成熟度

		项目策划阶段		项目实施阶段						
产物	非耦合/松耦合	KDP 0		KDP I	周期性的关键决策点（KDPs）					
	紧耦合项目	KDP 0		KDP I	KDP II		KDP III	周期性的关键决策点（KDPs）		
	项目和单个项目	预 A 阶段	A 阶段	B 阶段	C 阶段		D 阶段		E 阶段	F 阶段
		KDP A	KDP B	KDP C	KDP D		KDP E		KDP F	
		MCR	SRR	MDR/SDR	PDR	CDR	SIR	ORR	FRR	DR	DRR*
识别的利益攸关者		** 基线	更新	更新	更新					
概念定义		** 基线	更新	更新	更新	更新				

续　表

	项目策划阶段		项目实施阶段							
定义的效能测量	** 批准									
技术的成本与进度	初始	更新	更新		更新	更新	更新	更新	更新	更新
系统工程管理计划 1	初稿	** 基线	** 基线	更新	更新	更新				
需求	初稿	** 基线	更新	更新	更新					
技术性能测量的定义			** 批准							
架构定义			** 基线							
向下一层分配需求			** 基线							
需要的领先指标趋势			** 启动	更新	更新	更新				
设计方案定义			初稿	** 初稿	** 基线	更新	更新			
接口定义			初稿	基线	更新	更新				
实施计划（制造/编码,采购,重用）			初稿	基线	更新					

注：＊：含义为设计需求评审。

　　＊＊：是指该文件需要进行评审。

表 6.2 中系统工程管理计划 1：对于紧耦合的项目群或单个项目，需在项目的系统需求评审（SRR）打基线；对于松耦合的项目群则在任务定义评审/系统定义评审（MDR/SDR）打基线。

3. 资金预算周期

NASA 的运作经费主要是依靠每年来自国会的资助。每年的资助经费需要经过预算编制、预算制定和最终的预算执行才能拨付到位。NASA 通常在每年 2 月依据经济预测和在最新的总统预算中确定的综合指导，开始制订它的预算。在 8 月下旬，NASA 完成规划、计划和预算阶段，准备向管理和预算办公室提交初步的 NASA 预算。最终的 NASA 预算在 9 月提交给管理和预算办公室，并于次年 1 月作为美国政府年度预算的一部分年度由总统提交给国会。提议的预算提交国会审查和批准，并以议案的形式通过，议案要求 NASA 在符合国会政策下，合理使用这些资金，并对资金负责。NASA 作为美国的政府机构，受相关政策影响，其系统工程生命周期和流程都充分体现了对项目成本的预算、规划和管控。图 6.5 是典型的 NASA 预算周期示意图。

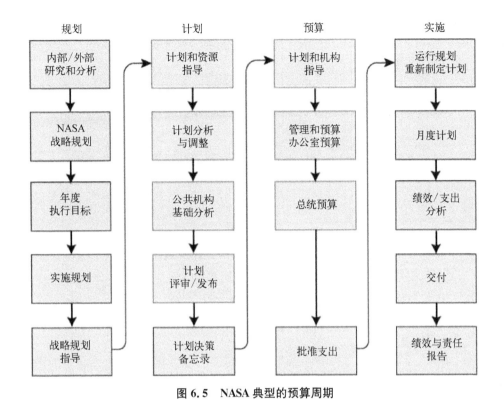

图 6.5　NASA 典型的预算周期

6.4　NASA 系统工程技术流程

6.4.1　系统设计流程

NASA 将通用技术流程中的前 4 个流程,即利益攸关者期望定义流程、技术需求定义流程、逻辑分解流程和设计解决方案定义流程,划分定义为系统设计流程。这是一组相对独立的流程,通过不断地迭代和递归最终得到一组经过确认的、且满足利益攸关者期望的需求集以及设计方案[32]。

图 6.6 表明了 4 个系统设计流程间的递归关系。设计过程是从一个研究团队对利益攸关者期望的收集和分类开始,包括了任务目标、约束条件、设计驱动、运行目标以及对任务成功标准的定义。形成的利益攸关者期望和高层需求的集驱动了一个迭代的“设计环”,通过迭代设计进行初步架构/设计、运行概念以及衍生需求的开发。这三个设计结果必须通过不断迭代的过程达到一致,设计决策过程对一致性进行判断。一旦达到了一致性要求,就需要项目团队开展分析,确认提出的设计方案是否满足利益攸关者期望。用于进行确认的问题,简单来说,可以包括:系统能否工作? 系统是否安全可靠? 系统是否可在满足预算和进度要求的前提下实现? 如果对其中任何一个问题的回答为“否”时,则需要对设计或者对利益攸关者期望进行调整,然后重新进行前面的分析过程。这个迭代过程将一直持续到系统架构、运行方案以及需求都满足利益攸关者的期望。

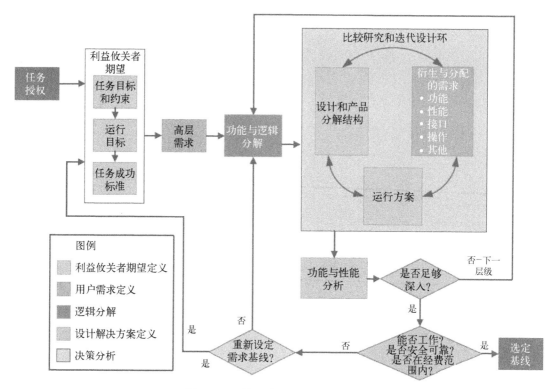

图6.6 系统设计流程间的递归关系

设计工作的深度需要达到足以支撑进行对需求的分析验证。设计结果由独立有经验的评审组进行评估是否可行及可信的,同时其设计颗粒度还必须足以支持项目的成本估算及系统运行的评估。

一旦系统设计满足了利益攸关者期望,研究团队就要对设计结果打基线,并开始准备下一阶段的工作。系统的开发是层层分解的过程,在某一层的设计和产品分解过程中,上一层的衍生的以及分配的基线化需求集将成为本层级系统元素设计的高层级需求,这个过程和EIA 632 中的概念是一致的。系统设计流程应用在预 A 阶段到 C 阶段。

在预 A 阶段,系统设计过程的重点是构建一个可行的设计方案;在 A 阶段,系统设计过程是寻找多种备选的设计方案及进行方案的成熟度分析,以优化系统架构;在阶段 B,将产生优选的初步设计方案;在阶段 C 将完成可以用于制造的详细设计。

NASA 还提出了几个系统设计的关键:

1)成功理解并定义任务目标和运行方案是捕获利益攸关者期望的关键,这些会在项目的生命周期内被转变成定量的需求。

2)完备的、彻底的需求可追溯性是成功进行需求确认的一个关键因素。

3)清晰、明确的需求有助于避免在整个系统开发或变更过程中的误解。

4)将初始设计概念开发过程中所有的决策进行记录,文档化后归入技术数据包中。这将会有助于在未来对设计变更和修改进行评估时能够参考原始的设计理念和协商结果。

5)当选择了一个可接受的设计解决方案并且记录到技术数据包中后,可以开始进行设计方案的验证,评估设计方案是否满足系统需求和约束。设计方案的确认是要评估设计方案是否满足利益攸关者期望,这是一个递归迭代的过程。

下面将简要介绍 NASA 的 4 个系统设计流程。

1. 利益攸关者期望定义

利益攸关者期望定义过程是系统工程引擎的初始过程,是进行系统设计以及产品实现的基础。该过程的主要目的是识别利益攸关者并且了解他们期望如何使用产品。该过程一般通过用例场景、设计参考任务以及运行方案实现。

图 6.7 是利益攸关者期望定义过程的一个典型流程图,包括了典型的输入、输出以及相关活动。

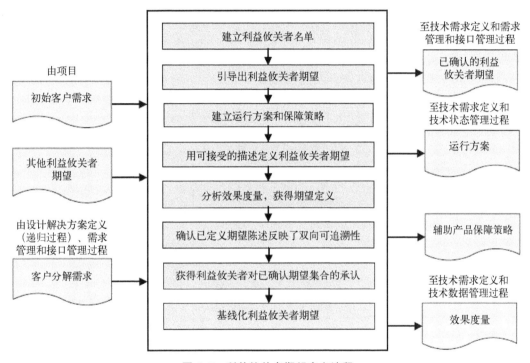

图 6.7 利益攸关者期望定义流程

(1)输入

利益攸关者期望定义过程的典型输入包括:

1)上层需求和期望:从一个较高级(例如,计划、项目等)流向一个特定的感兴趣的系统需求和期望。

2)识别用户和利益攸关者:对产品提出要求的组织或个人,和那些会受到影响或在某些方面要对产品的结果负责任的人。

(2)关键流程活动

1)识别利益攸关者,建立利益攸关者清单

利益攸关者是会受到任务影响或在某些方面要对结果负责的团体或个人。利益攸关者可以被分为客户和其他感兴趣的团体。客户是指那些会接收产品或服务的人,是工作的直接受益者。比如科学家、工程管理者以及子系统工程师。

其他感兴趣的团体是那些会受到产品、产品的使用方式的影响，或者有责任提供生命周期的支持服务的对象，比如，国会、建议计划团队、计划管理者、使用者、操作者、维护者、任务合作者以及 NASA 承包商。利益攸关者的清单应在研发过程的早期就确定，这一点很重要，因为主要的利益攸关者会对工程产生最重要的影响。

2）根据识别的利益攸关者抽取其相应的利益攸关者期望

利益攸关者期望，是指一个特定的个人或团体的构想，他们指出期望的最终状态或要产生的结果，并在要达成目标上设置边界。这些边界围绕着成本（资源）、交付时间、性能目标或者其他不是很明显的要求，如组织需求或地理政治目标。

3）建立运行方案

运行方案是获得利益攸关者期望、需求以及项目结构的一个重要部分。它促进了系统中与使用者相关联要素的需求和结构的发展，并作为后续定义文档（如运行计划、发射和早期轨道计划、操作手册）的基础，还为长期的运行规划活动提供基础（如运行设施、人员配备以及网络进度）。典型的运行方案开发过程如图 6.8 所示。

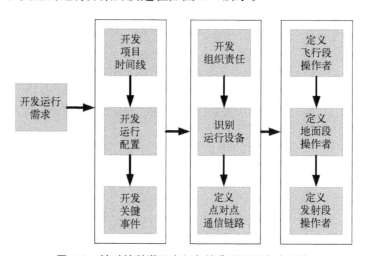

图 6.8　针对某科学研究任务的典型运行方案开发

（3）输出

典型的体现利益攸关者需求的输出包括：

1）顶层需求和期望：包括将要开发的产品的顶层需求和期望（例如，期望的能力、约束以及外部接口）。

2）运行方案：描述了系统在生命周期阶段是如何运行以满足利益攸关者期望。它从运行的角度描述了系统特性，有利于对系统目标的理解，例如，运行方案文档。

2. 技术需求定义

技术需求定义过程是将利益攸关者期望转变为问题的定义，并将它们转变成一组以"应该如何"表述的完整的已确认技术需求集合，并可用于定义产品分解结构（product breakdown structure, PBS）模型和相关的辅助产品的设计解决方案。需求定义的过程是一个递归迭代的过程，包括了利益攸关者需求、产品需求，以及较低级产品/组件的需求（例如，PBS 系统和子系统模型产品和相关的辅助产品,提供或使用数据的外部系统)。需求应该提供所有输入、输出以及输入输出间所需关系的描述。需求文档对需求进行组织说明,并利用其余客户、其他的利益攸关者和技术委员会进行沟通。

该工作贯穿于所有计划、项目以及从系统级到最低级的产品/组件的需求文档的技术需求定义流程中。技术需求定义流程如图 6.9 所示。

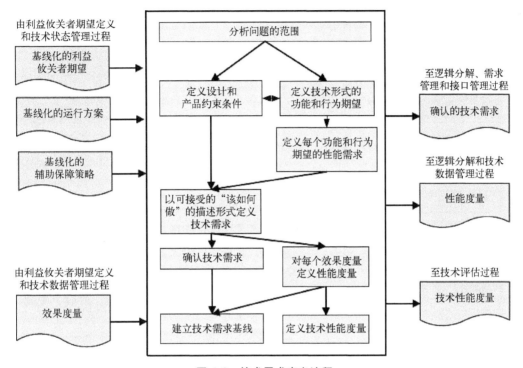

图 6.9 技术需求定义流程

(1) 输入

需求流程的典型输入应该包括:

1) 顶层需求和期望:需要与来自客户和其他利益攸关者的产品顶层需求和期望(如必须的、想要的、期望的、能力、约束、外部接口)相一致。

2) 运行方案:描述了生命周期阶段期间,系统如何运行以满足利益攸关者期望。从运行的角度对系统性能进行描述,并辅助理解系统目标。

(2) 关键流程活动

最初对顶层需求和期望进行评定,以理解需解决的技术问题,并建立设计边界。通常通过以下的工作建立设计边界:

1) 定义约束,即设计时必须依据的或者系统将如何使用。这些约束不能通过权衡分析进行改变。

2) 识别已经在设计控制下的且不能改变的要素。这将有助于进行进一步权衡比较以缩小潜在设计解决方案的范围。

3) 建立系统必须与之交互的物理和功能接口(例如,机械、电、热、人等)。

4）根据运行方案中所识别的系统预计使用范围,定义期望的功能和行为。运行方案描述了系统将如何运行以及可能的使用情况场景。

综合理解约束、物理/功能接口和功能/行为期望,可以通过建立性能标准进一步定义需求。性能是对功能需求的量化表述,用于表示每个产品的期望功能完成的程度。

（3）输出

技术需求定义流程典型输出应该包括:

1）技术需求:技术需求应该是被批准的需求集合,完整描述了将要解决的问题以及已经由客户和利益攸关者确认和认可的需求。例如,系统需求文档、项目需求文档、接口需求文档等描述需求的文档。

2）技术度量:根据期望和需求建立的测量集,该度量可被追溯评估,以确定整个系统或者产品的有效性和客户的满意度。常规术语包括效果度量、性能度量以及技术性能度量。

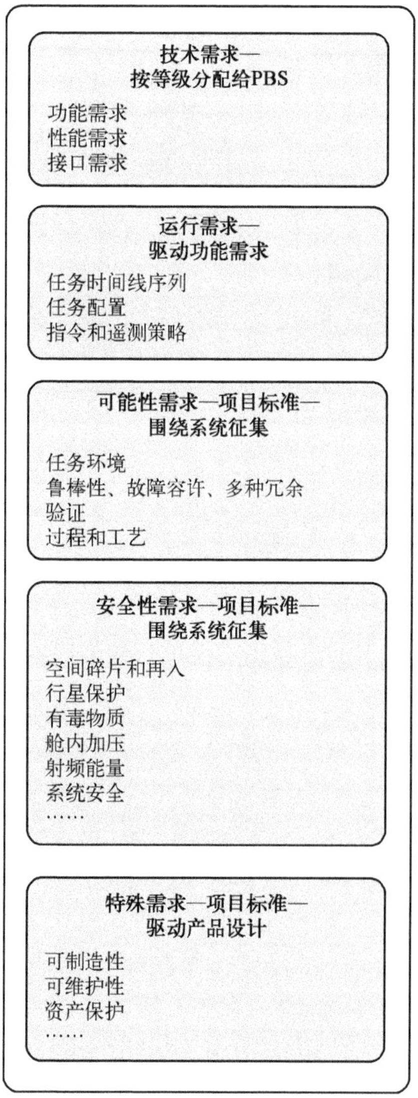

（4）需求的类型

《NASA 系统工程手册》提出了需求类型的概念。一个完整的项目需求集包括功能需求(必须要执行哪些功能)、性能需求(功能应该执行到什么程度)、接口需求(设计单元接口要求)、可靠性需求、安全性需求、维修性需求、可生产性需求、维修性需求、可用性需求等。图 6.10 是 NASA 给出的功能、操作、可靠性、安全性以及专业需求的类型。

需求分类的概念不仅出现在《NASA 系统工程手册》,SAE ARP 4754A、空客的系统工程方法都提出了这一概念。需求分类在系统设计过程中有重要的实践意义,理解需求的类型对需求分析人员、需求写作人员、系统设计人员都非常重要。

对于需求分析人员而言:

1）针对不同类型的需求,选择最合适的分析技巧;

2）需求的沟通交流、捕获和确认。

对于需求写作人员而言:

1）针对不同类型的需求,有效地把每一个需求放在正确的位置;

2）使需求数据库的结构层级良好,方便使用。

对于系统设计人员而言:

很多需求类型和设计过程中的问题相关。很多情况下,比如,外部接口需求和其他一些质量需求与特定的设计管理问题关系紧密。

除此之外,需求还可以帮助工程师按类型进行需

技术需求——
按等级分配给PBS

功能需求
性能需求
接口需求

运行需求——
驱动功能需求

任务时间线序列
任务配置
指令和遥测策略

可能性需求——项目标准——
围绕系统征集

任务环境
鲁棒性、故障容许、多种冗余
验证
过程和工艺

安全性需求——项目标准——
围绕系统征集

空间碎片和再入
行星保护
有毒物质
舱内加压
射频能量
系统安全
……

特殊需求——项目标准——
驱动产品设计

可制造性
可维护性
资产保护
……

图 6.10　NASA 的需求类型

求定义,保证需求集的完整性。图 6.11 描述的是空客的需求分类方法。图 6.12 描述的是按照需求类型进行需求定义的流程。

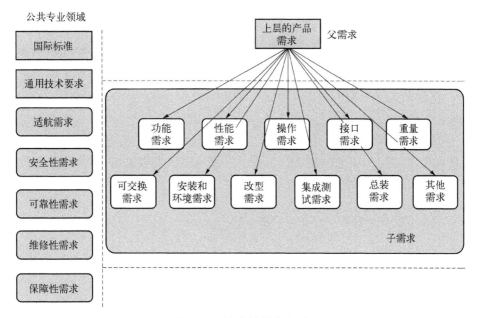

图 6.11 空客的需求类型

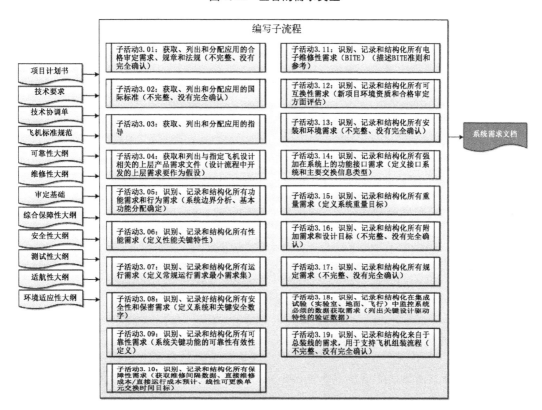

图 6.12 空客按需求类型进行需求定义的流程

（5）需求分解、分配和确认

需求按照分层级的方式进行结构分解。分层结构的最高层级需求是来自总统指示、任务委员会、计划、机构以及客户和其他利益攸关者。这些高层级需求被分成功能和性能需求，并围绕系统进行分配。高层级需求随后进一步被分解，并在各单机和子系统间进行分配。该分解和分配的过程一直持续到可以得到一个完整的设计需求集合。在每个分解层级（系统、子系统、部件等）转入下一层级分解前，全部的衍生需求集合都必须通过利益攸关者期望或上一层需求进行验证。

需求的追溯需要从最底层级向上追溯，确保每个需求都是满足利益攸关者期望所必不可少的。需求没有分配给较低层级，或者在较低层级中执行，所获得设计就是不满足目标的，且是无效的。相应的，不能向较高层级需求追溯的较低层级需求，所获得的设计也是不合理的。典型需求的分配如图 6.13 所示。

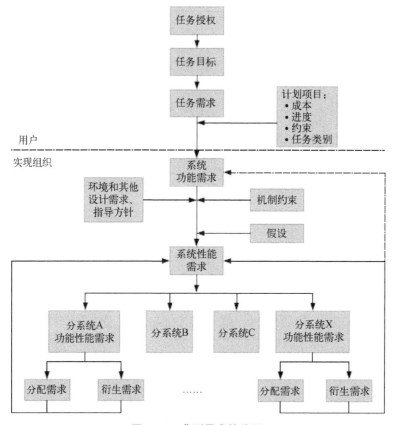

图 6.13　典型需求的分配

（6）需求的属性

简单的文本不足以充分定义需求，每个需求还要携带其他分类和状态信息。为需求指派属性，可以对需求所描述的信息进行良好组织和展示。属性使与单一需求关联的信息能够被结构化，以便于处理、过滤、排序等。例如，在描述一条需求时，可以从编号、名称、内容、优先级、类型、编写人、编写时间等多维度进行编辑，从而使需求更加清晰。图 6.14 给出了一个带有一些属性的需求的例子。

表 6.4 所示是 NASA 给出的典型的需求属性表。

在实际的工程实践过程中,可以针对需求的不同使用场景,如需求确认过程,或者设计及产品验证阶段,给需求分配不同属性,构建需求矩阵,用于对需求进行管理。图 6.15 是需求确认矩阵的样例。

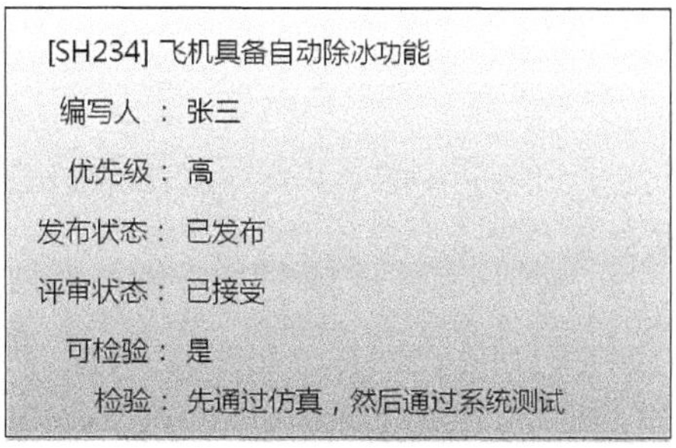

> [SH234] 飞机具备自动除冰功能
>
> 编写人 ：张三
>
> 优先级 ：高
>
> 发布状态 ：已发布
>
> 评审状态 ：已接受
>
> 可检验 ：是
>
> 检验 ：先通过仿真,然后通过系统测试

图 6.14　带有属性的需求

表 6.4　典型的需求属性表

项　　目	功　　能
需求 ID	为便于分类和追溯而提供的一个唯一的编号
原理	编写时为更好地阐明需求意图,应提供附加信息
追溯性(源自)	获取源需求与其下层需求间的双向可追溯性及其相互关系
负责人	具有需求编写、管理和/或审核更改责任的人员或团队
验证方法	选取改进型需求的检验方法(试验、校对、分析、论证等) 注:确保将验证方法决策过程中未覆盖到的所有新的或衍生需求文档化
验证责任人	被指定的对核对需求负责的人员或团队
验证层级	对需求进行分级验证(如系统级、分系统级、单机级等)

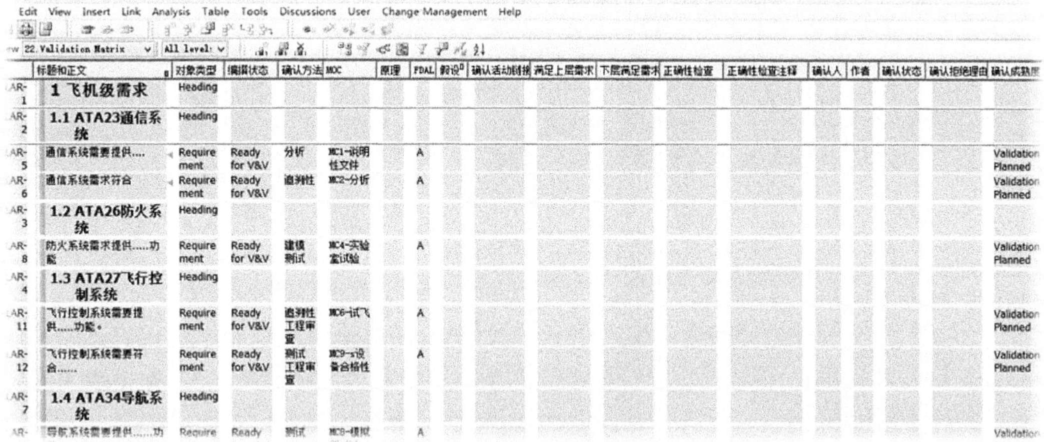

图 6.15　典型的需求确认矩阵视图

3. 逻辑分解

逻辑分解是产生详细功能需求的过程,这些功能需求将使得 NASA 计划和项目能够满足利益攸关者期望。该过程要识别出为了项目的成功,系统在每一级必须做到什么。逻辑分解利用功能分析构建系统结构,分解顶层(或父级)需求,并将它们分配到项目中最低的需求级别[33]。逻辑分解流程如图 6.16 所示。

逻辑分解流程用于：

1）提高对技术需求定义和需求之间关系的理解（例如，功能性的、行为性的、暂时的）；

2）将父级需求分解成一组逻辑分解模型及相关衍生技术的需求集合，并作为设计方案定义过程的输入。

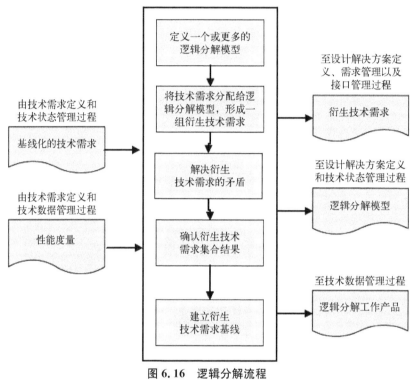

图 6.16　逻辑分解流程

（1）输入

逻辑分解流程的典型输入应该包括以下内容：

1）技术需求：一个描述需要解决的问题的有效需求集。该集合通过功能和性能分析建立且已经被客户和其他利益攸关者所认可。需求获取的文档有系统需求文档、初步需求文档和接口需求文档。

2）技术度量：根据期望和需求建立起来的测量集，其可被追溯且用于确定整个系统或产品的有效性以及客户的满意度。这些测量包括效能测量、性能度量和一个称作技术性能度量的特殊子集。

（2）关键流程活动

逻辑分解流程的第一个关键步骤是建立系统架构模型。系统构建活动定义了底层结构以及硬件、软件、通信、操作等之间的关系，为组织机构、任务委员会、计划、项目以及后续级别的需求提供了工具。系统构建活动驱动划分系统组成，并将需求划分为更低层的功能，或将需求划分到设计工作可以完成的程度，另外还定义了被划分的各子系统间的接口和相互关系。

一旦建立了顶层（或父级）的功能需求和约束，系统设计者利用功能分析形成一个概念性的系统架构。系统架构可以被视作系统功能组成的重要组织，通过展开可使得各组成之间的作用、关系、相互依赖性以及接口被清晰地定义和理解。专注于系统的顶层架构，以及各组成是如何放在一起对整体起作用，而不是关注于组成本身的特定工作，这一点至关重要的。这样既使得各组成可以独立的开发，也可确保其能有效地共同工作，以实现顶层（或父级）需求。

除了设计人员创造性的想法外，还可以利用很多工具开发系统方案，其中主要包括建模和仿真工具、功能分析工具、架构框架以及比较研究。例如，一种构建的方法是如图 6.17 所示的美国国防部架构框架（DoDAF）。随着每个方案的发展，关于架构、组成以及操作的分

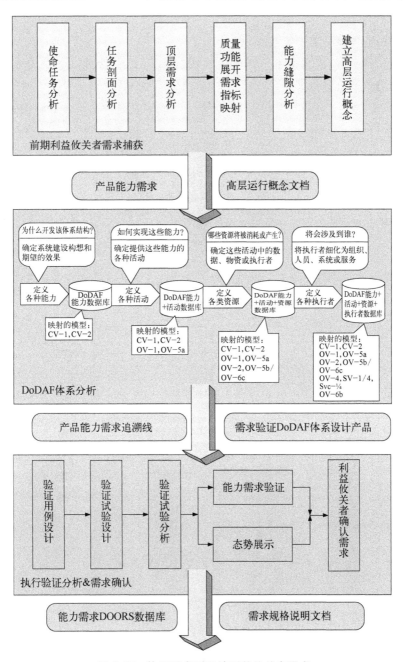

图 6.17 体系需求到系统利益攸关者需求

析模型都将被开发,且随着项目的深入,逼真度会越来越高。功能分解、需求开发以及比较研究跟随进行。对不断发展的架构方案进行多次重复迭代反馈活动,需求不断向下分解,设计不断成熟。

功能分析是系统架构开发和功能需求分解的主要方法。它是识别、描述以及将一个系统必须执行的功能和要完成的目的和目标联系起来的一个系统化的过程。功能分析识别并将系统功能、比较研究、接口特征以及需求依据联系在一起。它通常是基于所关注系统的 ConOps。

（3）输出

逻辑分解过程的典型输出应包括以下内容:

1）系统架构模型:定义基本结构和系统组成间的关系(例如,硬件、软件、通信、操作等),并作为将需求划分到更低级,直至设计工作能够完成的基础。

2）终端产品需求:一组已定义的制造、购买、编码以及其他来自设计解决方案能够实现的需求的集合。

4. 设计解决方案定义

设计解决方案定义过程用于将从利益攸关者期望得到的高级需求以及逻辑分解过程的输出,转化成设计解决方案,包括将已定义的逻辑分解模型及其相关的衍生技术需求集合转化成可选的解决方案(图 6.18)。随后通过详细的权衡,研究这些可选方案进行分析,得到一

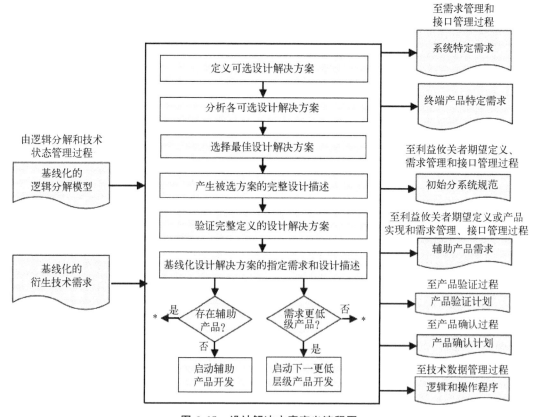

图 6.18　设计解决方案定义流程图

个首选方案。最终对该首选方案进行充分定义,形成能够满足技术需求的最终设计解决方案。这个设计解决方案将用于形成终端产品规范,而后者将被用于产品生产以及产品验证。这个过程是否还需要进一步完善,取决于终端产品是否有附加的子系统需要进行定义。

（1）输入

启动设计解决方案定义过程需要有几种基本的输入:

1）技术需求:客户和利益攸关者的需求,已经转化为系统的一个合理的、完整的、有效的需求集合,包含所有接口需求。

2）逻辑分解模型:通过一种或多种不同方法进行分解的需求（例如,功能、时间、行为、数据流、状态、模式,系统架构等）

（2）关键流程活动

1）定义可选设计解决方案

要实现一个跨越整个生命周期的系统,需对工作路线选择进行一系列成功决策。如果这些可选方案已精确定义且完全被理解,在成本效用方面有明显区分,则系统工程师可以自信地做出选择。

2）产生可选的设计方案

一旦理解了系统要实现什么,就可能想出很多可以达成目标的方法。有时会表现为一个考虑了可选功能分配并综合可用子系统设计选项的序列,所有这些方法都会含有不同成熟度的技术。理想情况下,一系列与设计组织章程一致,且看起来可用的广泛的备选方案应该被定义出来,并对持续提炼过程中当前阶段进行记录。当进行自下而上的过程时,系统工程师需要面对的一个问题是,设计师都有盲目喜爱自己创造的设计的倾向,从而失去客观性;系统工程师通常必须要处于一个"旁观者"的位置,这样才能更客观。在对必须要使用的子系统和部件的技术成熟度进行评估时,这一点尤为重要。有这样一个趋势,那就是技术开发者和工程管理上过高地估计了设计中所需的技术的成熟性和可用性。这点在"继承"的设备上尤为明显,结果导致了系统工程的关键方面经常被忽略。

3）分析每一个可选设计解决方案

技术团队分析每个设计可选方案满足系统目标的程度（技术差距、效果、成本、进度以及风险,量化的或是其他方法描述）,并通过权衡比较研究完成评估。权衡比较研究过程的目的是确保系统架构以及设计决策向着利用可用资源即可实现的、最佳解决办法的方向发展。这个过程的基本步骤包括:

① 设计一些满足功能性需求的可选方法。在项目生命周期的早期阶段,这些方法专注于系统架构;在较后面的阶段,重点转移至系统设计。

② 根据效能测量以及系统成本对可选方案进行评估。在这个步骤中数学模型非常有用,其不只强调结果变量之间的关系,也帮助确定什么性能度量应该采用定量表示。

③ 按照适当的选择标准排列可选方案。

④ 如果需要转入下一级别的决策,抛弃不太有前途的可选方案。

4）选择最好的设计可选方案

技术团队从可选的设计方案中选择最好的设计解决方案,其中考虑了团队无法量化的主观因素,可选方案对量化需求的满足程度的评估结果,可用技术的成熟度,以及任何预期效能、成本、进度、风险或其他限制要求。

5)补充设计解决方案

在系统开发过程中,将反复地应用系统工程引擎不断深化系统的设计。设计充分满足所需要的深度标准:设计的颗粒度允许从设计到需求的分析验证;必须达到足够深度以支持成本建模,并具有使评审组确信为具有性能、成本以及风险裕度的可行设计。

① 充分描述设计解决方案

一旦选定了优选方案,并完成了适当等级的细化,则设计被充分定义成满足技术需求的最终解决方案。可以利用设计解决方案的定义生成终端产品规范,用该规范来生产产品并进行产品验证。

② 验证设计解决方案

一旦从各种可选设计中选出一个可接受的设计解决方案,则设计解决方案随后必须根据系统需求和约束条件进行验证。完成验证的一个方法是通过同行评审来评估设计解决方案定义的结果。

验证必须表明设计解决方案:

(a)在包含了施加于技术成果上的约束条件后是否可实现;

(b)是否已经在可接受的陈述中指出特定需求,且与衍生技术需求、技术需求以及利益攸关者期望具有双向的可追溯性;

(c)形成方案的决策和假设是否与衍生技术需求组、单独分配的技术需求、识别出的系统产品和服务约束等相一致。

(3)输出

设计解决方案定义过程的输出是对产品实现过程的说明和计划,包括与已批准的系统基线相一致的设计、建造以及代码文档。

如先前所述,所有设计描述的范围和内容必须与产品线的生命周期阶段、阶段成功标准和产品在产品分解结构中的位置相适应。

设计解决方案定义过程的输出包括以下几方面:

1)系统说明:系统说明包含系统的功能基线,该基线是设计解决方案定义过程的结果。系统设计说明提供了详细的指示、约束以及设计工程师进行设计的系统需求。

2)系统外部接口说明:系统外部接口说明描述了反映所有与外部世界联系的物理接口行为和特性的功能基线,包括所有的结构、温度、电、信号接口以及人-系统接口。

3)终端产品说明:终端产品说明包括详细的终端产品建造以及编码需求。该说明详细描述了设计细节(如材料、尺寸),以及终端产品的建造、安装或者制造的质量。

4)终端产品接口说明:终端产品接口说明描述了行为和特征的详细建造和编码需求,该行为和特征是指终端产品与外部组成有联系的所有逻辑和物理接口的行为和特征,包括人-系统接口。

5)初始子系统说明:终端产品初始子系统说明提供了所需子系统的详细信息。

6)辅助产品需求:与支持辅助产品相关的需求,提供了所有辅助产品的细节。辅助产品为生命周期中的支持产品和服务,在生命周期内推动了终端产品的进程和运行使用。由于终端产品及其辅助产品是相互依赖的,因此辅助产品也可视为系统的组成部分。

7)产品验证计划:终端产品验证计划为终端产品提供了所有验证活动可视性所需的内容和深度。根据终端产品的范围,验证计划包含飞行硬件和软件在生产、接收、发射、运行和废弃过程中的验证活动。

8)产品确认计划:终端产品确认计划提供了所有确认产品对应于基线化的利益攸关者期望活动可视性所需的内容和深度。该计划区分了确认类型、确认程序和确认环境,以确保实现的终端产品与利益攸关者的期望相一致。

9)后勤和操作程序:系统可用的后勤和操作程序,描述了特定设计解决方案中诸如处理、运输、维护、长期存储和操作考虑等问题。

6.4.2 系统实现流程

系统工程方法的产品实现特点即是"理论与实际结合"。在系统工程方法的这一部分,产品实施、产品集成、产品验证、产品确认、以及产品移交这五个相互关联的过程最终形成了满足设计说明书和用户期望的系统。

产品将经历以下过程:产品的生产、获取、再利用或代码编制;集成到高一级别的组装中;按照设计说明书进行检验;按照用户需求进行验证;交付给系统的下一级。正如前文提到的那样,产品可以是模型与仿真、研究论文或建议,或者是硬件和软件。产品的类型和等级取决于所处生命周期阶段和产品的特定目的。但不论什么产品,都必须切实有效地使用上面所述的过程以确保系统满足既定的使用要求。

这项工作开始于技术团队从系统设计过程提取出输出以及交叉裁减功能的恰当使用,比如数据和构型管理,以及对制造、购买或重用分系统的技术估计。分系统实现后,它们必须按照特有的接口要求集成到适当的级别中去。利用技术评价程序检验这些产品以确保它们与技术数据包一致并且保证"产品的研制是符合要求的"。在一致性要求确认后,技术团队将按照用户的期望验证产品,以确保"符合要求的产品研制完成"。成功地进行验证后,产品被交付到系统的下一级。图 6.19 说明了这一过程。

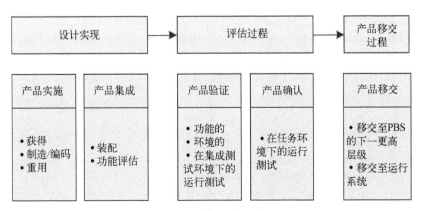

图 6.19 产品实现过程

产品实现是一个迭代的递归的过程。在生命周期的初期，产品的表现形式是图纸文件、模型以及仿真数据。随着生命周期的发展，系统趋于成熟，产品形式为硬件和软件，同样也使用这些流程。在最底层的集成过程中以及生命周期的初期发现错误和故障是很重要的，只有这样才能使设计过程中的更改对项目的影响最小。

1. 系统实施流程

产品实施是系统工程方法的第一步，它启动了由产品层级的底端向上直至产品移交过程的活动。在这个阶段，计划、设计、分析、需求分析以及制图将被转化为真实的产品。

产品实施用于产生一个项目或活动的特定产品，可以是通过购买、制作/编码，或重用先前开发的硬件、软件、模型，或研究产生适于该生命周期阶段的产品。该产品必须满足解决方案以及特定要求。

产品实施过程是将工程项目从计划、设计向可实现的产品转移的关键活动。根据工程特点以及其所处的生命周期阶段，产品可以是硬件、软件、模型、仿真、实物模型、研究报告或其他切实的成果。这些产品可以通过商业途径或其他供货途径购买而来，或从零开始生产，或部分或完全的重用其他的工程项目产品。在生命周期的早期应当通过"决策分析过程"决定采取上述策略中的一种或是几种策略的组合。产品实施流程见图6.20。

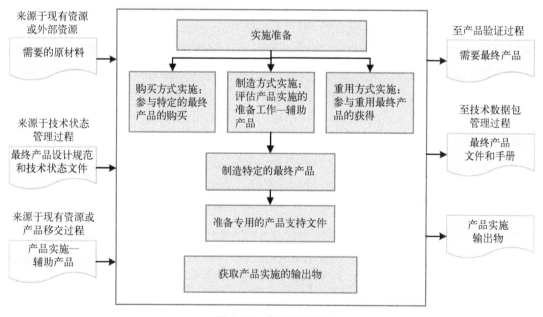

图 6.20 产品实施流程

（1）输入

产品实施活动的输入主要依赖于最终的产品是通过购买、从零开始开发、还是利用其他工程项目的部分或全部产品。

1）购买最终产品的输入：如果决定该工程项目部分或所有的产品通过购买获得，可从构型管理系统以及其他可使用的文件如系统工程管理计划中获得最终产品的设计说明。

2）制造/编码终端产品的输入：对于技术团队通过制造/编码获得的最终产品，输入是由该项目提供或者购买的构型控制的设计说明以及原材料。

3）重用一个最终产品所需要的输入：对于要重用其他工程所生产的部分或全部产品的终端产品，输入可以是与产品相关的文件，以及产品本身。应特别注意确保这些产品切实满足需求以及工程环境。这些将会是决定制造/购买/重用的决策分析过程所涉及的因素。

（2）关键流程活动

产品的实施可以采用以下三种形式中的一种。

1）购买，最终产品通过商业途径或其他供货商购买而来。

2）制造/编码

如果实施策略是制造或编码产品，技术团队首先应确保辅助产品是否做好准备。工作包括确保所有的零件可用，图纸完备、充分，软件设计完备且经过评审，切割原材料的机器可用，接口规范通过认可，操作员训练有素并可用，程序/过程已制定，软件开发人员训练有素且可用，测试夹具已经完成研制完成并具备使用条件，软件测试实例可用且具备模型生成的条件。

于是可以按照特定的需求、构型文件以及可用的标准开始产品的制造或编制。在此过程中，技术团队应该与质量机构协同工作，评审、检查以及讨论工作进展和团队内的状态，以及适当地参与更高级的管理工作。技术规程中应当记录工作进展。可以通过同行评审、审计、单元测试、代码检查、仿真校验以及其他技术以确保制造产品或编制的代码具备进行验证过程的条件。

3）重用

如果采取重用已有产品的策略，必须确保产品可用于这个项目，满足其特定的用途及其使用环境。这是决定采取制造/购买/重用决策的因素之一。

技术团队应当评审重用产品提供的技术文件，以便能完全熟悉其产品，从而确保产品能满足指定工作环境下的使用要求。技术文件应当包括任何支持手册、图纸或其他可用文件。

一个重用的产品与购买或制造的产品一样，需经历大量的验证和确认过程。如果产品的验证和确认文件满足当前项目的验证、确认要求，并且文件能说明产品的验证和确认是按照要求进行的，那么可以考虑依靠之前的验证和确认结果。产品重用对项目成本的降低并不是因为减少了测试工作，而是降低了产品因不能通过测试而需要重新生产的可能性。

2. 产品集成流程

产品集成是系统工程方法"产品实现"过程的一步。在这个过程中，低一级别的产品装配为高一级别的产品，并通过检查以确保集成产品的功能。产品集成是引导已实现的产品从低级别向更高级别的终端产品过度的一个要素，它介于产品实施、验证与确认过程之间。

产品集成过程的目的是将较低级别的产品或分系统（例如产品元件、零件、组件、分系统或操作任务）系统性地集成为更高一级的产品，确保集成产品的功能正常，并交付产品。系统层级的每一级都需要产品集成。与产品集成相关的活动发生在整个产品生命周期中，包括所有的增加的步骤，包括以及相应级别的测试，这对于完成产品装配以及确保顶层产品测试顺利实施是必要的。产品集成过程通常开始于分析和仿真（例如，各种各样的样机），经历越来越多的可实现的功能增加，直到获得最终的产品。在每个连续的制造过程中，样机模型相继建立、评估、改进，然后根据评估过程所得的知识重新构建模型。虚拟样机的级别取决于设计工具的功能、产品的复杂程度以及相关风险而建立。以此种方式集成的产品,通过验证和确认的概率很高。对于一些产品来说,当其部署在其设计的操作地点时,才开始最后阶段的集成工作。如果在产品的验证和确认测试阶段发现了任何不一致,应当一一解决。

产品集成过程不只用于硬件和软件系统,也用于面向服务的解决办法、需求、说明、计划以及概念。产品集成的最终目的是确保系统各元素如整体一样发挥作用。产品集成流程见图 6.21。

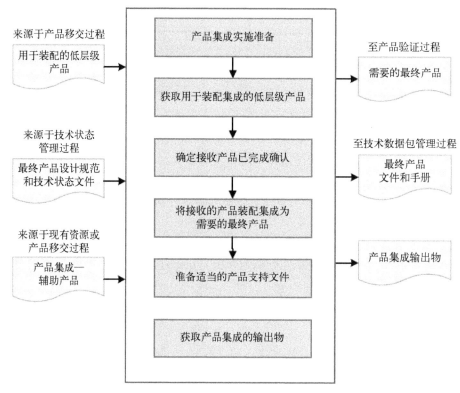

图 6.21 系统集成流程

3. 产品验证流程

产品验证流程是在一个已实现的最终产品上执行的第一个验证、确认过程(图 6.22)。作为贯穿整个系统工程一般技术过程的事物,一个已实现的产品应当是由产品实现过程或者产品集成过程提供,且具备合适的形态,以满足相应生命周期阶段的成功判定标准。"实现"是验证、确认以及将实现的产品向更高级别系统结构甚至可移交用户水平过渡的行为。简单地说,产品验证过程回答了一个关键问题:最终产品是否已正确实现? 产品确认过程也阐明了同样的关键问题:正确的最终产品是否已实现?

验证证明了系统结构中用于任意系统模型的已实现产品均满足建造要求(用于软件元素)、实现说明以及设计说明文档(对于硬件组件、手工程序或由硬件、软件及手工程序形成的相应产品而言)。

《NASA 系统工程手册》对产品确认和产品验证的区别进行详细的阐述,NASA 认为

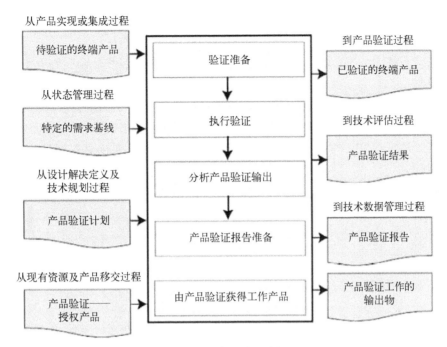

图 6.22 产品验证流程

"从过程的角度来看,产品验证和确认在本质上是相似的,但是其工作目的有根本区别"。

《NASA 系统工程手册》中对于产品验证和确认的概念延续了 ANSI/EIA-632 标准中的概念,同时,在 SAE ARP 4754A 中也有明确定义,在航空领域的工程实践过程也充分体现了这个过程。

空客(Airbus)公司的产品验证和确认流程对两者的区别也给出了具体的描述。

(1)产品验证的目的是用来表明每一层级的实施满足了其规定的需求。验证过程确保了系统实现满足已确认的需求,验证包括依照验证计划进行的检查、评审、分析、试验和运营经验。产品验证活动应当输出产品验证证据,图 6.23 为空客的产品验证证据的示例。

Requirement Document										
Name:		Ref:		Issue:						

Product Verification Matrix										
Requirement ID	Requirement statement	Verification method	Verification means	Verification milestone	Standard	Verification scope	Verification request ref.	Verification evidence ref.	Comments	Status
AF-AN-FRD-FP005-2	The XXY shall provide a means to enter and visualise information relative to navigation on the selected airport	Review	Design Review	CDR	NA	All	Verified	Design review calling notice	Review minutes xxx	
AF-AN-FRD-FP014-1	The same update of DBs shall be shared by both pilots.	Review	Design Review	CDR	NA	All	Verified	Design review calling notice	Review minutes xxx	
AF-AN-FRD-FP104-1	When the a/c is not in the coverage volume of the selected airport, the airport map shall not be displayed.	Test	Nav Bench	First Flight	S2	Sample of 10 airports	Verified	LTR YYY	Test Report (TRA) XXX	

图 6.23 空客的产品验证证据(产品验证举证)

（2）产品确认活动旨在证明产品满足用户的需求，即在一系统操作或服务场景中，它可以完成特定的操作功能。它与产品验证的区别在于，产品确认活动不是基于某个需求文档中的明确的需求，而是更多地关注产品使用的运行视图。产品确认在达到产品的成熟度和鲁棒性方面起着重要作用。产品验证基于证明产品符合明确的需求，这些需求把用户的需要分解成若干条离散的陈述。产品确认是关于产品如何通过一个有用的服务或功能向终端用户提供服务。产品确认活动可以由客户代表或产品制造单位的人员以客户的立场执行。在程序文件中应当定义与客户约定的确切的规则。图 6.24 为空客的产品确认活动示例。

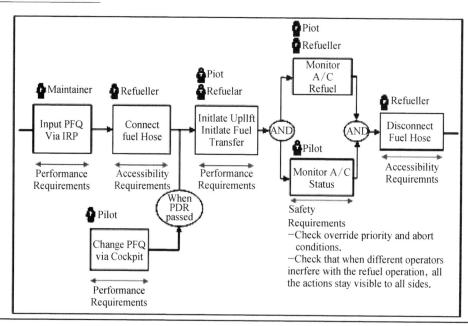

图 6.24 空客产品确认活动示例

4. 产品确认流程

产品确认流程是在所实现的终端产品上执行的第二个验证与确认过程（图 6.25）。验证证明"系统是否正确地完成"，确认则证明"是否完成了正确的系统"。换句话说，验证提供了符合每个"应该"要求的客观证据，而确认是为满足客户或用户的利益而执行的，是确保在指定的环境中，系统功能可以达到期望的状态。通过在结构的每一层级上检查系统产品可以做到这一点。

确认确保在系统结构内任何位置实现的最终产品满足 ConOps 中用户的期望，并确保在确认中发现的任何异常可以在产品交付之前恰当地解决。这部分讨论了过程活动、确认类型、输入和输出以及潜在缺陷。

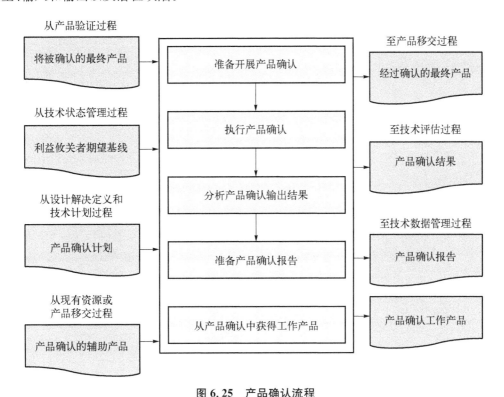

图 6.25 产品确认流程

5. 产品移交流程

产品移交流程用于将由产品执行或产品集成生产出的经过验证或检验的终端产品移交给系统结构中下一级的客户，可适用于集成进终端产品，或对于顶级终端产品，移交给指定的终端用户（图 6.26）。被移交产品的形式由产品线生命周期阶段成功完成的标准和在 WBS 模型的系统构架中产品退出（任务结束）的位置决定。

产品移交发生在生命周期的所有阶段。在早期阶段，技术团队的产品是文档、模型、研究以及报告。随着工程生命周期进展，这些纸制的或软的产品在执行和集成过程中被变换成满足用户期望的硬件或软件。它们在产品的生命周期中的会以不同严格程度进行重复。产品移交过程包括从系统结构一个级别向更高级别的产品移交。产品移交过程是产品实现过程的最后阶段，并且它是系统的一个级别到下一个较高级之间的桥梁。

产品移交流程是架起从一个活动、分系统或元素到整个工程系统之间的桥梁的关键。

随着系统开发接近完成,产品移交过程又用到了终端产品上。由于现在的转移目标是将系统级的终端产品交付给用户,要求更严格。依赖于系统开发的种类和类型,这可能涉及一个中心或整个航天局,并影响很多单个存储、处理、运输经过多阶段的终端产品;准备用户需要的场地;培训运行和维护人员;适当的安装和维护。例如,将外贮箱、固体火箭助推器、以及轨道器转到肯尼迪航天中心(Kenedy Space Center,KSC)进行集成和飞行的移交过程。

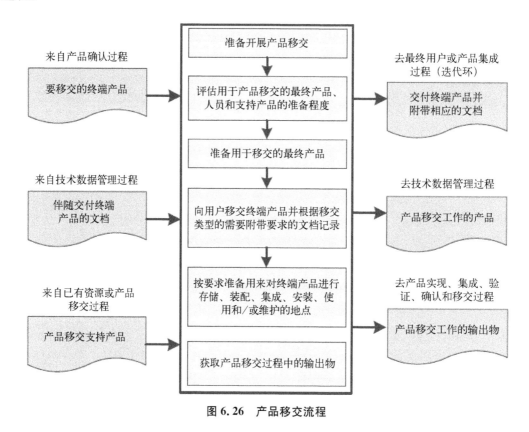

图 6.26 产品移交流程

6.5 NASA 系统工程技术管理

技术管理流程是项目管理和技术团队之间的桥梁(图 6.27)。在 SE 引擎中,其 8 个组成流程将综合起来,使设计解决方案得以实现。即使每个技术团队成员可能没有被直接包含在这 8 个流程中,他们也会间接地被其中的关键功能所影响。技术团队的每个成员都依靠技术计划,需求管理、接口、技术风险、构型和技术数据,技术估计,为满足项目目标而进行的决策分析。没有这些流程,单独的成员和任务不能被集成为具有某项功能的系统,使得该系统在成本与进度范围内满足运行方案(ConOps)的要求。项目管理团队也利用这些剖析功能对分配的任务执行项目控制。

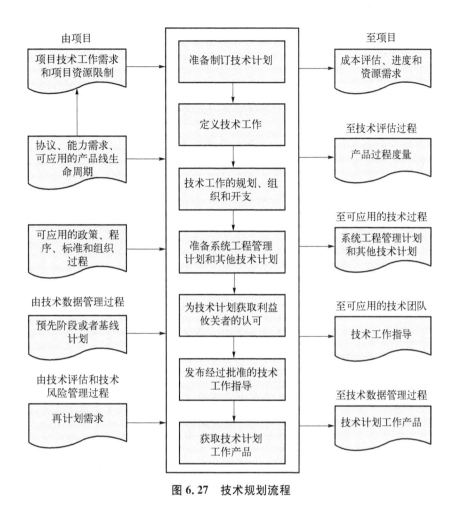

由项目
项目技术工作需求和项目资源限制

协议、能力需求、可应用的产品线生命周期

可应用的政策、程序、标准和组织过程

由技术数据管理过程
预先阶段或者基线计划

由技术评估和技术风险管理过程
再计划需求

准备制订技术计划

定义技术工作

技术工作的规划、组织和开支

准备系统工程管理计划和其他技术计划

为技术计划获取利益攸关者的认可

发布经过批准的技术工作指导

获取技术计划工作产品

至项目
成本评估、进度和资源需求

至技术评估过程
产品过程度量

至可应用的技术过程
系统工程管理计划和其他技术计划

至可应用的技术团队
技术工作指导

至技术数据管理过程
技术计划工作产品

图 6.27　技术规划流程

　　技术管理工作开始于预 A 阶段早期技术团队所进行的计划。伴随该早期细致的基线计划,技术团队成员将了解到每个成员的角色和责任,同时项目也将建立其计划成本和进度的目标。通过这些工作,系统工程管理计划(SEMP)将被开发并形成基线。一旦系统工程管理计划已经建立,则其必须与项目总计划和进度同步。此外,也对建立和执行所有技术合同工作的计划进行了甄别。

　　技术管理过程是一个反复迭代的过程。在生命周期的初期,建立(技术管理)计划并与设计和实现过程同步。随着在生命周期中系统逐渐成熟和进步,这些计划必须按照需要进行更新,反映当前的环境和资源,以实现对项目性能、成本和进度的控制。至少应在每个关键决策点对计划进行更新。然而,如果项目在某些方面发生了重大变化,例如,新的利益攸关者需求、资源调整或其他约束,则必须对所有的计划进行分析,考虑这些变化对已形成基线的项目所带来的影响。

　　通过投入大量时间来研究技术产品的分解结构、技术进度、技术流程图、技术资源需求和约束(资金、预算、设施和长期牵引项),充分理解技术工作的范围,并进行计划。

　　1) 定义所有的接口,并针对每个组织、组织间以及组织内部分别指定接口功能和责任,其中包括理解可能的差异、定义交接过程。

2）构型控制对于理解改动如何影响系统十分关键。例如，设计和环境的改变有可能使得先前的分析结果无效。

3）里程碑评审能够进行关键有价值的评估。这些评审并非用于满足合同或进度。评审具有特殊的入口准则。只有当这些入口准则都满足时，才能进行评审。

4）了解会对分析结果带来影响的任何偏见、假设和约束。

5）将所有的分析都纳入构型控制范围，以跟踪变化带来的影响，并了解这些分析何时需要重新进行评估。

1. 技术计划

作为系统工程引擎中 8 个技术管理流程的第一个，技术计划流程建立了一个应用和管理每个通用技术流程中系统产品和相关产品研发的计划。在这个过程中也建立一个用于识别、定义为满足项目目标和生命周期各阶段的费用、进度和项目风险约束等要求所需技术工作的计划。

2. 需求管理

需求管理活动适用于所有利益攸关者期望、用户需求以及产品技术需求，甚至到最底层的产品组件的需求管理，需求管理流程如图 6.28 所示。

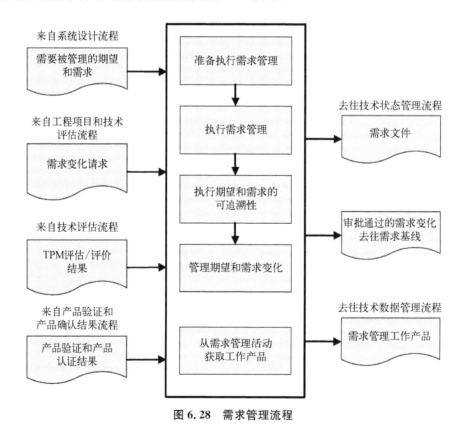

图 6.28　需求管理流程

需求管理流程包括管理产品生命周期中所有相对期望和需求基线的变化，并维持投资者期望、用户需求、技术产品需求、产品部组件需求、设计文档以及测试计划和步骤之间的双向可追溯性。成功的需求管理包括如下几个关键活动：

1）为需求管理活动制定一个计划；

2）接受来自系统设计过程的需求，并使用分层树状结构对其进行组织；

3）建立各种需求之间的双向可追溯性；

4）针对投资者期望、任务目标和约束、运行管理目标以及任务成功标准进行需求确认；

5）定义对每个需求的验证方法；

6）给需求打基线；

7）对项目生命周期中所有打过基线的需求的变更进行评定，经委员会批准后进行更改；

8）维护需求、操作概念和建造/设计之间的一致性，消除矛盾。

3. 接口管理

接口的管理和控制是成功的计划或工程必不可少的。当由不同单位（例如，政府、承包商、不同区域的技术团队）合作完成一项产品的开发或保持产品各部分之间的匹配性时，接口管理将提供帮助[34]。

接口管理的目的是在所有的相互联系的系统元素间达到功能的和物理的兼容。接口是一个区域与另一个区域间的任何边界。它可以是认知的、外部的、内部的、功能性的或物理的。接口可以是系统内（内部）以及两个系统间（外部），本质上可能是功能的或物理的（例如，机械的、电的）。接口要求应在《接口需求文件》（*Interface Requirements Document*，IRD）中提出。在制定 IRD 时，应该特别注意对接口要求的定义并避免详细制定设计解决方案。IRD 的最终形式是接口控制文件（Interface Control Document，ICD），该文件中描述接口要求的具体实施。接口控制计划描述了 IRD 和 ICD 管理过程。接口控制计划提供了定义以及接口间的不兼容性的解决办法，并判定接口设计变化的影响。

接口管理工作应当开始于研制工作早期，此时，接口要求可能受到所有工程学科的影响，并且凡是恰当的接口标准都可以被援引。这将持续整个设计和检验检查过程。在设计过程中，重点是确保接口规范的文档化，并且有效传递。在系统元件的检查阶段，在装配之前和装配布置过程中，重点是验证接口的执行。在产品集成过程的活动中，控制接口基线以确保系统元件设计更改对与其接口的其他元件的影响最小化。在试验或其他确认和验证活动中，多个系统元件作为集成的分系统或系统被检查。下面提供了关于这些任务的更多细节[35]。接口管理流程如图 6.29 所示。

（1）接口定义

大量的集成问题来自未知的或不受控制的接口方面。因此，系统和分系统的接口应该在开发工作的早期尽可能早地定义。接口规范应准确给出逻辑的、物理的、电的、机械的、人的以及环境参数。系统内的接口是分系统开发者首先要考虑的设计要素。接口可以是继承之前的研制工作成果，也可以按照规定的学科或技术标准开发而来。只有当理由足够充分时才建造全新的接口。接口规范应当对照接口要求进行验证。典型的输出物包括接口描述、接口控制文件、接口要求以及规范。

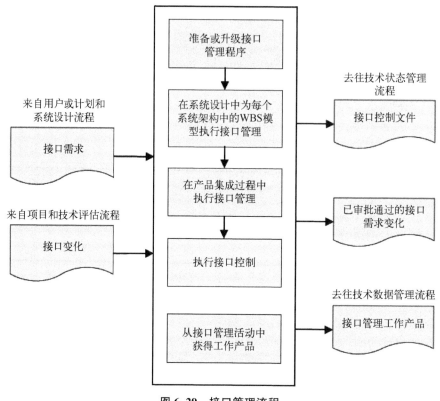

图 6.29　接口管理流程

（2）验证接口

在验证接口时,系统工程师必须确保系统或分系统中每个元件的接口是受控的,并被开发者知悉。此外,确实需要更改接口时,必须至少为对其他接口元件可能产生的影响做出评估,并传达给受影响的开发者。尽管所有受影响的开发者都是需要更改的队伍的一部分,但是仍需在容易获知的地方注明这些更改,这样所有人都知道目前的接口状态。典型的输出物包括接口控制文件和特别报告。

在对仿真局限进行了较好的描述,且满足操作环境特征和接口验证行为要求的情况下,验证硬件和软件接口时使用仿真方法是可接受的。集成计划应当对仿真的应用范围做出特别说明。

4. 技术风险管理

技术风险管理是剖析技术管理过程的一个重要组成部分。风险被定义成以下的组合:① 一项计划或工程经历非预期事件的概率;② 非预期事件发生将带来的结果、影响和严重程度。非预期事件可能源自技术的或计划的因素(例如,费用超支、进度延误、安全事故、健康问题、恶意行为、环境影响,或在完成科学或技术目标过程中失效,或成功的评价标准不同)。概率和结果都具有不确定性。技术风险管理是一个有组织的、系统的风险告知决策学科,通过主动开展识别、分析、策划、追踪、控制、沟通、归档来管理风险,增加任务成功的概率。技术风险管理主要关注任务目标、为风险管理决策提供分析基础并进行后续的管理活

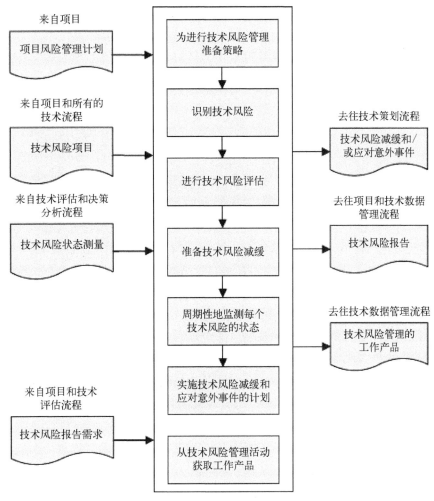

图 6.30　技术风险管理流程

动,以及处理不确定性的一个框架。技术风险管理流程如图 6.30 所示。

（1）技术风险管理的几个关键概念

1）风险：风险是指在规定的费用、进度以及技术约束内完成所有任务目标的不可能性,有两部分组成：① 不能完成某一特定目标的概率；② 不能实现该目标所带来的后果和影响。

2）成本风险：是指与实现生命周期内的成本目标并确保一定资金安全相关的风险。主要受两个方面的影响：① 成本评估和成本目标不够准确、合理；② 由于项目执行不能处理成本、进度以及性能风险失误造成的影响。

3）进度风险：是指与开发、生产、执行和运作所做的时间评估和时间分配的充裕性相关的风险。主要受两个方面的影响：① 进度评估和目标设置不现实、不合理造成的风险；② 由于经费、进度或性能风险处理失误导致的计划执行不符合进度要求。

4）技术风险：与影响系统性能的设计演变和系统产品相关的风险,是满足利益攸关者期望和技术需求所必要的。设计、测试以及生产过程（过程风险）将影响技术风险以及各种级别的产品分解结构（产品风险）中所描述的产品属性。

5）计划风险：这是与来自工程项目以外的活动或未能开展的活动相关的风险，项目经理对此没有控制权，但该风险确实会对项目本身造成重大影响。这些影响可由技术、成本、计划或进度体现出来。如以下活动均会给工程项目造成重大影响：国际军火贸易规则、进出口控制、与国内外机构的合作协议、国会意向和拨款用途、管理和预算办公室意向、工业承包调整以及外部组织机构变更等。

6）危险和风险：危险和风险是有区别的。危险代表了潜在的伤害，风险不仅要考虑潜在的伤害还要考虑导致不利后果的情景（scenarios）以及这些后果出现的可能性。从安全角度讲，风险考虑的是非预期后果出现的可能性。

7）概率风险评估：概率风险评估是基于情景的风险评估技术，主要是将各种非预期情景及其后果发生的概率进行量化，并将这种似然性的不确定性进行量化。传统上，设计部门主要间接依赖诸如系统冗余和系统级可靠性计算来实现。部分原因是直接量化实际的安全性影响存在无法克服的困难。依靠对目标的逐层分解，可被用来量化技术性能测量（technical performance measurements，TPMs），这与基本的目标非常接近[例如，人员伤亡概率（P(LOC)）]。概率风险评估主要关注综合场景集的开发，这些场景集直接使用导致风险的关键因素和间接相关因素。除了最简单系统，其他系统都要求使用模型来获得重要的系统场景、评估后果、系统的量化场景概率。这些模型主要包括：可靠性模型、系统安全性模型、仿真模型、性能模型以及逻辑模型。

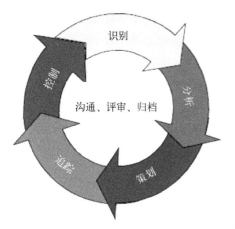

图 6.31 持续风险管理

（2）技术风险管理中持续风险管理的作用

持续风险管理（continuous risk management，CRM）是 NASA 广泛使用的一种技术，监测和控制风险贯穿于整个生命周期。它是一个迭代的自适应过程，促进风险的成功处理。范例中的每一步都建立于前面的步骤之上，从反馈信息中获得设计和工艺的改进。图 6.31 体现了 CRM 自适应的特征。

下面对 CRM 进行简单的综述，仅供参考：

1）识别：通过识别具有不利后果的场景来识别整个计划的风险（偏离计划目标）。CRM 强调与安全性、技术性能、成本、进度，以及计划等与项目有关的其他风险。

2）分析：通过分析评估风险的可能性和结果，包括可能性和结果的不确定性，以及在规定的完成风险减缓活动的时限。

3）策划：策划跟踪和控制措施。确定要跟踪什么，确定纠正措施的门限，提出风险控制措施。

4）跟踪：跟踪与 TPMs 相关的可观测量（性能数据、进度变量等），衡量计划的性能与策划的差距。

5）控制：对于突发的风险问题，执行适当的控制活动并验证它的有效性。

6）沟通、评审并归档：这是前面各步骤的组成部分。在计划的每个阶段对风险信息进行交流和沟通。将风险、风险控制策划以及终止/接受的基本原则文档化。对决策的评审贯穿于 CRM 的整个过程。

5. 构型管理

构型管理(configuration management)是应用于产品生命周期的一个管理学科,以观察和控制性能、功能以及物理特性的变化。构型管理确保产品的构型已知并且反映在产品信息中,任何产品的变化都是有利的并且不会产生不利的影响后果,从而保证各种变化得以管理。构型管理过程如图 6.32 所示。

构型管理通过确保正确的产品构型降低技术风险,区别产品的版本,确保产品与有关产品的信息的一致性,避免遭遇利益攸关者不满意和抱怨的困窘。NASA 采用 ANSI/EIA 649 中定义的构型管理原理和由 NASA 构型管理专业人员定义并经 NASA 管理部门批准的 NASA 执行方法。

当用于复杂技术项目的设计、制造/装配、系统/子系统测试、集成、运行和维护活动时,构型管理代表企业结构的"骨架"。它逐渐灌输着规章制度的意识并保持产品属性和文档的

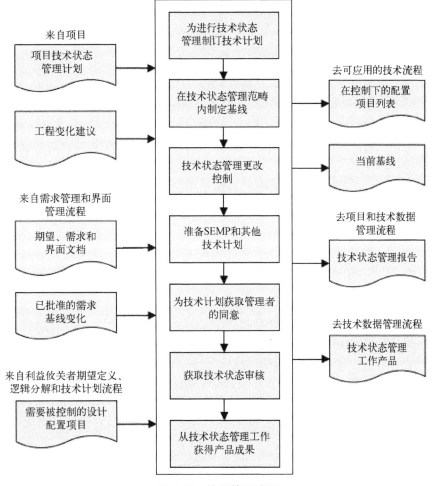

图 6.32 构型管理过程

一致。构型管理通过技术努力使得所有的利益攸关者在产品生命中任何给定的时间都能够使用用于开发活动和制定决策的同样的数据。构型管理原理用于保持文档与已确认的工程的一致性，并确保产品符合已经确认设计的功能和物理的需求。

构型管理有 5 个关键活动：

1）构型计划和管理；

2）构型识别；

3）构型变更管理；

4）构型纪实；

5）构型验证。

（1）构型计划和管理

构型管理计划开始于项目或工程的开端。构型管理办公室必须针对构型管理工具或构型管理对承包商的监督，仔细衡量优先资源的价值。尽管中央构型管理组织（Center Confibuation Management Organization，CCMO）进行检查时，需要花费资源和时间，但是在失去构型控制之前，对系统的构型管理问题进行纠正总比在项目/工程中因为不正确的或者错误识别零部件而导致严重的问题发生之后再进行解释要好。

（2）构型识别

构型识别是选择、组织以及陈述产品属性的系统化的过程。对一个产品和构型文档进行识别需要独特的识别人。与识别相关的构型管理活动包括选择构型项（configuration items，CI），决定与构型项相关的构型文档，决定适当的变化控制权限，发布用于构型项和构型项文档的独特的标识符，发布构型文档并建立构型基线。NASA 有四个基线，每一个基线都定义了产品设计进行中的一个不同的阶段。基线及时指出了构型项在某一点上已经获认可的属性的描述，并提供了一个已发布、变化已知的构型。符合（文档）构型项属性描述的定义就可以建立基线。已获批准的"当前的"基线定义了随后的变化。系统规范遵照系统需求评审被最后确定下来。功能基线在系统设计评审处建立并同时转移给 NASA 控制。

构型管理的四条基线通常如图 6.33 所示。

1）功能基线：功能基线是已经通过审批的技术状态文档，用以描述一个系统的或顶层的构型项性能需求（功能性的、互操作性以及接口特征）和为了显示达到那些特定的特性所需要的验证。功能基线由 NASA 控制。

2）分配基线：分配基线是已批准的面向性能的技术状态文档。该文档描述了从一个上一级需求文档分配到的待开发 CI 的功能和接口特性，或者是 CI 和显示已经达到那些特定的特性所需要的认证。对于 CI 的初始制造或编码，分配基线是将功能基线的顶级性能需求扩展到足够详细的程度。分配基线通常由设计组织控制，直到所有设计需求已经被验证。分配基线是在成功地完成初步设计评审时被建立的。在关键设计评审之前，NASA 通常通过不断地传递工程数据，检查设计输出是否符合设计需求。NASA 通过检查数据条目之类的工程交付物来控制分配基线。

3）产品基线：产品基线是被认可的技术文档，用于一个构型项在其生命周期中生产、部署以及运行支持阶段中的构型。建立的产品基线像在阶段 A 中被开发的技术状态管理计划中一样被控制。产品基线在关键设计评审被完成时被专门建立。

4）拓展构型基线：拓展构型基线发生在运行准备评审。在这点上，设计被认为是功能完善的并准备飞行。所有的变化已经被反映到文档中。

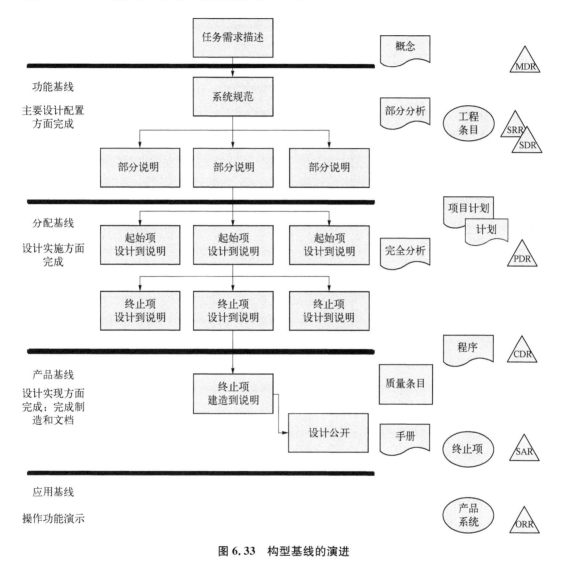

图 6.33　构型基线的演进

MDR——任务定义评审；SRR——系统需求评审；SDR——系统设计评审；PDR——初步设计评审；CDR——关键设计评审；SAR——系统装配评审；ORR——运行准备评审

6. 技术数据管理

技术数据管理程序用于支持系统全生命周期技术类数据的计划、获取、存储、管理、维护和使用。正如 NPR 1441.1《NASA 记录保存计划》所要求，数据管理包含除系统报废之外的相应技术数据（包括任务与科学方面）的开发、部署、运用和支持，以及最后的废弃和归档。

数据管理如图 6.34 所示，系统工程中数据管理的关键方面包括：

1）用于数据识别和控制的策略和过程的运用；

2）获取技术数据的及时性和经济性；

3）确保数据充分且受控；

4）简化使用端对数据的访问和分发；

5）数据使用分析；

6）评估未来计划/项目有价值的数据；

7）写入软件遗产的信息访问过程。

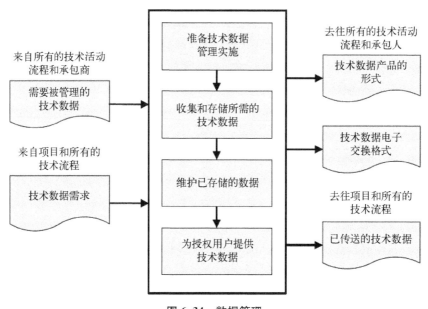

图 6.34　数据管理

7. 技术评估

技术评估是在定期技术评审（periodic technical reviews，PTRs）中为帮助监控计划/项目的技术过程而采用的分析过程。它同时提供了用于支持系统设计、产品实现和技术管理决策评价的状态信息。

典型的技术评审活动包括：① 识别、计划并执行分阶段的技术评审；② 建立每个评审的目的、目标、入口和成功标准；③ 建立评审团队的组织架构；④ 识别并解决由评审生产的行动项。《NASA 系统工程手册》总结了在计划/项目中执行的典型技术评审的类型以及这些评审在支持决策过程中的作用。

1）项目/系统需求评审：用于保证计划需求正确阐述并与机构和任务的主管战略目标相符。

2）项目/系统定义评审：对提议的计划结构直到系统功能元件的流动进行审查，对提议的计划目标和为实现目标的概念进行评价，对关键技术和其他风险进行确认和估计，对基础计划规划、预算和进度进行介绍。技术团队提供支持项目/系统定义评审的技术内容。检查提交的计划体系结构和系统功能元素的分解。

3）任务概念评审：要确认任务需要，并对提出的任务目标和满足目标的方案进行审查。它是通常发生在系统开发认知组织内的一种内部评审。任务概念评审应该在进入概念开发阶段(阶段 A)之前完成。

4) 系统需求评审：主要检查为系统定义的功能和性能要求,以及初步的计划/项目策划,确保要求和选择的方案满足任务要求。系统需求评审在方案设计阶段(阶段 A)执行,并先于系统定义评审或任务定义评审执行。

5) 任务定义评审：仅针对机器人项目,主要检查提出的要求、任务体系结构及其向所有任务功能单元的流向,以确保总的方案是完整的、可行的,并与可用的资源匹配。任务定义评审在方案设计阶段(阶段 A)执行,在概念研究阶段(预 A 阶段)完成之后,在初始设计阶段(阶段 B)之前。

6) 系统定义评审：仅针对载人航天项目,检查所提出的系统体系结构/设计以及对系统的所有功能元件的分解。系统定义评审发生在概念开发阶段(阶段 A)的末期和初步的设计阶段(阶段 B)开始前。

7) 初步设计评审：说明了初步的设计能够在成本和进度限制内满足所有的系统需求,风险可以接受,并建立了开展详细设计的基础。它将表明已经做出了正确的设计选项、接口已经被确定、大约 10％的工程制图已经被实施以及验证方法已被描述。初步设计评审在初步设计阶段(阶段 B)将要完成时开展,是策划阶段的最后一个评审。

8) 关键设计评审：目的是证明设计的成熟度是适用于支持进行全比例的制造、装配、集成以及测试,同时为了在已确认的成本和进度内满足任务执行要求,正在通过技术工作以完成飞行和地面系统的开发和任务实施。大约核准并发布了用于制造的 90％的工程制图。关键设计评审发生在最后的设计阶段(阶段 C)。

9) 制造准备性评审：被用于飞行系统和地面支持(FS&GS)工程的开发,或是获取多个或相似的系统,数量超过三个或者项目所确定的数字。制造准备性评审决定了系统开发者的准备状态以有效地生产所需数目的系统。它保证了生产计划、辅助产品的制造、装配以及集成;以及人员就位并准备开始生产。制造准备性评审在最后的设计阶段(阶段 C)进行。

10) 系统集成评审：确保系统已准备好进行集成。零件、部件以及子系统都已齐备,并准备集成到系统中。用于集成的集成设施、支持人员、集成计划和程序都准备完成。系统集成评审在最后的设计阶段结束后(阶段 C)和系统装配、集成和测试阶段(阶段 D)开始前执行。

11) 测试准备性评审：确保用于测试和数据获取、缩减以及控制的测试文档(硬件/软件)、测试设施、支持人员以及测试程序都已准备完成。测试准备性评审在验证或确认测试开始之前进行。

12) 系统接受评审：检验了与期望的成熟度水平有关的特定终端产品的完备性,评定是否符合用户期望。系统接受评审检查系统,仅包括其终端产品、文档、测试数据和支持验证的分析。它同时确保系统具有充分的技术成熟度以便将其运输到指定的操作设施或发射场。

13) 操作准备性评审：检查实际的系统特性以及系统或终端产品运行中使用的过程,并确保所有的系统和支持(飞行和地面)硬件、软件、人员、程序以及用户文档精确地反映了系统的使用状态。

14) 飞行准备性评审：检查测试、验证、分析并审核,这些确定了系统已经为安全和成功的飞行或发射以及后续的飞行操作做好了准备。它也确保了所有的飞行和地面硬件、软件、人员和程序都已准备就绪。

15）发射后评估评审：是对航天器系统在轨部署后的评审，用于评估航天器系统是否做好了开展全部的、日常操作的准备。根据自发射以来的飞行操作经历，评估项目的状态、性能和能力。这也表示了责任已经从开发组织转移到运行组织。评审也评价了工程计划的状态以及执行任务的能力，强调了近期的操作和任务关键事件。这个评审一般情况下在完成早期的飞行操作和初始的检查后进行。

16）关键事件准备状态评审：是为了确认飞行期间执行关键事件任务的准备是否就绪。

17）飞行后评估评审：是在飞行后对飞行任务进行评估。评审对飞行任务期间的所有异常情况进行鉴定，并确定在未来飞行中可以进行的改进和异常情况的解决办法。

18）任务终止评审：确认了系统任务结束的决定，并对系统安全终止和系统资产销毁的准备状态进行了评估。任务终止评审通常在完成计划任务的例行任务结束时进行。当出现计划外事件要求提前终止任务时，任务结束评审可以提前；或者当运行周期延长以允许额外的研究时，任务终止评审也可以延后。

8. 决策分析

决策分析为个人、组织指明了制定决策的方法，并且阐述了以数学方法将决策问题建模、以数值方法求解优化决策的技巧。决策模型有能力接受并量化人的主观输入：如专家的判断以及决策制定者的喜好。模型的执行既可以采取简单的纸-笔推演的形式，也可以是较复杂的计算机程序（通常称为决策辅助系统或决策系统）。这种方法较为宽泛，而且必须使之与所考虑的问题相适应。通过以下手段对问题建模：甄别各种抉择，必须决定优先其中哪一个；甄别可能的事件，其中某个事件会随后发生；甄别导致的各类后果，由决策与事件综合考虑得到。决策的制定贯穿于整个计划或项目的生命周期之中，通常由具有一定组织层次且权力日益互补的小组、委员会、团队做出，在此体系中所做出的每一项深入细化的决策，都会受到下一级机构所做设想的影响。并非所有的决策都需要正式的流程，但是，为那些确实需要正式流程的决策确定一个流程也是很重要的。重要的决策、支持信息（如做出的假设），工具以及模型必须完整归档，这样新的信息可以纳入并评估，过去的决策可以在连贯的背景下研究。决策分析过程提供了这样一个迭代环境，并贯穿于工程的整个生命周期。

决策分析过程的一个重要方面是考虑并理解何时需要（或适合）做或不做决策。当考虑决策时，问这样的问题是很重要的：为什么这时需要做决定？ 一个决策能推迟多长时间？如果推迟做决策有何影响？ 做出决策所必需的信息都齐全了吗？ 在做出决策之前，是否还有关键人物、独立因素或标准需要到位？

该过程的输出结果能够帮助决策者应对其艰巨任务：在没有完备知识的情况下，在各种相互竞争的选项之间做出抉择。因此，对任一工具、方法的局限和前提加以理解和证明，并在各种可行选项间做取舍时将其与其他影响因素融合，就显得尤为重要。

在项目生命周期的初期，就需要做出一些关于使用何种技术的顶层决策，例如推进系统是采用固体火箭还是液体火箭。在设计上的各项备选方案尚未明确细化到组件级之时，就应确定关于系统运行的设想、各种可能性及相应后果。一旦做出顶层决策，系统工程流程就在更深入的设计环节上启动，然后贯穿至整个系统。每个更为深入细化的决策都会受到之前一级所做出的假设的影响,例如,固体火箭的具体设计受到其运行场景设想的约束,而此设想由选择了该设计方案的决策环节所作出。这是决策系统中不同要素之间的一个交互过程。同样是在工程生命周期之初,技术团队就应确定在工程后续阶段中支撑决策系统所需的数据及信息产品的类型。然后,技术团队应着手设计、开发或是寻求模型、仿真及其他能给决策者提供必要信息的工具。本章讨论了在工程生命周期的不同阶段内,如何应用不同等级、不同类型的分析方法。

决策是基于事实、定量与定性数据、工程判断以及开放性的交流而做出,以便在具有一定层次的讨论会内部促进信息的流动。讨论会提出技术分析意见、加以评估,并做出决策。所要求的技术分析和评估的程度,应与需要决策的议题的后果相称。开展正式评估所要求的工作并非无关紧要,其适用性必须以待解决问题的本质为基础。关于应用的指导方针可根据待制定决策的各种可能后果的影响程度来确定。

例如,根据对任务成败、飞行安全性、费用、进度的影响,由风险得分表推出的推理表可用于对不同的适用性水平赋值,然后由决策机构确定使用时的实际门限值。

对于有若干个备选方案或是需单独进行评估的选项而言,必须要选定决策标准。典型的决策标准包括费用、进度、风险、安全性、任务成功标准以及可支持性。另外,还应该包括与待定决策相关的技术标准。标准应是客观的、可度量的,且允许因选项而异。一些标准可能对于决策是无意义的,但是,鉴于它们曾纳入考虑范围,也应将其记录下来。要把强制性(如"必须具备")标准和其他标准("最好满足")甄别开来。如果强制性标准不能满足,则应该忽略相应的选项。对于复杂的决策,标准应该按照不同的种类或目标进行分组。

对选定的决策标准进行排序,可根据标准的重要性为每一条标准分配权重,并且需要各利益攸关者对标准权重达成一致,最后形成决策矩阵,示例如表 6.5。

表 6.5 决策矩阵示例

决策矩阵 (以电池为例)			在此输入计分	旧电池 延寿	购买新 电池	通过各种 试验采集 试验数据	取消 试验
标准	强制性 (Y=1/N=0)	权重	等级				
任务成败(得到 试验数据)	1	30%	3:支持性最好 1:支持性最差	2	3	3	0
选项平均成本	0	10%	3:支持性最好 1:支持性最差	1	2	3	1
风险(选项总风 险)	0	15%	3:支持性最好 1:支持性最差	2	1	2	3
进度	0	10%	3:支持性最好 1:支持性最差	3	2	1	3
安全性	1	15%	3:支持性最好 1:支持性最差	2	1	2	3

续　表

决策矩阵 （以电池为例）			在此输入计分	旧电池 延寿	购买新 电池	通过各种 试验采集 试验数据	取消 试验
持续数据采集	0	20%	3：支持性最好 1：支持性最差	3	1	2	1
总权重		100%	3	73%	60%	77%	0

6.6　小　　结

《NASA 系统工程手册》是一份旨在整个 NASA 组织机构内统一系统工程基本概念，并推广最佳实践的参考手册。该手册贯彻 NASA 的顶层政策，将多年以来的系统工程最佳实践总结沉淀成为一套方法论推广至 NASA 各研究部门和领域。NASA 作为美国的一个政府机构，其项目经费都来自纳税人。因此，其系统工程理论在项目生命周期中突出了关键决策点（KPD）的重要性，同时也特别强调项目费用成本的控制，主张需要按阶段慎重推进项目，有效控制成本和风险，保证纳税人的资金合理使用。

第7章
INCOSE 的《系统工程手册》及应用

国际系统工程协会(INCOSE)是一个致力于开发系统工程学科和流程集并提高系统工程师专业技能和使命的全球性非营利会员组织。其宗旨在于推进系统工程在学术界、工业界的技术水平和实践能力,通过促进跨学科、可扩展的方法不断为工程领域提供恰当的系统解决方案,以满足产业和产品向更具复杂度发展的需求,并且积极推进和协调全球范围内应用的系统工程的标准。从 1990 年成立之初,洛克希德·马丁、波音、若斯洛普-格鲁门等航空航天/防务巨头公司始终是国际系统工程协会的学术、技术和业务发展的强力推手。时至今日,国际系统工程协会已吸纳众多国际知名的航空航天和防务领域的公司咨询委员会会员以及来自科学研究、工程技术、企业管理方面数千名的个人会员,共同致力于跨全球的系统工程最佳实践的共享、促进和发展。

7.1　INCOSE 的《系统工程手册》概述

《系统工程手册》是国际系统工程协会(INCOSE)在系统工程领域发布的知识体系的核心,最初由来自美国的几家航空航天/防务领域的会员大力倡导并创建,在过去的 20 多年里先后经历了十多次的版本修订,期间广泛采纳 INCOSE 会员们的建议并扩大作者群体,不断地吸收系统工程应用的最佳实践,并发展扩充系统工程流程域的方法。2006 年 3 月发布的 V3.0 版是基于国际通行的系统工程标准 ISO/IEC 15288 的首个版本,意在摆脱原有的美国国防部关于系统工程应用的倾向,更加关注系统工程方法和流程在各领域的产品和服务中的普适性[36]。

当前,INCOSE 发布的最新版《系统工程手册》是 V4.0 版,于 2015 年发布。继 V3.0 版的发布时隔 9 年,这段时间传统系统工程正经历深层次的变更,向复杂系统工程转型发展的最关键时期,全球防务及航空领域正在经历从传统的基于文档的系统工程向基于模型的系统工程(MBSE)的转型,新技术新理论也层出不穷。因此这 9 年的发展是飞跃性的,系统工程的范式发生了重要跃迁。《系统工程手册》最新的 V4.0 版与之前版本的差异,主要体现在以下几个方面。

1. 与《系统工程知识体系指南》对接

《系统工程知识体系指南》(*The Guide to the System Engineering Body of Knowledge*)是由国际系统工程协会 INCOSE、系统工程研究中心、IEEE 的计算机协会共同管理和维护的,是系统工程知识体系的指南和大纲。通过这份大纲,读者可以找到和系统工程相关的知识和资料。《系统工程知识体系指南》采用开源、众创和共享的方式,借助互联网 SEBok 维基百科来管理和分享系统工程的相关知识。INCOSE 发布的《系统工程手册》V4.0 版第一次和开放的 SEBok 进行了接轨,手册提取了系统工程的相关精髓与核心思想,详细的内容则引导读者前往 SEBok 查阅相关知识点更为详细的信息,为系统工程手册赋予了更为强大的生命力。

2. 回归到系统工程的本源:系统科学和系统思考

系统科学是系统工程方法论的基础,系统思考是系统工程的思维方式。从系统工程的发展历程来看,系统科学和系统思考为系统工程的产生与发展奠定了理论基础,其产生也远早于系统工程。唯有回溯到本源才能认识到系统工程的精髓和根本要义。新版的系统工程手册将系统思考和系统科学的核心知识和理论基础及发展进行了介绍。

系统科学主要研究系统基础知识域,包括系统(工程系统)群、复杂性、涌现性、系统类型等,负责系统表达、概念原理和特征模式的定义与演进,是系统思考的基础,不断探索与发展系统方法的理论和方法论,形成系统方法应用于工程系统的基础。

系统工程基于系统思考——对现实的一种独特的视角——塑造整体意识和理解整体内的多个部分如何相关联。当系统被视为系统元素的组合时,系统思考推崇整体(系统)及系统元素之间的相互关系。一个系统思考者应知晓系统如何适用于生活中更大的背景环境,系统如何运行以及如何管理系统。

3. 基于 ISO/IEC/IEEE 15288:2015 进行了大幅修订

首先,是将系统工程的起点从利益攸关者需要上升到业务或任务需要。INCOSE 旧版的《系统工程手册》的技术过程从利益攸关者需要出发,由系统工程师将其转化为系统需求,进而进行系统架构设计、验证、确认。此次新版的《系统工程手册》,在利益攸关者需要之前新增了业务/任务需要,将系统置于所在组织的环境之下,使需求定义开始于组织或复杂组织的业务愿景、ConOps(组织的领导层对系统在组织中运行的意图)及其他的组织战略目标和目的,业务管理据此对业务需要(或作任务需要)进行定义。这就是将系统放到"更大的图像"中,特别是从一开始就要了解本系统在其运行环境中与多少其他系统有相关性或互相作用,站在更大的背景环境中来看,最终可能有很多系统都处于更复杂的"系统之系统"(SoS)中。

其次,将原来的"系统架构设计流程"分解为"架构定义流程"和"设计定义流程"。在架构定义流程中,凸显了系统架构的顶层决策支持作用,明确其目的是生成系统架构的备选方案,并从中选择一个架构。系统架构是更加抽象的、面向概念化的、全局的,聚焦于达成任务的 OpsCon 和系统及系统元素的高层及结构,它要聚焦于"做什么",而不是"怎么做"。而设计定义关注的则是站在实现层面,详细定义系统元素,解决的是"怎么做"的问题。

4. 将系统工程的应用领域进行了扩展

系统工程流程可在多种不同的产品行业和领域、产品线、服务乃至复杂组织体得到剪裁应用。在项目层级上,裁剪流程调整组织流程以满足项目的独特需要。INCOSE 发布的《系统工程手册》中给出了汽车系统、生物医疗和健康医疗系统、防务和航天系统、基础设施系统、空间系统、(地面)运输系统等典型系统对系统工程流程如何裁剪应用的建议。

5. 基于模型的系统工程已成为未来发展的基本趋势

在新版《系统工程手册》中,建模和仿真已被定义为跨系统生命周期流程的系统工程共性方法,用以实现对系统概念的完整性表达,支持系统需求、设计、分析、验证与确认活动的开展,设计建模目的、标准、范围、类型、语言等内容。建模与仿真都是用抽象在应对具体,再用形式描述物理,这是建模和仿真的核心。许多建模和仿真实践已被正规化为系统工程流程,且众多建模语言已成为国际标准,如 SysML、UML 等,在"基于模型的"背景环境下,支持系统工程学科的有关方法论、流程、方法和工具已日趋成熟,且在航空航天/防务领域已被证明。基于国际系统工程协会发布的 2010~2015 年 MBSE 路线图上,它对 MBSE 成熟度和能力的演进路径进行了表达,涵盖了标准、流程、方法、工具、培训与教育等多个方面。可以说 MBSE 已经成为系统工程的发展趋势。

本书介绍的内容主要参考了 INCOSE 发布的《系统工程手册的》V4.0 版。INCOSE 的《系统工程手册》和系统工程标准 ISO/IEC/IEEE 15288 保持一致,手册中的系统工程的四个流程组都是来自 ISO-15288,每个流程组由一个独立章节进行介绍,详见本书第 3 章。

除了以上四组流程,手册还提供了系统工程裁剪流程和应用,跨学科系统工程方法,以及专业工程活动。

值得一提的是,INCOSE 的《系统工程手册》应用公共格式来阐述每个流程,即输入-流程-输出(IPO)图,指明关键输入、流程活动和产生的输出。IPO 图示例如图 7.1 所示。

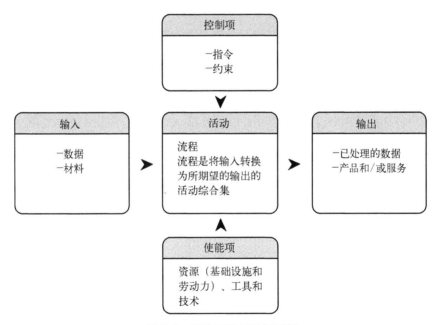

图 7.1　系统工程 IPO 图示例

INCOSE 的《系统工程手册》中,对流程的介绍按照以下结构进行描述:

1) 流程概览;

2) 目的;

3) 描述;

4) 输入/输出;

5) 流程活动;

6) 流程详细阐述。

7.2 INCOSE系统工程概述与生命周期阶段

7.2.1 系统的定义和概念

INCOSE《系统工程手册》的系统定义主要遵从了ISO/IEC/IEEE的标准,认为"系统是人造的,被创造并适用于定义明确的环境中提供产品或服务,使用户及其他利益攸关者受益"。

该《系统工程手册》认为系统包括实体和虚拟两个维度。系统概念一般是指对一个真实系统在思维层面的抽象表达,系统工程师就是不断在概念层面的系统抽象与真实世界中的系统之间进行迭代。INCOSE和ISO/IEC/IEEE从这个视角对系统定义进行了描述:

"……一组综合的元素、子系统或组件,以完成一个定义明确的目标。这些元素包括产品(硬件、软件或固件)、流程、人员、信息、技术、设施、服务和其他支持元素。"(INCOSE)

"……相互作用的元素组织起来的组合,以实现一个或多个特定的目的。"(ISO/IEC/IEEE 15288)

该手册还引出了"系统边界"的概念。"系统边界"是系统本身与背景环境(包括运行环境)之间的"分界线",通过系统边界明确哪些属于系统,哪些不属于系统。

7.2.2 系统内部的层级结构

该手册引用了ISO/IEC/IEEE 15288中系统层级结构的概念:"描述了和系统相关的生命周期流程……该系统由相互作用的系统元素组成,每个系统元素可被实现以满足其各自的特定需求。"

系统定义的一个挑战就是将系统分解到多详细的层级,因此,系统内层级结构的设计是一项艺术,依赖系统工程师的能力和经验,在清晰简单的定义和控制系统分解以及分解颗粒度足以支撑系统元素实现之间取得平衡。根据"经验法则",系统层级结构中系统下属的系统元素数量不应超过7干2个,同样,一个元素下属的子系统或元素数量不应超过7干2个。

7.2.3 系统之系统的定义

"系统之系统"(SoS)是一个关注系统(system of interest,SoI),其系统元素可以独立地管理和/或运行[注:关注系统(SoI)使一个系统其全生命周期都在考虑中]。

上述手册还给出了SoS的一些特征,以判定关注系统(SoI)是否是"系统之系统":

1)下属的系统运行的独立性;

2)下属的系统管理的独立性;

3)地理分布;

4)涌现行为;

5)进化式的开发流程。

航空运输系统是一个典型的"系统之系统",包含了众多的飞机、机场、空中交通管制系统和票务系统,如图7.2所示。

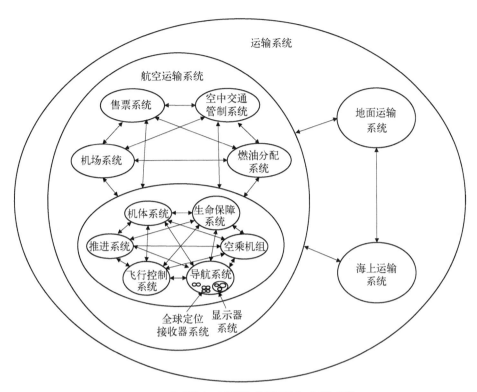

图 7.2　"系统之系统"的典型示例：运输系统

7.2.4　使能系统

使能系统为关注系统的全生命周期提供支持。典型的使能系统包括：协同开发系统、生产系统、后勤支持系统等。

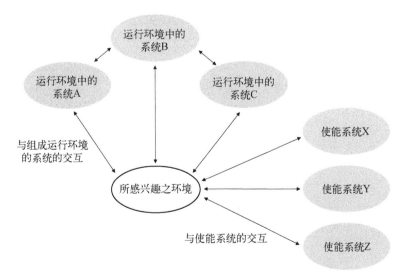

图 7.3　所关注系统、其运行环境及其使能系统

7.2.5　系统科学与系统思考

INCOSE 发布的《系统工程手册》第一次阐述了系统科学和系统思考的本质属性及其与系统工程的关联。

早在古代的文献中就涌现出了关于系统的一些关键概念的记载，一直延续至后面的几个世纪。直到 20 世纪中叶，人们针对"系统的科学"的问题和复杂性提供一套科学的方法。系统科学汇集了系统各个方面的研究，目的是识别、探索和理解跨学科及领域应用的复杂特征模式。它寻求开发能够形成适用于独立于元素类型或应用的所有系统类型（如在自然、社会和工程中）的理论基础的跨学科依据。

系统科学为系统工程提供公共语言和知识基础，并为"系统方法"的实践者提供了实际的系统概念、原理、特征模式和工具。求解复杂问题的系统方法需要将系统科学、系统思考和系统工程的元素结合起来。系统科学作为不同基础学科的基石，并统一了传统的科学专业。系统科学的应用背景如图 7.4 所示。

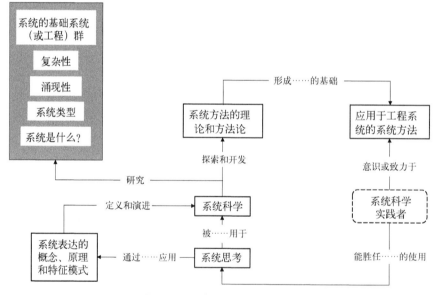

图 7.4　系统科学的应用背景

系统科学研究弥补了经典科学的局限性，尤其是应对涌现性的方式。结合实践，系统科学得到了持续发展，尤其在以下方面取得了突破，为系统工程的基础理论进一步奠定了理论基础。

1）控制论（Ashby，1956；Wiener，1948）；

2）开放系统及一般系统理论（Bertalanffy，1950，1968；Flood，1999）；

3）运筹学（Churchman 等，1950）；

4）硬与软系统思考（Checkland，1998；Lewin，1958）；

5）组织控制论（Beer，1959；Flood，1999）；

6）批判性系统思考（Jackson，1989）；

7) 系统动力学(Forrester,1961;Senge,1990);

8) 系统工程(Hall,1962);

9) 系统分析(Ryan,2008);

10) 服务科学与服务系统工程(Katzan,2008)。

《面向对象的系统工程科学》(Hybertson,2009)从传统与复杂系统工程的系统观点对比的视角,更广泛地讨论了解程序与综合系统概念之间的对比。

系统科学为系统思考提供了理论基础,系统思考的基本特征如下:

1) 寻求理解"大图像";

2) 观察系统内的元素如何随时间推移发生变化,生成多种特征模式和趋势;

3) 认识到系统的结构(元素及其交互)产生行为;

4) 识别复杂因果关系的循环本质属性;

5) 找出并测试假设;

6) 改变视角以增进理解;

7) 全面考虑问题并避免快速下结论的冲动;

8) 考虑精神模型如何影响当前现实及未来;

9) 考虑对系统结构的理解来识别可能的"杠杆"行动;

10) 考虑行动的短期后果和长期后果;

11) 寻找非预期后果出现的地方;

12) 揭示因果关系时,认识到时间延迟的影响;

13) 检查结果并按需改变行动:逐次逼近。

7.2.6　通用生命周期阶段

任何人造系统都有一个生命周期,即使没有正式定义也是如此。生命周期可以被定义为某事物(系统或制造的产品)所经历的一系列阶段。定义系统生命周期的目的是以有序且高效的方式为整个生命周期建立一个满足利益攸关者需要的框架。通常,通过定义生命周期阶段并使用决策门来确定是否能从一个阶段进到下一个阶段。跳过某个阶段或者省去某个决策门的时间可能会大大增加风险(成本、进度和绩效),同样减少系统工程的工作也可能给技术开发造成不利的影响[37]。

1. 生命周期的特性

系统生命周期要综合考虑三个方面:① 业务(商业案例);② 预算(经费);③ 技术(产品)。系统工程师要创建满足商业案例和经费约束的技术解决方案,即在所有决策门评审中对这三方面同等重视。一旦忽视了其中任何一个方面,可能都会带来项目或系统的失败。较为典型的案例,就是在 20 世纪 80 年代后期,摩托罗拉公司启动的"铱星计划"。该项目投入巨资研究基于卫星的移动电话,在技术上取得了显著的突破,然而没有充分考虑到市场的发展和项目经费。一方面,地面移动通信发展迅猛,夺走了"铱星计划"的目标市场,相对地面移动通信,尤其是移动电话领域,"铱星计划"在时间维上已失去了市场机会。另一方面,由于手机缺乏,销售力量不足,价格昂贵,开业的前两个季度,摩托罗拉在全球只发展了 1 万用户,到申请破产为止,这个耗资50亿美元建立的通信网只有5.5万用户,而一些分析家估计该公司要实现盈利平衡至少需要65万用户。要建立一个忠诚的用户基础,所耗费的时间远远超过"铱星计划"的估计和许诺。

决策门通常被称为"里程碑"或"评审点"。决策门表示系统生命周期内的主要决策点。决策门的主要目标是:

1) 确保业务和技术基线是可接受的并能开展满意的验证和确认;

2) 确保能够进入下一步骤,并且继续进行下去的风险是可接受的;

3) 持续促进买方和卖方之间的团队工作;

4) 使项目活动同步。

对于每个决策门,典型的决策选项有:

1) 可接受——进入项目的下一阶段;

2) 有保留的接受——继续推进并完成相关行动项;

3) 不可接受:不再推进项目——继续本阶段工作,在准备就绪时重新进行评审;

4) 不可接受:暂停项目活动;

5) 不可挽回:终止项目。

决策门一般应考虑以下内容:

1) 决策门的目的和范围;

2) 进入和退出的准则;

3) 主人和主持人;

4) 出席人员;

5) 地点;

6) 议程及如何实施"决策门";

7) 待评估的证据;

8) 决策门产生的行动;

9) 关闭评审的方法,包括解决开口行动项的时间。

任何项目都至少有两类的决策门:允许项目继续进行下去以及项目交付物的最终验收。忽略程序、任意跳过决策门或者形式化的评审所导致的后果通常会是大幅增加项目周期或成本。

2. 生命周期阶段

一个系统随着一组公共的生命周期阶段——构想、开发、生产、使用、支持和退役——不断进展。正如 ISO/IEC/IEEE 15288 中所陈述的"5.4.1——系统在其生命周期内的进展是组织中的人员通过对流程中的活动执行和管理的结果"。

下表列出了六个通用的生命周期阶段(ISO/IEC TR 24748-1,2010),简要地说明了每个阶段的目的,以及决策门中的选项。特别需要说明的是,尽管表 7.1 中的阶段被独立地列出来,但是构成这些阶段的活动在实际操作过程中可以相互依赖、重叠甚至并行。也就是说,系统生命周期阶段中的所有阶段都是可以重叠的,而且使用阶段和保障阶段通常是并行进行的。

表 7.1　通用的生命周期阶段

生命周期阶段	目　　　的	决　策　门
概念	<ul><li>定义问题空间</li></ul>1. 探索性研究 2. 概念选择<ul><li>特征化解决方案空间</li><li>识别利益攸关者的需要</li><li>探索构想和技术</li><li>细化利益攸关者的需要</li><li>探索可行的概念</li><li>提出可行的解决方案</li></ul>	决策选项 <ul><li>继续进行下一阶段</li><li>继续推进并完成行动项</li><li>持续本阶段工作</li><li>返回前一个阶段</li><li>暂停项目活动</li><li>终止项目</li></ul>
开发	<ul><li>定义/细化系统需求</li><li>创建解决方案的描述——架构和设计</li><li>实施初始的系统</li><li>集成、验证并确认系统</li></ul>	
生产	<ul><li>生产系统</li><li>检查和验证</li></ul>	
使用	<ul><li>运行系统以满足用户的需要</li></ul>	
支持	<ul><li>提供持续的系统能力</li></ul>	
退役	<ul><li>系统封存、归档或报废</li></ul>	

图 7.5 是通用生命周期阶段与其他特定领域生命周期模型的对比。

3. 生命周期方法

不同的生命周期模型,如瀑布模型、螺旋模型、"V"字模型等,在定义适合于生命周期阶段的起始、停止和流程活动时是有用的。生命周期阶段并不是简单的线性关系,而是包含着很多渐进、迭代和递归的特征,因根据系统级项目特点、研发周期要求等选择合适的生命周期模型。一般生命周期的方法包括以下几类。

（1）迭代和递归

迭代是在系统结构的某一给定层级上反复使用两个或多个相互关联的流程。在系统需求定义和架构定义之间的迭代过程可以细化架构和完善或修正系统。递归是在系统结构的相邻的两个层级上重复使用相互关联的流程。在流程的递归应用过程中,某一层级的输出变成下一层级的输入。如此递归下去,直到某一层的系统元素可以被制造、购买或复用为止。

（2）顺序方法

对于需要多家公司协同的大型项目来说,顺序方法可以作为一个底层的基础框架。顺序方法的特点是从需求到系统设计再到最终的产品的演进过程中,遵循系统化的方法,特别关注文档完整性,需求的追溯性以及事后的验证。顺序方法的优势是可预测性、稳定性、可重复性和高保证性。"V"模型是顺序方法的一个典型代表,时间和系统成熟度从左到右推进(图 7.6)。

（3）渐进迭代的方法

20 世纪 60 年代以来,研究人员就开始使用渐进和迭代开发(incremental and iterative

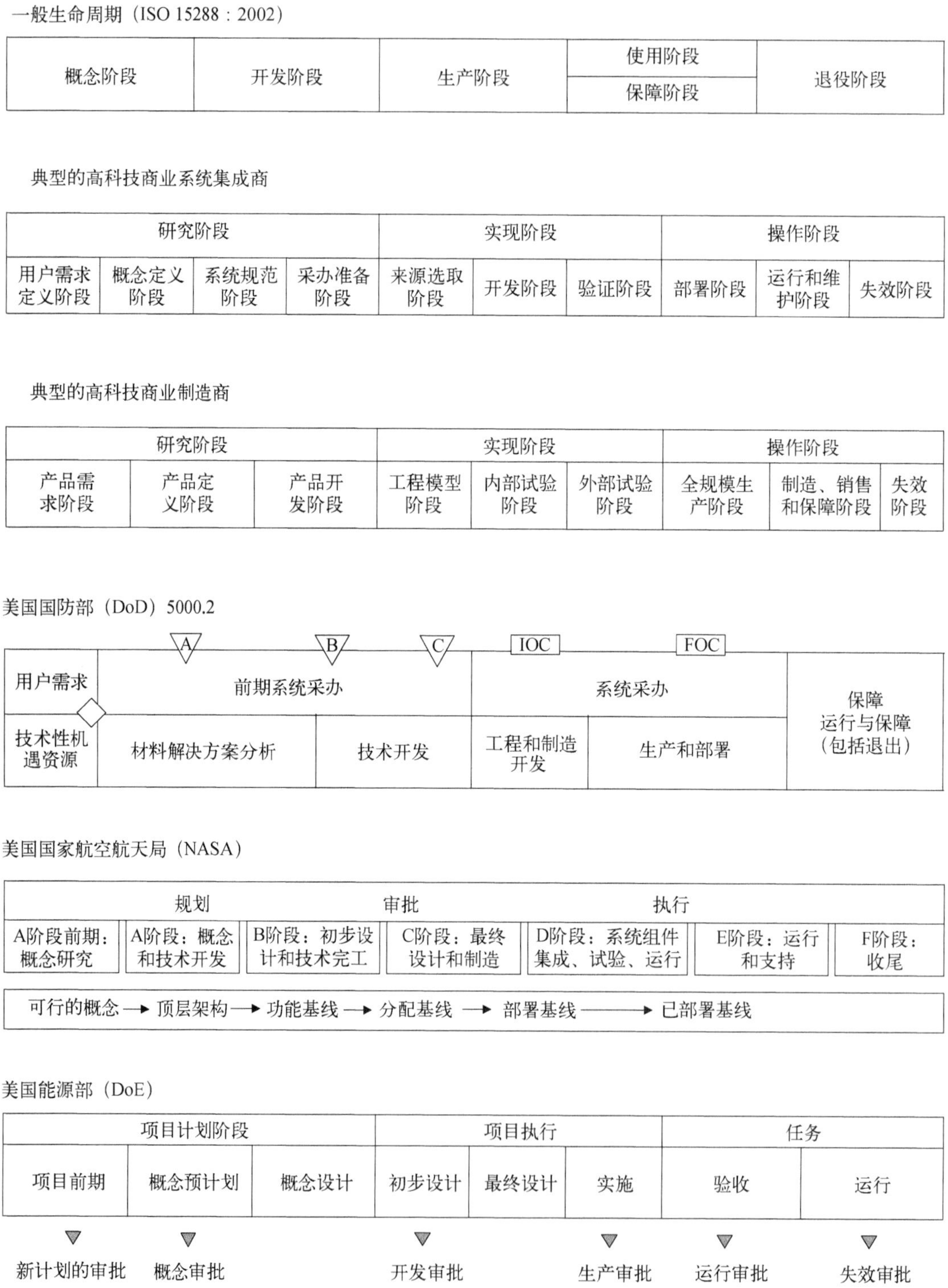

一般生命周期（ISO 15288：2002）

概念阶段	开发阶段	生产阶段	使用阶段	退役阶段
			保障阶段	

典型的高科技商业系统集成商

研究阶段				实现阶段			操作阶段		
用户需求定义阶段	概念定义阶段	系统规范阶段	采办准备阶段	来源选取阶段	开发阶段	验证阶段	部署阶段	运行和维护阶段	失效阶段

典型的高科技商业制造商

研究阶段			实现阶段			操作阶段		
产品需求阶段	产品定义阶段	产品开发阶段	工程模型阶段	内部试验阶段	外部试验阶段	全规模生产阶段	制造、销售和保障阶段	失效阶段

美国国防部（DoD）5000.2

用户需求	前期系统采办 Ⓐ Ⓑ Ⓒ		IOC 系统采办 FOC		保障运行与保障（包括退出）
技术性机遇资源	材料解决方案分析	技术开发	工程和制造开发	生产和部署	

美国国家航空航天局（NASA）

规划		审批		执行		
A阶段前期：概念研究	A阶段：概念和技术开发	B阶段：初步设计和技术完工	C阶段：最终设计和制造	D阶段：系统组件集成、试验、运行	E阶段：运行和支持	F阶段：收尾

可行的概念 ⟶ 顶层架构 ⟶ 功能基线 ⟶ 分配基线 ⟶ 部署基线 ⟶ 已部署基线

美国能源部（DoE）

项目计划阶段			项目执行			任务	
项目前期	概念预计划	概念设计	初步设计	最终设计	实施	验收	运行
▽	▽		▽		▽	▽	▽
新计划的审批	概念审批		开发审批		生产审批	运行审批	失效审批

图 7.5　生命周期模型的对比

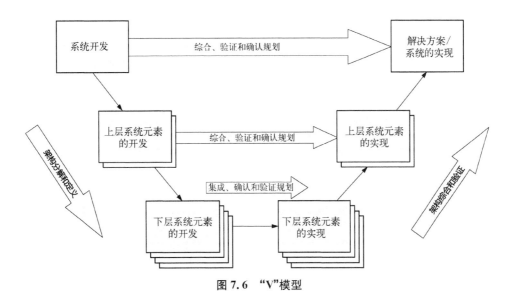

图 7.6 "V"模型

development，IID)方法。当项目一开始需求不清晰或利益攸关者希望关注系统(SoI)对新技术引入的可能性保持开放时，则可以使用 IID 方法。基于一系列的初始假设，开发候选的系统，然后对其进行评估以确定是否满足利益攸关者需要或需求。如不满足，则启动另一轮演进，并重复这些流程，直到交付的系统满足利益攸关者的要求或直到组织决定终止。

　　IID 方法最适用于较小的，不太复杂的系统。IID 方法区别于顺序方法的特点是速度和适应性。当市场战略强调"上市时间"或"快速"时，则需要选择更有"速度"的方式，既要考虑速度的快慢，又要考虑方向问题。一种特定的 IID 方法称为演进式开发，在研究与开发中很常用。图 7.7 是 NASA 航天飞机隔热瓦研发的实例。

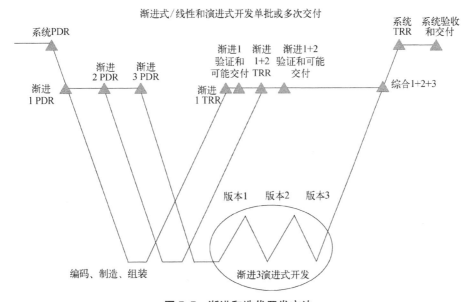

图 7.7　渐进和迭代开发方法

PDR——初步设计评审；TRR——试验准备评审

7.3 INCOSE 技术流程

INCOSE《系统工程手册》V 4.0 版的技术流程和标准 ISO/IEC/IEEE 15288:2015 保持一致,共包含 14 个技术流程,起始于需要和需求的开发。图 7.8 是关于需要到需求的转换过程示意图,对应的是前四个技术流程。

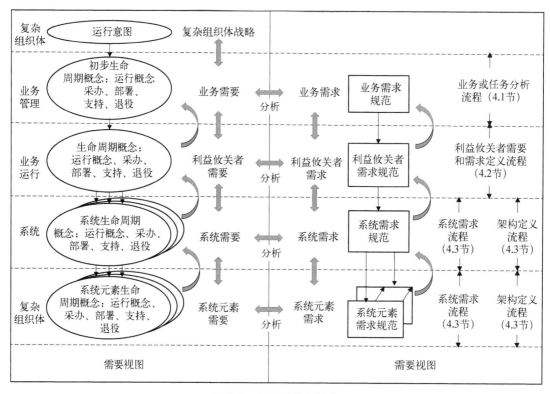

图 7.8　需要转换成需求

1) 业务或任务分析流程——需求定义开始于组织或企业的业务愿景、运行方案及其他的组织战略目标和目的,业务管理据此对业务需要(也称作任务需要)进行定义。这些需要由初步的生命周期概念支持(采办概念、部署概念、运行概念、支持概念和退役概念)。然后,对业务需要进行详细说明,并规范化成业务需求,这些需求通常定义在业务需求规范中。

2) 利益攸关者需要和需求定义流程——以采办企业的企业级运行方案和开发企业的系统级初步运行概念作为指南,需求工程师引领业务运行的利益攸关者,通过结构化的流程引出利益攸关者需要(以细化的系统级运行概念及其他生命周期概念的形式)。然后,需求工程师将利益攸关者需要转换成一组正式的利益攸关者需求,这些利益攸关者需求通常定义在利益攸关者需求规范中。

3) 系统需求定义流程——需求工程师将利益攸关者需求规范中的利益攸关者需求转

换成系统需求,这些系统需求通常包含在系统需求规范中。

4) 架构定义流程——定义备选的系统架构并从中选择一个系统架构。

5) 设计定义流程——充分详细地定义系统元素,使实现与选定的系统架构一致。

6) 实现流程——实现系统元素以满足系统需求、架构和设计。

7) 集成流程——将系统元素组合成为一个实现的系统。

8) 验证流程——提供证据表明生命周期内的系统、系统元素和工作产物满足指定的需求。

9) 转移流程——系统以计划的、有序的方式投入运行。

10) 确认流程——提供证明表明生命周期内的系统、系统元素和工作产品在预期的运行环境中实现预期的使用。

11) 运行流程——使用系统。

12) 维护流程——在运行期间支持系统。

13) 处置流程——系统或系统元素被停用、拆解和从运行中移除。

以上流程的输入、输出和流程活动参考第一篇第 3 章“ISO/IEC/IEEE 15288 系统与软件工程系统生命周期过程”。下面就技术流程中的一些重要概念进行说明。

运行方案(ConOps)和运行概念(OpsCon)这两个术语来自 ANSI/AIAA G - 043A - 2012 和 ISO/IEC/IEEE 29148:2011,使用方式与美国国防部(DoD)的使用方式相同。通常可以互换使用,但是各自有其特定的目的。

ISO/IEC/IEEE 29148:2011 中对运行方案和运行概念的定义为“运行方案是在组织层级定义领导以预期的方式对组织运行。它指一个或多个系统可能作为黑盒的使用”。“系统运行概念文件描述系统将要做什么(而不是怎么做)以及为什么这么做(理由依据)。运行概念是面向用户的文件,从用户的视角描述待交付系统的系统特征。运行概念文件用于向采办方、用户、供应商及其他组织元素沟通系统整体的定量和定性特征”。

运行方案是由使用系统的组织的高层领导开发的。在一些采办中,运行方案可能没有正式化的文件,而是隐含在业务概念或者战略中。

7.4　INCOSE 技术管理过程

在系统生命周期内,对于产品和服务的创建或升级的管理是通过项目的实施实现的。因此,理解系统工程对项目管理的作用非常重要。技术管理流程在 ISO/IEC/IEEE 15288 中定义如下:“技术管理流程用于建立并改进计划、执行计划、按计划评估实际的成果和进度,以及对计划的执行进行控制,直至完成。单独的技术管理流程可在生命周期的任何时候和任何层级被引用……”

系统工程师与项目经理各自具有其专业技能和经验,从项目经理的视角看生命周期是从项目开始到结束,而系统工程师关注的生命周期则是从产品维度的视角,即从产品的构想到产品的退出。尽管如此,系统工程师和项目经理有一个共同的交集,在这个交集里系统双方必须协同以取代团队的绩效和成功。技术管理流程关注的就是这个交集里的工作。

技术管理流程包括：项目规划、项目评估和控制、决策管理、风险管理、构型管理、信息管理、测量和质量保证。由于这些流程对通用管理实践而言是必要的且在项目的内部与外部均适用，因此会发现它们贯穿于整个组织中。INCOSE《系统工程手册》的技术管理就集中在与项目的技术协调相关的流程。

INCOSE《系统工程手册》中的技术管理流程均引用自 ISO/IEC/IEEE-15288，详细的流程输入、输出及流程活动请参阅本书的第 3 章。

7.5　INCOSE 协议过程

一个项目的启动一般是始于用户的需要。一旦接收到客户的需要并且项目所需的资源得到批复，就能够进行采办和供应关系的参数定义。一个典型实例是当一个组织有需要，但是在没有外部援助的情况下不具备满足该需要的能力时，这种采供关系就会出现。ISO/IEC/IEEE 15288 中对于协议流程的定义是"协议流程定义两个组织间建立协议所必需的活动"。

协议的协商形式可根据特定的组织和协议的正式程度，以不同的方式来处理。例如，与政府机构的正式合同情况下，通常会由采办方和供应商进行正式的合同协商活动，以便对合同的条款及条件进行评估和完善。系统工程在协商期间通常为项目经理起到支持的作用，负责对变更影响的评估、备选方案的权衡分析、风险评估以及提供决策所需的其他技术输入。

采供双方都需要进行定义的一个关键元素——验收准则，例如：

1）系统需求规范的完成百分比。

2）需求稳定性和增长的测量，如在接下来的时间段内（如月、季度等），新增、修改或删除的需求数量。

3）每个合同需求文件（工作说明和项目建议书）的完成百分比。

这些准则的定义可以保障业务关系中双方的利益——保护采办方不被迫接收某一劣质产品，同时，也保护供应商规避采购方的善变或优柔寡断带来的不可预知的行为。

协议流程除了适用于正式的采供双方外，也可以用于组织内部的不同业务部门之间的协调。在这种情况下，协议往往是非正式的，也不需要合同或具有法律约束力的文档。

INCOSE《系统工程手册》中的协议流程均引用自 ISO/IEC/IEEE-15288，详细的流程输入、输出及流程活动请参阅本书的第 3 章。

7.6　INCOSE 组织的项目使能过程

项目使能流程是组织（或企业）的权限并用来指导、使能、控制和支持系统生命周期。ISO/IEC/IEEE 15288 中对使能流程的定义是"组织的项目使能流程可以帮助确保组织通过启动、支持和控制项目，进行产品或服务采办和供应的能力。这些流程提供所必需的资源和基础设施对项目进行支持"。

INCOSE《系统工程手册》中组织的项目使能流程包括：生命周期模型管理、基础设施管理、项目群管理、人力资源管理、质量管理、知识管理，均引用自 ISO-15288，详细的流程输入、输出及流程活动请参阅本书的第 3 章。

7.7　INCOSE 系统工程的剪裁流程和应用

系统工程手册或标准中定义的流程和生命周期模型不一定适用于所有的项目或组织，因此，需要进行一定的裁剪。裁剪的基本原则是确保流程满足项目的需要，同时，对流程执行的严苛程度降低的时候，生命周期活动的执行应在可接受的风险等级之内。不充分的系统工作或者过多的流程都会给项目带来风险，图 7.9 展示的是正式流程的使用与成本超支和进度延期之间关系的示意，由图可知，如果过于严格或执行不必要的流程活动或任务，将使得成本和进度不降反升，对于项目的价值没有增长。因此，流程的裁剪在系统全生命周期内需要依据具体的环境和可接受的风险动态进行，并且需要持续地监控和调整。

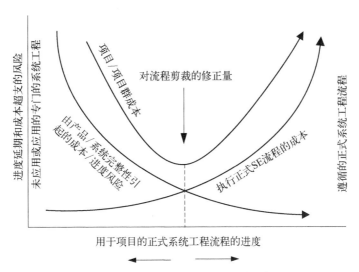

图 7.9　流程裁剪与项目风险的平衡

具体的裁剪流程如下。

（1）流程目的

ISO/IEC/IEEE 15288 中定义："裁剪流程的目的是调整 ISO/IEC/IEEE 15288 的流程以满足特定的环境或因素"。

（2）描述

在组织（企业）的层级，裁剪流程需要调整组织流程背景环境中的外部标准以满足组织的需要。在项目层级，裁剪流程需要调整组织的流程以满足项目特定的需要。

1）组织层级的裁剪：主要是考虑是否以及如何将新的或已更新的外部标准纳入组织，一般需要考虑以下内容：

① 对组织进行深入了解；

② 理解新的标准；

③ 使标准适合组织；

④ 在合适的层级使标准制度化；

⑤ 允许裁剪。

2）项目层级的裁剪：适用于项目群和项目中执行的工作。影响项目层裁剪的因素包括：

① 利益攸关者和客户；

② 项目预算、进度和需求；

③ 风险的容限；

④ 系统的复杂性和优先级。

（3）输入/输出

图 7.10 为裁剪流程的 IPO 图。

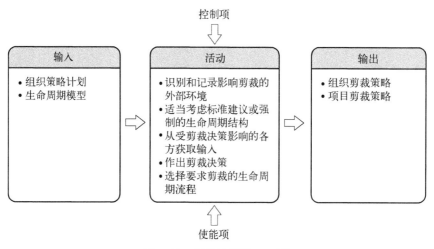

图 7.10　裁剪流程的 IPO 图

（4）流程活动

1）识别和记录影响裁剪的外部环境，为每个阶段识别裁剪准则——建立准则以确定流程适用于每个阶段的等级。

2）充分考虑标准建议或强制的生命周期结构。

3）从受裁剪决策影响的各方面获取输入：

① 确定与成本、进度和风险相关的流程；

② 确定与系统整体性相关的流程；

③ 确定所需文件的质量；

④ 确定评审、协调和决策方法的程度。

4）做出裁剪的决策。

5）选择要求裁剪的生命周期流程，确定超出裁剪范围以外流程所需的其他变更，以满足组织或项目需要为满足超出裁剪的组织或项目所需的其他变更（例如，其他成果、活动或任务）。

（5）常用的方法和建议

1）消除不必要的成果、活动和任务并增加另外的成果、活动和任务；

2）基于事实决策并获取独立的权威机构的批准；

3）使用决策管理流程以协助裁剪决策；

4）每个阶段进行至少一次裁剪；

5）基于系统生命周期阶段的环境驱动裁剪；

6）基于组织间的协议约束裁剪。

（6）基于对利益攸关者、客户和组织策略、目标及法律要求的符合性问题控制裁剪的程度

（7）基于采购方法或知识产权影响协议流程活动的裁剪程度

（8）随着双方建立一定的信任程度后可以去除额外的活动

（9）在裁剪流程结束时识别一系列正式的流程和成果/活动/任务

这包括但不限于：

1）一系列文件化的已裁剪的流程；

2）识别所需的系统文件；

3）识别的评审；

4）决策的方法和准则；

5）待使用的分析方法。

（10）识别贯穿于生命周期的有关裁剪假设和准则，以便优化正式流程使用

（11）注意裁剪过程中的一些"陷阱"

1）重复使用在另一个系统的裁剪基线，而没有根据项目特点重新进行裁剪；

2）"为了安全起见"，使用所有的流程和活动；

3）使用预先建立的裁剪基线；

4）没有考虑相关的利益攸关者。

7.8　INCOSE 跨领域/学科系统工程方法

7.8.1　建模与仿真

在系统工程生命周期内，模型和仿真一般会起到两个作用：① 在开始开发实际的系统之前，对系统的需要以及预期的系统行为进行确认；② 向那些将要开发、测试、部署和改进系统的人员呈现一个清晰的、连贯一致的设计，从而使生产率最大化，错误最小化。这种在项目早期通过建模和仿真的手段检测系统的限制和不兼容性，可以帮助在项目后期尤其是项目运行过程中避免较高的项目成本和进度延期。在物理和复杂性方面，建模和仿真的价值随着所开发的系统或系统之系统（SoS）的规模（规模可以是物理或复杂性）增长而增加。

充分、精确和及时的模型和仿真能让利益攸关者获悉他们的偏好可能引发的后果，为评选备选方案提供参考的视角，并对系统将要提供的能力建立信心。模型和仿真也可以帮助

开发人员、部署人员和运行人员理解设计需求,明白技术和管理上的限制,并确保充分的可持续性。最后,充分、精确和及时的模型和仿真有助于组织及其供应商提供系统实现所需的必要且充足的人员、方法、工具和基础设施。

一般来说,建模和仿真的颗粒度和充分性与下游人员的能力成反比,也就是说,对于能力强的人,简单的系统模型可能足够,但对于能力较差的人员来说,详尽的模型变得非常有必要,尤其是面对一个新设计的或是大规模的系统来说更是如此。另外,计划花费在模型开发、验证、确认、鉴定、运行和维护方面的资源必须与产生的预期价值匹配,也就是通过模型获取足够的信息。

1. 模型与仿真的区别

模型有很多种定义,但一般是指对所感兴趣的系统、实体、现象或流程的抽象或表达。关于模型的其他定义,一般是指一种模型作为一些实体在物质世界中的表达,这些表达旨在描述实体所选定的方面,诸如实体的几何、功能或性能。

仿真是在特定的环境中应用某一模型(或多个模型),允许模型随着时间推移执行(或使用)。一般来说,仿真提供一种有效的方式,对系统、软件、硬件、人员和物理现象的复杂动态行为进行分析。

2. 建模的目的

系统模型可以用于多种目的,包括:

1) 描述一个现有系统的特征:对于现有系统缺少有效和充分系统文件的情况,对系统建模可以提供一种简洁的方式来获取现有系统的架构和设计。

2) 对使命或系统的概念进行模型构建并进行评估:模型可以在系统生命周期早期用于综合并评价备选的使命任务及系统概念。

3) 支持系统架构设计和需求的向下分配:模型可以用于支持系统的架构设计,并将使命任务和系统需求向下分配到系统元素。

4) 支持系统集成和验证:模型可以用于支持将硬件和软件集成到某一系统中并支持验证系统设计是否满足需求。

5) 支持培训:模型可以用于仿真系统的不同方面,以培训用户如何与系统进行交互。

6) 知识捕获和系统设计的推进:模型可以提供一种捕获系统知识的有效手段,并将这些知识作为组织的知识沉淀并保存。

模型和仿真可以在系统工程生命周期的大多数流程内使用,例如:

1) 业务或任务分析流程——问题状态的描述模型确保关注的问题的正确性;

2) 需求(利益攸关者或系统)定义——支撑需求的合理性并避免过度/不足的需求规范;

3) 架构定义——按照选择准则评价备选架构,并支持从中找到最优的架构,包括与其他系统集成;

4) 设计定义——获得所需的设计数据,为优化而调整参数,并且在系统元素的实际数据可用时更新系统模型的保真度;

5) 验证和确认——对系统的环境进行仿真,评估验证和确认数据(仿真使用可观测的数据作为输入,以计算非直接可观测的关键参数),并且确认仿真的保真度;

6）运行——在执行计划、进行确认和操作人员培训之前，反映系统的实际行为并模拟系统的运行。

另外，INCOSE 的《系统工程手册》还介绍了模型和仿真的类型、开发、集成，模型的管理，建模标准，建模语言，建模和仿真的工具，模型质量的指标，以及基于模型和仿真的衡量标准等。

7.8.2　基于功能的系统工程方法

基于功能的系统工程（functional-based system engineering，FBSE）是一种聚焦于系统的功能架构的系统工程方法。功能是为达成期望结果而必须实施的特定的任务、行为或活动。

FBSE 描述系统要做什么，而不是要如何做。FBSE 流程是迭代的，在系统生命周期的单个阶段内也是如此。FBSE 的迭代开展：

1）为满足高层级的功能需求，需要定义所需的下一层功能，并且定义功能需求；

2）通过需求定义，定义任务和环境驱动的性能并且确定高层的需求是否被满足；

3）将性能需求和设计约束向下分配；

4）通过架构和设计细化产品定义和处理方案；

图 7.11 是 FBSE 迭代开展的示意图。

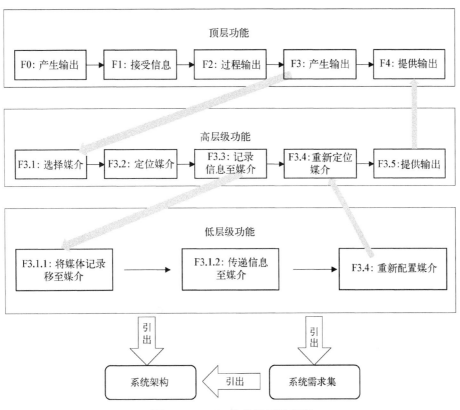

图 7.11　FBSE 迭代开展示意图

7.8.3 原型构建

原型的构建主要是提升为用户提供一个满意系统的可能性,同时,促进对用户需要和利益攸关者需求的认识和理解。两类常用的原型设计方式是:快速原型和传统方式的原型。

快速原型一般可以用仿真的方式,是最容易而且可能是最快速获得用户性能参数并对备选的概念进行评估的方式。传统的原型构建则是系统的一种完整表达,强调完整和精确,可以降低系统的风险和不确定性。

7.8.4 接口管理

接口管理的目的之一是促进与其他利益攸关者达成一致,包括角色和职责,提供接口信息的时间安排,以及通过结构化的流程在项目早期识别关键接口。有效的接口管理可以在早期识别问题和风险,避免潜在影响,尤其是在系统集成过程中。在需求、架构和设计文件建立基线后,构型管理流程需要对接口需求和定义的文件(如,接口控制文件、接口需求规范和接口描述/定义文件)持续管理和控制。

接口分析的方法和工具有很多,常用的分析工具有 N2 图和功能流框图(functional flow block diagram,FFBD)。N2 图通过可视化的矩阵,要求系统工程师在严格的双向固定框架内定义所有系统的完整接口,一般将系统功能或物理元素置于图表的对角线上,N * N 矩阵中其余方块表示接口的输入和输出。N2 图可以用于系统接口、设备(如硬件)接口和软件接口等。FFBD 图则是用来描述各功能之间以及功能与外界之间的信息流的特征。

7.8.5 精益系统工程

精益系统工程是将精益原则、实践和工具应用到系统工程,以提升面向利益攸关者的价值交付。目的是以最小的浪费向技术复杂系统提供生命周期的最大价值。2009 年,INCOSE 精益系统工程工作组发布一款名为“系统工程精益使能项(lean enablers for systems engineering,LEfSE)”V1.0 的全新在线产品。该产品基于精益思想收集了系统工程实践和建议,并表述为“应做”和“不做”。

7.8.6 敏捷系统工程

敏捷系统工程最早始于敏捷软件工程,后来这些方法论逐渐被在非软件工程采用上研究和尝试。总的来说,敏捷系统工程可以概括如下:

1)为系统工程(流程)提供一个敏捷的架构,使目标、需求、计划和资产的重构可预见;

2)为系统工程(产品)提供一个敏捷的架构,使产品(系统)在开发和制造期间的变更可预见;

3)更强有力地发挥密切参与的“产品所有者”(总系统工程师、客户或同等地对产品愿景负责的机构)的作用,使系统思想随着需求理解而为实时的决策提供依据;

4)在不可预期和不确定的环境下,利用人类生产率因素影响工程、制造和客户满意度。

另外 INCOSE 的《系统工程手册》还介绍了基于模型的系统工程和面向对象的系统工程方法,这些方法在本书的第 5 章有相关介绍。

7.9　INCOSE 专业工程活动

作为系统工程师,不仅需要掌握系统工程的顶层方法,还需要了解工程领域的不同专业的重要性。因此,系统工程手册从介绍性的角度对于典型的工程专业领域进行了介绍,主要包括:可承受性/成本效能/生命周期成本分析;电磁兼容性;环境工程/影响分析;互操作性分析;后勤工程;制造及可生产分析;重量特性工程;可靠性、可用性和可维护性;可恢复性工程;系统安全性;系统安保性;培训需要分析;可用性分析/人与系统综合;价值工程。

以上各类专业工程分析方法和详细说明,本书不再做详细介绍,具体可以参见 INCOSE《系统工程手册》4.0 版(图 7.12)。

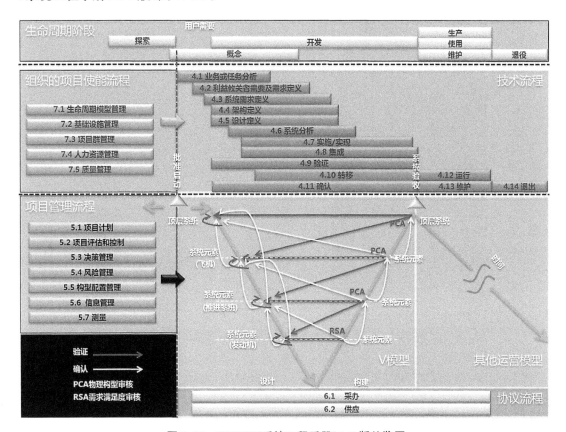

图 7.12　INCOSE《系统工程手册》4.0 版总览图

7.10　小　　结

INCOSE 发布的《系统工程手册》是系统工程领域最具权威和代表性的一本手册。基于全球各个领域的系统工程实践,形成了一套脱离于具体环境背景特质,通用和广泛的系统工程流程和思想,呈现全局审视问题的广域视角、解决问题的生命周期流程以及整体至上、流程主导的专业素养。

本手册以系统生命周期模型贯穿于理论和实践论述的主脉络,依次引出技术、项目、协议、组织项目使能、裁剪和专业工程等流程活动域,统一运用背景环境图(IPO)的方式描述各流程,并以活动的输入、输出、控制项和使能项四个维度使整体联络成为具有因果循环关系的架构。

4.0版的《系统工程手册》和 ISO/IEC/IEEE 15288 保持紧密的联系和绝对的一致性,INCOSE《系统工程手册》为系统工程标准提供了更为详尽、更具操作指导性的材料。

INCOSE《系统工程手册》4.0版面向的读者群涵盖了不同级别的系统工程师和各种工程领域的技术人员,既可以作为刚接触系统工程并期望成为系统工程师而开展系统化学习的基础材料,也可以作为具有丰富工程实践经验的系统工程从业人员的工具用书。

第8章
FAA的《国家的空域系统——系统工程手册》

《国家空域系统——系统工程手册》(*National Aerospace System - System Engineering Manual*)，简称SEM，由FAA首次出版于2006年，是一本指导"如何操作"的指南。首版的SEM定义了系统工程的定义及主要元素，并建立了一套关于将这些元素应用于国家空域系统(National Aerospace System，NAS)的最佳实践方法。SEM是系统工程领域内被认为最适合于联邦航空局所规划的分析、计划、设计、取证、生命周期支持和管理且经过实践验证的精选汇编。应用系统工程最重要的理由是它提供了文件、原则和工具，并以权衡的方式充分地识别、定义和管理所有的系统需求。系统工程提供了获得完整解决方案概念和系统架构所需的学科。它还提供了学科和工具，以确保所获得的系统满足在指定约束下可行的所有要求。没有其他工程或管理学科明确提供这种全面的背景或结果。而鉴于众多读者对提高手册实用性的建议，FAA于2014年对《国家空域系统——系统工程手册》改编并更名为《系统工程手册》(*Systems Engineering Manual*)进行重新出版，简称仍延续"SEM"。2014版SEM提出了FAA系统工程的框架并从更贴合操作的角度对系统工程的过程、技术管理原则、专业工程的具体内容进行了指导。与2006年版的SEM相比，前版着重于介绍系统工程的元素，而后者重点在于系统工程的实施过程和方法，并将前版所提的元素贯穿到过程之中，强调了元素在过程中的体现。而且提到了系统工程过程在取证管理系统的全生命周期中必须被遵循。另外值得一提的是，除了内容上的变革外，2014版SEM还明确了手册对不同受众的意义，如表8.1所示。这样更便于读者理解和使用SEM手册。

表8.1　受众与SEM手册意义

受众群	SEM手册用途		
	用于培训	工作参考	对所从事工作的意义
项目管理者		×	理解由团队成员完成的系统工程任务
初级系统工程师	×	×	基础性地了解如何完成FAA框架内的系统工程
高级系统工程师	×	×	为非系统工程任务策划者提供指南
其他工程师	×	×	了解系统工程工作的内容和方法
业界专家	×	×	理解如何把专家系统融入系统工程过程中
专业工程师	根据适用性	×	理解专业工程如何集成入系统工程过程中
测试人员		×	了解系统工程期望得到测试团队的支持

8.1 FAA 系统工程概述

这部分的内容以概念性介绍为主,主要内容来自 FAA 2006 年版的 SEM。SEM 定义的系统是一组要素的集成,这些要素在其运作或支持的环境中共同组合完成所定义的目标(A system is an integrated set of constituent parts that are combined in an operational or support environment to accomplish a defined objective)[38]。这些集成要素可以包括人、硬件、软件、固件、信息、程序、设施、服务和其他支持方面。来自不同学科和产品领域的人对于构成系统有不同的观点。例如,软件工程师通常将一组集成的计算机模块称为系统。电气工程师可以将复杂集成电路或集成电气单元集合称为系统。FAA 在 SEM 中具体所指的系统是称为国家空域系统 NAS 的系统,其包括但不限于所有机场、飞机、人、程序、空域、通信、导航和监视/空中交通管理系统设施。FAA 在 SEM 中将 NAS 定义为飞机运行的整体环境,包括飞机、飞行员、塔台控制器、终端区域控制器、航路控制器、海洋控制器、维护人员和航空公司调度员以及相关的基础设施(设备、计算机、通信设备、卫星、导航设备和雷达)组成的系统。

系统工程在 SEM 中被定义为是为获得最终产品或系统的成功而使用的一套用以权衡和集成系统设计中各个元素的全局化过程在企业层面,系统工程负责从项目投入到获利以及 FAA 条款高效贯彻的集成管理。在项目层面,系统工程对项目性能、利润、操作以及生命周期成本进行优化。而个别项目则根据项目需求的复杂性来采取相应的流程、工具和技术。SEM 则是系统工程领域对航空工业和政府为支持航空公司商业需要而提供的文件。为使效率最大化,系统工程从需求定义就开始介入并一直贯穿项目的整个生命周期。在项目的进程中,系统工程用来确保项目以最佳方式运作。同时系统工程可帮助项目运作中的偏差被及时发现并尽早解决以降低风险控制进度和减少超支。

作为系统工程的指导性手册,SEM 定义了将在整个项目生命周期中执行的组成系统工程的元素。手册中"项目"旨在表示所有规模和复杂性的项目,从国家空域系统(National Airspace System,NAS)到个别部件,但建议个别项目根据主项目要求定制过程、工具和技术的应用程序。此外,这些过程的实施由 NAS 系统工程管理计划中指定的适当程序或系统工程管理机构指导。系统工程管理计划是描述项目在系统工程方面的任务与进度需求,以及这些系统工程任务如何被管理与实现的文档。SEM 回答与"什么任务""如何操作"和"时间节点"相关的系统工程问题,而系统工程管理计划回答与"什么任务""谁负责""时间节点"和"为什么"相关的系统工程问题(即,为什么特定组织或项目落实或不落实特定系统工程元素,并与 SEM 讨论关于系统工程元素的目的所在)。图 8.1 描述了两文件间的关系。

FAA 2006 年版的 SEM 的主要目的是:

1) 定义 FAA 对系统工程的实践集合,提供任何工程师或团队执行任务时需要的系统工程方法。通过设计,上述实践兼容所有组织和机构与健全的政府和行业最佳政策和准则。

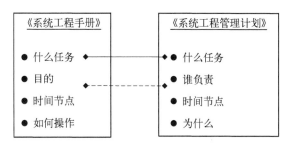

图 8.1　《系统工程手册》与《系统工程管理计划》间的关系

2）提供有效和一致的系统工程方法和工具。

3）确定系统工程有效实践的领域。

4）提供系统工程活动所需的产品详细信息以确保均匀一致的高品质产品。

5）使系统工程能够参与并支持计划管理及其需求。

SEM 的目的就是为 FAA 贯彻系统工程提供一个框架。针对新一代航空运输系统 NextGen，FAA 通过 SEM 给出了以下指导。

1）定义 FAA 认可的并受工程师或组织在执行任务需求时所采纳的系统工程过程方法；

2）必须遵从采办管理系统（Acquisition Management System，AMS）生命周期；

3）提供有效的系统工程方法和工具；

4）为有效实施系统工程而识别出特征区域。

SEM 通过识别在 AMS 决策与获取过程中相应的系统工程元素来支持 AMS 生命周期阶段。SEM 以下各部分介绍的过程和活动构成了 SEM 所提供的系统工程框架。图 8.2 为 FAA 系统工程框架概括。

1）系统工程和 AMS 生命周期；

2）系统工程过程；

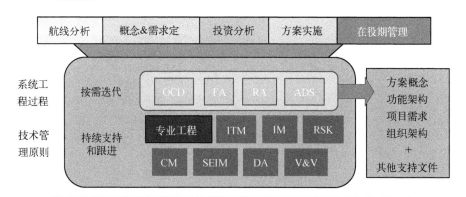

图 8.2　FAA 系统工程框架概括

3）技术管理；

4）专业工程。

FAA 系统工程由 13 个元素组成,其中 1 个外围元素,12 个内部元素。1 个外围元素如下表 8.2 所列,12 个内部元素如图 8.3 所示,"系统工程过程管理"作为第 13 个元素,即外围元素[39]。

表 8.2 FAA 系统工程中的外围元素

系统工程	缩写	目的
技术集成规划	ITP	规划系统工程的工作和产出
需求管理	RM	识别和管理用于描述系统期望架构的需求
功能分析	FA	描述用以分派需求的功能架构(系统需求)
设计综合	SYN	把需求转化成物理方案
权衡分析	TS	通过分析和选择满足需求的最权衡方案协助决策制定
接口管理	IM	识别并管理系统内或相关系统间的冲突元素
专业工程	SpecEng	使用专业工具和方法对系统、需求、功能、方案、接口等进行分析,并辅助需求的分派、方案的设计综合以及需求确认和验证
分析集成	IA	确保分析达到要求的真实度和精确度水平
风险管理	RSK	识别、分析和管理研发过程中的不确定性并降低其严重性和可能性
构型管理	CM	建立并维护系统性能、功能和物理特征的连贯性并对更改进行管理
验证和确认	V&V	确认系统需求是否正确,验证方案是否满足已被确认的需求
生命周期工程	LCE	识别并管理与系统生命周期相关的需求包括固定资产管理,物流支持等
系统工程过程管理	MSE	为满足 FAA 要求而对系统工程过程进行的管理和维护;通过不断改进系统工程过程和工具的效率获取行业技术和标准

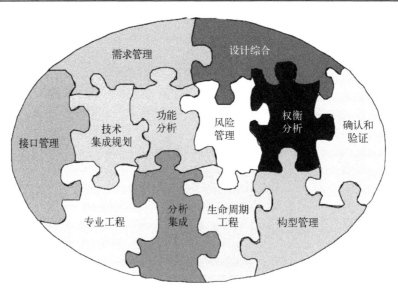

图 8.3 FAA 系统工程中的内部元素

FAA 系统工程的过程遵循 PDCA 四步骤原则,即策划、实施、检查、处置。此四步骤形成如图 8.4 所示,循环迭代关系存在于项目生命周期之中。其中实施是对产品研发过程中事件处理的落实,处置是经对措施实施的检查分析后对产品研发过程的改进手段。

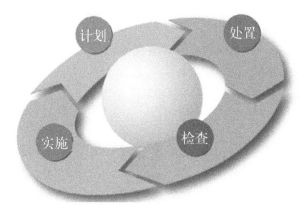

图 8.4　PDCA 循环

8.2　FAA 生命管理过程中的系统工程

FAA 取证管理系统(AMS)于 1996 年成立,以满足该机构的独特需求,并提供对设备、材料、服务、投入及成本效益的更及时管理。这套系统涉及许多管理学科,包括战略规划、预算、企业架构、投入组合管理和投入决策。FAA 系统工程师最关心的是开发满足利益攸关者需求的解决方案。在项目研发过程中的某些时刻,解决方案必须由管理和审批部门进行评估,以证明项目适合持续的开发和投入。AMS 中 FAA 生命周期管理的典型过程如图 8.5 所示。

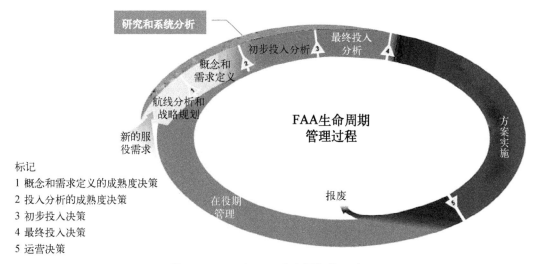

标记
1 概念和需求定义的成熟度决策
2 投入分析的成熟度决策
3 初步投入决策
4 最终投入决策
5 运营决策

图 8.5　AMS 中 FAA 生命周期管理过程

图 8.5 描绘了从需求识别开始,持续贯穿分析和解决方案开发的阶段,并最终投入使用的方案,直到它被替换或更新的演变。它提供了从系统工程视角关于解决方案(程序、系统或投入)如何通过生命周期的各个阶段的描述。

作为在 FAA 政策中正式化的管理过程,AMS 生命周期包含一些定义机构投入举措的状态的正式决策点,它们由图 8.5 中的数字表示。每个决策点需要完成一系列特定于该阶段的活动,并批准总结这些工作的文件包。这些文件反映了项目的需求,规划和开发过程的成熟度。系统工程在促进和确保整个生命周期的计划流程方面发挥关键作用,从而产生一个满足除了其他机构战略目标之外的服务需求的解决方案。各个决策点的详述如下。

阶段 1. 航线分析和战略规划——确定和定义运营需求并使其与战略目标相一致。决策点 1 是概念和需求定义准备的决策。

阶段 2. 概念和需求定义——研究和分析可能满足用于确定需求的概念,定义功能和性能要求,确定初步备选方案。决策点 2 是就绪决策的投入分析(这里的投入指项目实施所需的人、物、资金等各项投入)。

阶段 3/4. 初步/最终投入分析——优化需求并分析解决方案,征求业内供应商的反馈,选择投入选项。其包含初步投入分析和最终投入分析。决策点是 3 初步投入的决策,决策点 4 最终投入的决策。

阶段 5. 方案实施——开发和生产解决方案,在现场部署并委托。决策点 5 是在运营决策。

在役期管理定义——操作、维修并维持解决方案,直到报废,更新或替代。

如图 8.6,ISO 标准 No. 15288:2015 中描述的将 FAA 生命周期各阶段与传统的产品生命周期阶段进行对照,以便从另一个角度理解 FAA 生命周期各阶段的构成。尽管每个解决方案可以以稍微不同的方式开发,但是该描述提供了用于将 FAA 解决方案与任何其他开发产品相关联的概念基础。

图 8.6 传统生命周期与 FAA 生命周期阶段对照

AMS 中的 FAA 生命周期管理过程与系统工程元素间关系如下表 8.3。

表 8.3 系统工程元素与 AMS 生命周期过程的关系

AMS 生命周期过程 系统工程元素	航线分析	投入分析	方案实施	在役期管理	报 废
技术集成规划	×	×	×	×	×
需求管理	×	×	×	×	

续　表

AMS生命周期过程 系统工程元素	航线分析	投入分析	方案实施	在役期管理	报　废
功能分析	×	×	×	×	
设计综合	×	×	×	×	
权衡分析	×	×	×	×	×
接口管理	×	×	×	×	×
专业工程	×	×	×	×	
分析集成	×	×	×	×	
风险管理	×	×	×	×	×
构型管理		×	×	×	×
验证和确认	×	×	×	×	
生命周期工程	×	×	×	×	×
系统工程过程管理		×	×	×	

在系统工程的元素中也有生命周期工程(life cycle engineer，LCE)，元素的生命周期工程定义是评估研发和产品操作或服务的约束和附属产品的目标过程。其目标是完整生命周期中产品价值最大化和成本最小化。这一过程的阶段有：

1）识别需求；

2）技术评估；

3）新技术介入；

4）性能分析；

5）操作评估；

6）建立服务环境。

LCE 阶段是 AMS 生命周期过程各阶段的阶段性活动的流程。在航线分析阶段，运用到的 LCE 阶段有需求识别、新技术介入和建立服务环境。

以下是从系统工程的角度对每个生命周期阶段的描述：

1）阶段图——以系统工程为焦点对所需的主要输入、活动和输出的快速参考；

2）活动描述——系统工程着力于合成输入，与其他各方协调，为管理决策点准备所需文件包；

3）阶段产品——为支持阶段活动和决策点可交付成果而创建的各种工具列表。某些项目可能不会在活动描述中提及，例如不需要系统工程支持的工具。

在 AMS 生命管理的第一阶段——航线分析和战略规划，所有分析捕获的需求以及战略规划路线必须按照 FAA 指定的架构以"按照……"和"成为……"这样的句式描述。FAA 系统工程在本阶段的活动包括：

1）描述优先需求和初始缺陷；

2）计划企业架构更改；

3）进行初步安全性评审；

4）制定方案概念和需求定义（concept and requirement review，CRD）计划。

FAA 生命管理第二阶段——概念和需求定义阶段包括以下系统工程活动：

1）缺陷分析定稿；

2）制定操作的方案；

3）进行功能分析；

4）编写初步项目需求；

5）识别应变范围；

6）评估大致的成本；

7）开发企业架构产品；

8）评定操作安全性；

9）准备投入分析计划。

FAA 生命管理的第三、四阶段——投入初步分析和最终分析两阶段。在初步分析中包含的系统工程活动有：

1）组建投入分析团队；

2）定义和分析运作情形；

3）判断市场接受力；

4）更新项目需求；

5）评定安全性风险；

6）制定初步实施战略和规划资料；

7）初步产能分析研究；

8）确认和验证关键工作产出；

9）开展最终投入分析计划；

10）初步投入决策。

最终投入分析是为了降低项目变化风险并成功获得 FAA 认可。FIA 包含的系统工程活动有：

1）识别关键的规划元素；

2）建立取证项目基线；

3）降低项目成本并敲定需求；

4）评定安全性风险；

5）敲定实施和生命周期支持的战略；

6）寻求并评估初始订单；

7）进行产能分析；

8）敲定运作情形；

9）建立航线审查表；

10）验证并确认关键工作产出；

11）最终投入决策。

FAA 生命管理第五阶段——方案实施，包括产品实现，部署和移交两大块。前一块工作包含的系统工程活动有：

1）完成方案规划；

2）细化方案；

3）评定安全性风险；

4）操作准备验证；

5）验证和确认关键工作产出。

部署和移交包含的系统工程活动有：

1）部署规划；

2）更新运营管理规划；

3）运营决策；

4）把方案部署到各网点；

5）计划和执行移交。

运营管理的活动支持执行 FAA 提供的空中交通管制和其他服务的任务。运营管理规划的文件集中于支持持续运行和维护已交付产品的活动。运营管理包含的系统工程活动有：

1）交付服务；

2）持续服务；

3）进行操作分析；

4）产品维护；

5）风险管理；

6）产品和服务文件维护。

8.3　FAA 系统工程的要素

之前提到 FAA 系统工程由 13 个元素组成，分别是集成规划、需求管理、功能分析、设计综合、权衡分析、接口管理、专业工程、分析集成、风险管理、构型管理、验证确认、生命周期工程、系统工程过程管理。以下对这些元素一一进行介绍。

1）集成规划，为提供最佳产品和服务，在问题定义和协调项目各元素时采用的战术和战略手段。集成规划的目的是为结构化地执行基于需求的项目而提供健全的、可验证的项目管理。ITP 使用到的工具有计划模板、文字处理、展示和规划工具。为提供与交付、任务和工具有关的信息，个别项目可能需要对模板进行裁剪。

2）需求管理，其实是系统工程的一项活动，它存在于项目的整个生命周期。需求管理从顶层需求到与其相关联的低级需求进行迭代化地识别和细化，并与功能基线和架构保持一致，同时综合所有受关注的系统方案。需求管理使用到的工具有：① 需求工具架构,包括需求文件、追溯机制、分配机制、验证、追溯效果评估、兼容性;② 需求管理软件;③ 需求数据库。

3)功能分析,在 FAA 系统工程中功能分析是系统工程的过程,通过功能分析将利益攸关者的需求转化成有序的可追溯的功能架构,这一过程将需求和物理架构生成一个框架。这一过程的典型文件如接口控制文件。FA 过程主要有以下 5 项:

① 定义顶层功能;

② 整理功能的逻辑关系;

③ 自上而下分解功能;

④ 功能分解评估;

⑤ 功能分析基线文件化。

4)设计综合,是以最佳设计方案包括人、产品、流程的形式将逻辑化、功能化组织起来的需求落实到物理架构的过程。这一过程的典型文件如工作分解结构、架构模块图、原理图。设计综合使用的工具有原理图和计算机辅助设计软硬件。

5)权衡分析,用来在众多技术方案中取得平衡的系统工程元素,是为以最高性价比满足利益攸关者需求而开展设计工作的关键工具。权衡分析的任务包括:

① 确定范围和原则;

② 定义评估标准和额外因素;

③ 选择备选方案;

④ 淘汰备选项;

⑤ 评估备选项;

⑥ 敏感性分析;

⑦ 结果评审并形成结论。

权衡分析用到的工具有质量职责分配和建模仿真。

6)接口管理,是用来确保系统在生命周期中包括进行更改后所有部分协同工作并满足系统目标的系统工程元素,它包括界面的识别、定义以及控制。接口的类型可以是根据要求划分的性能、功能、物理特征。接口管理的过程步骤有:

① 识别功能/物理接口;

② 建立系统元素间的功能或物理接口矩阵;

③ 为制定范围文件定义功能和物理接口;

④ 建立接口需求文件;

⑤ 编写接口控制文件,细化接口控制文件;

⑥ 修订接口需求文件和接口控制文件;

接口管理的工具主要是 FAA 开发的基于网络的接口需求文件和接口控制文件编制工具。

7)专业工程,它是系统工程的子集,用来定义和评估某一系统的专业范围、专业特征、专业架构。专业工程的任务有:

① 获取并开发某操作系统及环境描述;

② 控制问题并定义研究和设计的约束条件；

③ 选择分析方法和工具；

④ 通过分析系统参数判断系统特征；

⑤ 定义专业工程需求并形成文件；

⑥ 就结果与利益攸关者进行协调；

⑦ 编写本专业设计分析报告；

SpecEng 的工具通常是专业使用的专业工具如制图工具、专业数据库等以及需求和功能分析工具。根据不同的项目选择专业工程的工具，但这些工具必须有对应的文件控制和识别。任何专业工程都必须考虑安全性、可靠性、维修性和有效性，以及人为因素和环境。

8）分析集成，通过集成的过程确保每项分析提供的结果都能达到要求的真实度、精确性水平并及时得到结果。分析集成的过程有：

① 识别分析需求；

② 确保使用正确工具；

③ 确保应用合适的分析技术；

④ 确保输入正确性；

⑤ 执行分析；

⑥ 验证集成结果。

9）风险管理，FAA 把风险被定义为具有现实（非零也不是 100％）发生的可能性/概率的未来事件或情形，以及对成功完成明确定义的目标的不利后果/影响。风险管理是一个有组织、有系统的决策支持过程，可识别风险，评估或分析风险，并有效地减轻或消除风险以实现目标。风险管理的任务有：

① 识别风险；

② 风险影响分析和评估；

③ 风险降低措施选择；

④ 实施风险降低计划；

⑤ 风险监控和跟踪。

风险管理工具有风险分析工具，这方面工具有很多。FAA 的典型分析工具是风险雷达图，通过系统工程委员会赞助的 FAA 风险管理课程介绍，可以获得包含 FAA 模板和表格的风险雷达图版本。该软件可免费供所有 FAA 计划使用（包括用于支持 FAA 计划的承包商）。另外风险管理的工具还有风险注册表，其内容包括风险识别和创建/更新、风险编号标识、可能性、影响、风险等级/变化、风险后果描述、下步节点、风险发生时间、降低状态、风险类型、风险降低计划状态。

10）构型管理，FAA 将其定义为用于建立和保持产品性能、功能和物理属性与其在其整个生命期间的要求、设计和操作信息的一致性的管理过程。这一过程使用的典型文件如工程更改建议。构型管理过程的阶段有：

① 计划和执行构型管理过程，建立和管理构型管理程序，其中包括成立构型控制委员会、制定构型管理计划和流程、制定构型管理采购需求；

② 识别基线元素,其中包括构型单元、维修基线、功能基线、分配基线、产品基线等;

③ 管理经批准的基线变更,典型的操作如构型控制决策;

④ 提供构型状态审核;

⑤ 构型验证和审核。

11) 确认和验证,即(V&V)过程,是系统工程的核心过程。确认过程确定所执行的项目是正确的,验证过程确保项目被正确的执行。民用飞机 V&V 过程以图 8.7 的形式为人熟知。

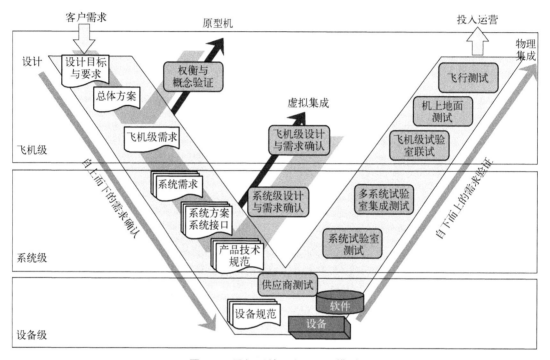

图 8.7 民机系统工程 V&V 模型

确认过程的任务有:

① 收集被识别的系统需求和约束;

② 审查现有技术计划;

③ 识别并聚集资源(工具、信息、团队等);

④ 把已识别的需求添加到确认表中;

⑤ 分析需求文件以及系统分析;

⑥ 确认表中的确认信息文件化;

⑦ 与利益攸关者共同审查确认表;

⑧ 确认表中的需求确认分析文件化和编制确认报告。

验证过程的方法主要分成测试评估和系统工程评价两大块,测试评估的方法有:

① 演示;

② 测试;

③ 分析；

④ 体验。

系统工程评价的方法有：

① 工程分析；

② 类比；

③ 记录确认；

④ 仿真；

⑤ 设计文件评审；

⑥ 实测。

验证过程的任务有：

① 收集适用信息；

② 从技术集成计划获取或建立主验证计划；

③ 建立验证流程；

④ 创建需求验证追溯矩阵；

⑤ 制定独立验证程序；

⑥ 验证成熟度审查；

⑦ 执行验证程序；

⑧ 形成验证报告；

⑨ 建立需求验证依从文件。

12）生命周期工程，是评估研发和产品操作或服务的约束和附属产品的目标过程。LCE 的目标是完整生命周期中产品价值最大化和成本最小化。这一过程的阶段有：

① 识别需求；

② 技术评估；

③ 新技术介入；

④ 性能分析；

⑤ 操作评估；

⑥ 建立服务环境。

LCE 的工具包括后勤信息系统、备案模型、后勤管理信息指南、编码、FAA 取证系统工具单和临时固定资产数据库。

13）系统工程过程管理，FAA 提倡使用标准的系统工程过程，这些过程必须受持续的监控和改进以使其质量最优化。MSE 的过程阶段有：

① 系统工程标准过程的定义并形成文件；

② 管理系统工程标准过程；

③ 评估和监控系统工程实施效果；

④ 改进的措施定义；

⑤ 实施改进。

8.4 小 结

　　FAA 发布的《国家的空域系统——系统工程手册》从方法和过程上对飞机系统工程的实施做了具体指导，并结合 FAA 对取证项目的建议，通过《系统工程手册》可以较好地了解 FAA 对系统工程的理解和对飞机系统工程实施的要求，《系统工程手册》对系统工程需求分析、需求管理、接口管理、设计综合、确认及验证等过程进行了全面阐述。对系统工程在飞机领域的实际应用提出如何将系统工程方法和理论融入已有的组织机构的路径和建议。以《系统工程手册》为指导对飞机研发取证以及与 FAA 的沟通都有很大的推进作用。《系统工程手册》所推崇的系统工程各过程元素的系统工程活动始终遵循着 PDCA 原则，这也是质量管理的原则，因此《系统工程手册》对提高飞机产品质量和项目运作效率有非常重要的意义。

第9章
基于模型的系统工程

9.1 基于模型的系统工程概述

随着大型复杂系统的研发过程越来越依赖模型和仿真技术。建模和仿真已经成了区别于理论和实验的第三种方法,而且这些技术的应用和实践也遵循系统工程的思想予以规范化,这些建模流程成为基于模型的系统工程(MBSE)的基础。INCOSE 于 2007 年发布的《国际系统工程愿景 2020》中将基于模型的系统工程(MBSE)定义为"一种应用建模方法的规范方式,用于支持系统需求、设计、分析、验证和确认活动,这些活动从概念设计阶段开始,贯穿整个开发过程及后续的生命周期阶段"。

传统的系统工程方法是"文档驱动"(document driven)式的。无论是需求文档、方案报告、还是系统设计文件(如接口控制文档、研制规范、详细设计等),均采用文档描述,使用的也是自然语言的描述方法(至多在文件中对于复杂逻辑用流程图来表示,但是这种流程图也是一种静态图形,无法运行)。文档驱动的设计方法不足之处:

1)由于自然语言描述的歧义性,造成不同的设计人员在读取文档时,可能会产生不同的理解,为了消除这种不同的理解,所耗费的工作量是巨大的。

2)文档形式的设计文件,其验证与确认只能通过人工阅读的评审方式进行确定。传统评审方法的不利因素:

① 一般系统设计文件都有文档规模大、内容多、逻辑设计复杂等特点,如航电系统详细设计文件,全部下来有上千页之多;

② 对于评审规模,规模大则不易组织执行,规模小则不易发现问题;

③ 评审人员能力有高有低,对相关技术领域熟悉程度也不同。

上述各种原因综合起来,极易造成评审的充分性和有效性差。隐藏的系统设计缺陷将在设计后期暴露,最明显的是在软件开发过程中由于系统设计的不断完善更改从而导致软件不断更改,造成系统试验验证过程漫长无期(因为在试验过程中还在不断地更改设计)。甚至有些缺陷在试飞阶段和交付部队阶段才被暴露,而后期进行的系统设计更改,付出的工作量将是前期设计更改的几倍至十几倍。

以往文档驱动的系统设计方法另一个不足是设计文件的版本状态控制做得不好。文件更改时一般使用协调纪要,而协调纪要的管理方式则为室内存档。协调纪要的好处是方便快捷,能快速应对系统需求的经常变换。缺点是没有很好的需求追踪管理,系统设计文件往往不能得到及时更改。同时,由于没有很好的文档管理和发布系统,易造成文档版本的混乱。

相较于传统的系统工程方法,MBSE 可以提升对产品规范相关信息的捕获、分析、共享和管理能力,从而带来如下好处:

1) 改善开发利益攸关者(如,客户、项目管理人员、系统工程师、硬件及软件开发者、测试人员及专业工程学科)之间的沟通;

2) 通过多角度对系统模型进行审视从而提升对系统复杂度的管理能力,并进行变更影响分析;

3) 提供无歧义且精确的系统模型,通过模型可以评估一致性、正确性和完整性,从而提高产品质量;

4) 通过以更加标准化的方式捕获信息并利用模型驱动的方法具有内在自抽象的机制,增强知识的捕获和信息的复用;这反过来会缩短修改设计的周期并降低维护成本。

基于模型的系统工程是开发和维护高复杂系统的关键,其提供支持系统需求分析、功能分析、架构设计、需求确认和验证活动所需的形式化的建模和模型执行手段。基于模型的系统工程使得复杂系统由多系统架构逐渐综合形成"系统之系统"(SoS)架构成为可能,其模块化的、可更换的架构元素提供了最好的价值和互操作性,架构元素的重用为跨产品线的一致性提供了保障。基于模型的系统工程引入了综合系统模型的概念,通过系统用例、功能、时序、状态、架构和接口等模型全面反映系统各个方面的属性信息(包括:要求、性能、物理结构、功能结构、质量、成本和可靠性等),为系统工程人员提供一种以图形化的系统建模语言(Systems Modeling Language,SysML)为基础的系统行为描述规范,对系统的各种需求进行可视化的表达和分析,确保不同专业、不同学科、不同角色的工程设计人员基于同一模型快速准确理解、识别、定义、分析、确认、分配需求;基于模型的系统工程强调在产品开发周期的早期阶段,就着手详实地定义系统的需求与功能,并进行设计综合和系统验证,其输入是利益攸关者需求。再经过需求分析、系统功能分析和设计综合,输出系统需求规格、产品规范、接口控制文件以及系统之下一个或多个层级元素对应的子系统模型;基于模型的系统工程方法论强调"场景驱动"的需求捕捉和分析,通过模型执行实现需求的确认和验证,并在流程执行过程中实现需求的跟踪管理,并使用规范的建模语言,实现从系统工程到软件工程及专业工程的无缝衔接。

基于模型的系统工程是一种方法论。所谓方法论,是相关流程、方法和工具的集合。方法论本质上是一种"办法",可被认为是相关流程、方法和工具在一类具有某些共同之处的问题上的应用。Martin 对流程、方法和工具做了以下定义。

1) 流程(P)是一系列为达到一个特定目标所执行的逻辑任务。流程定义要做"什么",不规定"如何"执行每项任务。流程的结构提供多个综合层级,以允许在各种不同详细层级上进行分析和定义,以便支持不同的决策需要。

2) 方法(M)包括执行任务的技术,换言之,它定义"如何"执行每项任务(在该背景环境中,词语"方法""技术""实践"和"程序"通常可互换使用)。在任何层级上,流程任务都使用多个方法执行,但每个方法也是流程本身,具有一系列为该特定方法所执行的任务。换言之,一个抽象层级上的"如何做"变成下一更低层级上的"做什么"。

3) 工具(T)是一种仪器,当它应用于一个特定方法时,可提高任务的效率;前提是该工具由具有适当技能并经过适当培训的某一人员恰当地应用。

与流程、方法(和方法论)及工具的上述定义相关联的是环境。环境(E)包括周围的事物、外部对象、条件或影响对象、个人或集体行动的因素。这些因素可以是社会的、文化的、个人的、物理的、组织的或功能的因素。项目环境的目的应是支持在该项目上所使用的工具和方法的使用。因此,环境使能(或使不能)"做什么"和"如何做"。

图 9.1 阐明技术和人员与 PMTE 元素(流程、方法、工具和环境)的关系

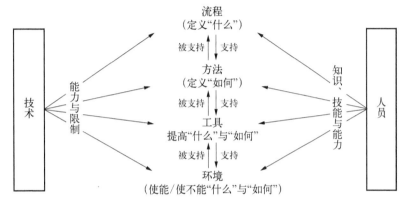

图 9.1　技术和人员与 PMTE 元素的关系

通过对以上要素的分析可知,MBSE 方法论可被描述为所使用的相关流程、方法和工具的集合,以支持"基于模型的"或"模型驱动的"背景环境中的系统工程学科。综合以上分析,可以得出 MBSE 方法论必须要建立的三大支柱:

1) 建模语言:让系统工程师可以通过绘制系统设计想法,从而快速有效地和其他团队成员沟通,这个也是支撑 MBSE 的重要基础环境,使得系统建模变成一种可能;

2) 建模方法:让系统工程师正确有效地将系统设计想法转变成模型;

3) 建模工具:让系统工程师便捷地应用建模语言绘制设计想法。

1. MBSE 的建模基础语言:SysML

为了有效地支持 MBSE,INCOSE 和对象管理组织(object management group,OMG)在对 UML2.0(统一建模语言)的子集进行重用和扩展的基础上联合提出的一种通用的针对系统工程应用的"标准系统建模语言"(systems modeling language,SysML)。

1) SysML 是一种通用的图形化建模语言,用于描述、分析、设计和验证那些包含硬件、软件、设备、人员和信息的复杂系统;

2) 这种语言提供了对系统需求、行为、结构和参数进行图形化表达的语义及语法基础;

3) SysML 是基于 UML 语言(统一建模语言),针对系统工程应用领域的继承和扩展。SysML 与 UML 关系如图 9.2 所示,SysML 图分类如图 9.3 所示。

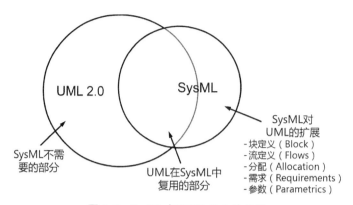

图 9.2　SysML 与 UML 2.0 的关系

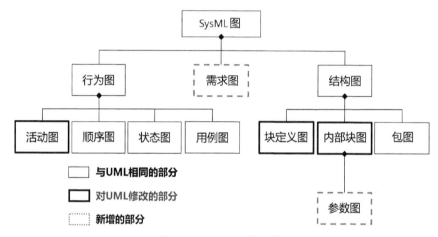

图 9.3　SysML 图的分类

2. 建模准则的建立

MBSE 建模方法和工具在下一节"主要的 MBSE 方法论介绍"中会做详细介绍。在进入下一节之前，还需介绍系统建模的基本准则。建立建模准则主要有以下几个步骤：

（1）在开始建模之前，应先定义清楚建模的目的。

1）建模目的包括以下几个方面。

① 建模的预期成果；

② 谁会用到建模的成果；

③ 如何运用建模成果。

2）定义建模目的的意义。

① 决定了建模的程度，包括广度、深度和保真度等；

② 决定了建模所需的资源，包括时间、预算和技术能力等；

③ 投入的资源要与建模的程度相适应。

建模的目的可以涵盖系统工程过程的不同方面，常见的有：

① 描述一个已有的系统。

② 详细说明并设计一个新的系统，或改进一个系统。

a. 描述系统概念；

b. 详细说明并确认系统需求；

c. 综合系统设计；

d. 详细说明部件需求；

e. 维护需求追溯性。

③ 评估一个系统。

a. 对系统设计进行权衡分析；

b. 分析系统性能需求或其他质量属性；

c. 验证系统设计满足了系统需求；

d. 评估需求和设计变更的影响；

e. 评估系统成本（如开发成本、全生命周期成本）。

④ 培训用户如何使用或维护系统。

（2）明确了建模目的后，还需要建立相应的标准。

1）建模的范围是否足以满足建模目的（包括广度、深度、保真度）？

2）相对于之前定义的建模范围，模型是否完整？

3）模型是否符合建模语言标准（如 SysML 标准）？

4）模型是否是一致的？

5）模型是否易于理解？（合适的抽象层级、模型的组织、命名规范等）

6）建模的规范和标准是否已文档化并贯彻落实？（如命名规范）

7）模型内是否提供了足够的支持信息？（合理运用描述、备注、标签等）

8）系统模型是否要与其他模型集成？（电子、机械、软件、测试及其他工程模型）

（3）建立基于模型的评价指标。

1）设计的质量如何？

① 需求追溯性角度：需求的满足情况、验证情况等；

② 关键性能指标角度：监控技术性能测量值，评估设计决策对性能的影响等；

③ 设计分配角度：各部件的内聚性以及部件之间的耦合性。

2）设计与开发的进度如何？

① 模型的完整程度（对应于建模范围）；

② 需求的覆盖率；

③ 用例场景的完成数量、功能逻辑的实现比例；

④ 对部件的详细描述程度，包括接口、行为、属性等；

⑤ 部件的验证和集成程度，系统对需求的满足程度。

3）设计与开发的工作量如何？

从模型元素数量的角度估算，需要积累历史数据。

　　一般来说，开展 MBSE 建模工作之前需要针对特点的项目，基于项目目标、系统的复杂度等，按照以上步骤定义系统建模规范，确保整个 MBSE 各团队，不同层级之间都对建模达成一致的共识。

3. MBSE 的演进路线

国际系统工程协会发布的 MBSE 2010—2025 路线图(图 9.4)上,对 MBSE 成熟度和能力的演进路线进行了表述,涵盖了标准、流程、方法、工具、培训与教育等多个方面,是未来 MBSE 的发展趋势。在工业 4.0 时代,MBSE 方法为全系统的开发提供数字线索和"数字双胞胎",使系统/产品的数字模型与物理实体在全生命周期内保持同步演进。

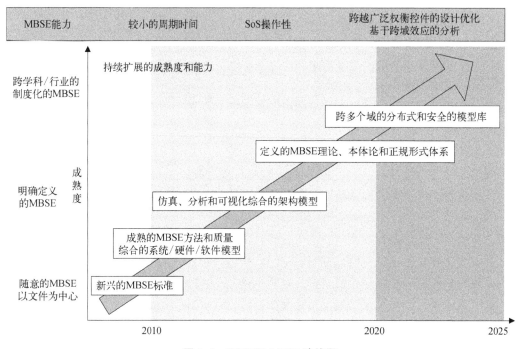

图 9.4 INCOSE MBSE 路线图

9.2 主要的 MBSE 方法论介绍

MBSE 作为当前系统工程方法论的最新发展趋势之一,在全球航空航天等装备研制领域掀起了一股研究和应用的热潮。当前,国际系统工程协会认可的 MBSE 方法论主要有以下六种。

1) INCOSE 面向对象的系统工程方法(OOSEM);

2) IBM Rational Harmony - SE;

3) IBM Rational 统一的系统工程流程(RUP - SE);

4) Vitech MBSE 方法;

5) JPL 状态分析(state analysis,SA);

6) Doris 对象-流程-方法论(object process method,OPM)。

其中,在商业推广领域,尤其是在我国航空航天领域广为宣传的是 IBM 公司的 Harmony - SE 方法。在空客、波音公司也纷纷在其新型号研制过程中,如 A350 上对部分子

系统试点采用了 MBSE 的方法进行设计和验证。另外,达索公司需求-功能-逻辑-物理
(RFLP)方法和 NASA 的 JPL 状态分析法都是具有一定的影响力,且在航空航天领域有工
程实践的支撑。下面将对国际上主要的 MBSE 方法论做简要的介绍。

9.2.1 IBM Harmony‑SE 方法

Harmony‑SE 和 Harmony™ 的开发起源于 I‑Logix 公司,其前身是嵌入市场中建模工具
的主要供应者,后被 IBM 公司收购。Harmony‑SE 方法论在航空航天、汽车、医疗行业经过一定
的试点,其流程和建模工具也被认为具备一定实践可行性。IBM 公司推出的 Rational DOORS 和
Rational Rhapsody 等工具应用被认为是在客户实际实施案例中抽象出来的一种用于系统工程的
最佳实践。Harmony 基于 SysML 和 UML 语言,支持模型驱动开发的流程。在模型驱动开发中,
模型是开发流程的核心成果,与分析和设计并存。每个开发阶段由特定类型的模型所支持。

图 9.5 用传统的系统工程 V 模型展示了 Rational Harmony 最佳实践工作流程。V 模
型的左侧描述的是自顶向下的设计流,V 模型的右侧展示了自底向上从单元测试到最终系
统验收测试的集成验证各阶段。

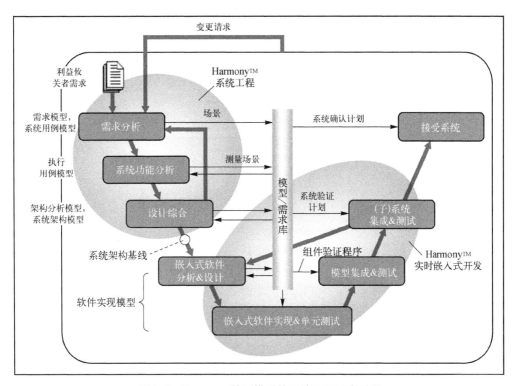

图 9.5 Harmony 基于模型的系统工程开发过程

Harmony‑SE 的系统工程工作流是增量迭代式的周期活动流。它由需求分析、系统功
能分析和系统设计综合三个阶段构成。增量迭代是基于用例来完成的。不同于软件工程工
作流,对于系统工程和实施的分析迭代,是通过不断地实施、测试,并不断提供出可显示的结
果,进行每次迭代的。

Harmony - SE 的主要目标是：

1）识别并推导所需的系统功能；

2）识别相关的系统模式和状态；

3）把系统功能和模式/状态分配到子系统结构中。

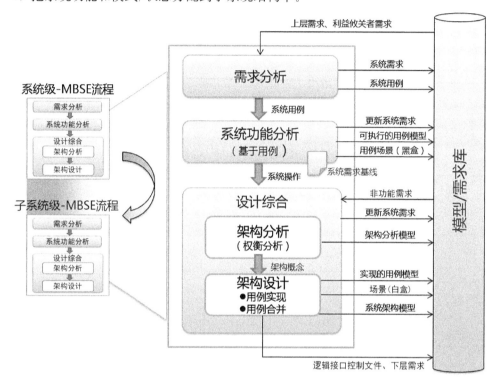

图 9.6　Harmony - SE 顶层流程

图 9.6 描绘了 Harmony - SE 顶层流程。对每一个系统工程阶段,它显示了基本的输入和输出。下面就 Harmony - SE 的三个阶段的流程做详细说明。

1. 需求分析

需求分析阶段的任务是捕获利益攸关者需求,并将其转换成系统需求,明确系统必须要做什么(功能需求),以及要做到什么程度(服务需求质量)。通过建立系统需求与利益攸关者需求的关联,确保利益攸关者需求被系统需求完整覆盖。

在确定系统需求后,通过抽取系统用例,概括系统最主要的能力,并将用例与系统进行关联,确保系统需求被用例完整覆盖。

需求分析阶段工作流如图 9.7 所示。

2. 系统功能分析

系统功能分析阶段主要将功能性系统需求转换成对系统功能的连续性描述。这个分析是以用例为基础的,在需求分析阶段识别出的各系统用例都将被转换成一个可执行的模型,并通过模型执行对模型及其背后的需求进行验证和确认。

在功能分析阶段,系统被视为一个整体(黑盒),在分析过程中不关注其内部构成,并产生以下 SysML 模型：

1）黑盒阶段的活动图；

2）黑盒阶段的顺序图；

3）黑盒阶段的内部块图；

4）黑盒阶段的状态图。

每类模型在描述用例行为时扮演了不同的角色：

1）活动图描述了选定用例范围内系统的工作流。它将功能性需求组织成动作及动作之间的控制流转移。

2）顺序图描述了随着时间推移，系统与外部角色的交互事件以及系统自身的行为。

3）内部块图以一种静态的视角展现了系统和外部角色的交互关系，通过端口和接口指定交互协议。

4）状态图以状态转换的角度描述了系统的完整行为，包括如何响应中断和行为。

功能分析阶段工作流如图 9.8 所示。

实际上，此流程并不是强制固定的，可以有以下几种选择。

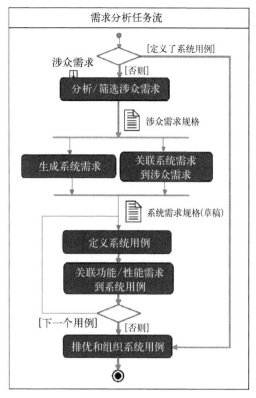

图 9.7　需求分析阶段工作流

1）活动图→顺序图→内部块图→状态图：从定义用例功能流开始。这是较常用的分析流程，通常，客户喜欢从一个"大的蓝图"来解释他们的需求，一旦总体的功能流被定义了，就可以从活动图中生成用例场景，用例块的端口和接口也从顺序图中创建。最后，在状态图中捕获基于状态的行为。

2）顺序图→活动图→内部块图→状态图：从用例场景定义开始。客户经常会描述要求的系统使用场景（例如运行构想），一旦一系列必要的场景被捕获，那么被识别出的功能流会被合并到一个活动图中，端口和接口也从场景图中被创建，它们在用例模型内部块图中定义了执行者到用例块的连接，最后一步是在状态图中对基于用例状态的定义。

3）状态图→顺序图→内部块图：从定义用例基于状态的行为开始。如果目标系统具有明显的状态转换特点，那么推荐使用这种方法，在这种方法中，用例块活动图的创建可能会跳过，用例顺序图通过状态图来驱动，再从顺序图中生成端口和接口。

不管选用哪种思路，状态图都是最核心的模型，通过执行状态图可以检查模型的设计是否合理，并对模型背后的需求进行验证和确认。

最后，功能分析工作流以建立用例块属性到相关系统需求的追踪链接而结束。如果在模型过程中新的需求或衍生的需求被识别，那么应对系统需求进行更新。在这个阶段还会产生一个工件，就是系统和外部角色之间的系统级接口控制文件（system level interface control document，ICD）。它定义了双方之间的逻辑接口（功能接口），并且聚合了所有用例

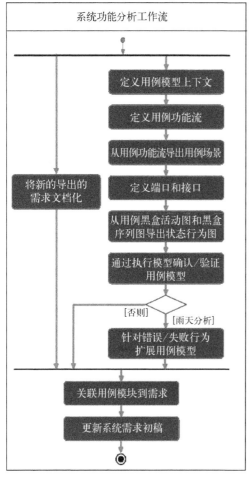

图 9.8 功能分析阶段工作流

块接口。此 ICD 是后期进行系统级测试定义的基础。

3. 设计综合

设计综合分为两个阶段。第一个阶段是架构分析,第二个阶段是架构设计。

(1)架构分析

系统功能分析定义了"系统要做什么而非系统要怎么做"。而在架构分析权衡分析阶段的目标是找到能力最佳且合理的最好的解决方法,也就是定义"怎么做"(how)。识别"怎么做"的一个简单方法是权重目标分析法(weighted objectives method),该方法通常应用于系统工程的设计领域,通过评价潜在的解决方案进行择优。

架构分析包含以下工作任务:

1)识别关键系统功能。

此项任务的目的是在架构分析时将系统功能组织到一些子集里来支持交替分析,一个关键系统功能可以是以下一组系统功能。

① 紧密连接的;

② 可能通过一个单独的架构组件来实现的;

③ 可以通过一个已经存在的组件(硬件/软件)重用来实现的;

④ 可能在系统内部中重用的;

⑤ 可以满足一个特殊的设计约束条件。

2)针对各关键系统功能,迭代开展下列工作。

① 定义候选方案

有多种方法来识别关键系统功能。本任务的目标是为之前识别出的关键系统功能确定出可能的方案,此方案由一个团队来详细描述,该团队聚集了所有相关领域的专家的意见。在这个阶段,所有相关的利益攸关者需求需要被识别出来并且被考虑到。候选的解决方案还要考虑到要开发的硬件和软件组件、不需要开发的项目和货价产品硬件及软件。

② 识别任务指标

为了从一系列候选方案中为某一关键系统功能确认出最好的方案,需要建立一些评价标准,有意义的评价标准应该和利益攸关者以及拥有专业知识的团队一起来建立,这些评价标准基于客户的约束条件、要求的运行特性或成本等。

③ 分配权重至任务指标

不是所有的评价指标都是等价的,一些指标比另一些更重要,评价指标根据它们对于整个解决方案的重要性而赋予不同的权重,这些权重因素规范在 0 到 1 的范围。这个任务应该由利益攸关者和相关领域的专家合作完成。

④ 为每个指标定义效能曲线

这个任务的目的是定义一系列的规范化的曲线——就是我们知道的效能曲线或值功能——每个评价指标为每个候选解决方案生成一个无穷小的有效性度量。这个曲线产生出一个规范化的 0 到 10 之间的值,该曲线的输入一般是基于设备说明规格或由基于可能的方案来驱动,在本案例中被认为是客观的。一个效能曲线还有可能是知识丰富的项目成员创建的,在这个案例中曲线反映了小组之间的一致性并被认为是主观的。

⑤ 分配效能测量至候选解决方案

为了通过权重目标分析比较一个关键系统功能不同的解决方案,每个候选方案通过一系列的规范化的、最小化的值被描述——有效性度量(measures of effectiveness, MoE),它描述了一个候选解决方案对于一个特定的评价标准有多大的效用。有效性度量是一个用效能曲线捕获的标准化的值,且这些值被候选解决方案所指定。这些值通常由设备规格说明来决定,或通过相关的解决方案来计算。

⑥ 确定解决方案

通过权重目标计算来决定哪个解决方案更好,在分析时每个评价指标的有效性度量值是通过合适的权重相乘得来的,每一个可选解决方案的权重值随后被相加以便为每个解决方案得到一个总分,最高得分的解决方案将被选为那个特定需求的实现方案。

⑦ 合并可能的解决方案以形成系统架构

合并每个关键系统功能的最优解决方案,以定义设备分解结构。假定初始的关键系统功能是独立的,因此,最后合并的方案是基于整个架构评价标准的更好的方案,这将成为接下来架构设计的基础。这些设计决定连同其他设计约束条件会在权衡分析报告中被捕获。

架构分析的产出物是系统架构,通过块定义图(block definition diagram)体现,其定义了系统由哪些子系统组成。

(2)架构设计

架构设计阶段的焦点是将功能性需求和非功能性需求分配到系统架构上,它可能是之前的权衡分析的结果或是一个已经给出的架构。

架构设计的过程类似于功能分析过程,区别仅在于当前的分析视角切换到子系统(即把系统的黑盒打开,分析白盒),因此在架构设计同样会产生以下模型。

1)白盒阶段的活动图(activity diagram)

系统级用例的动作被分配到系统架构上,通常有两种方式。如果一个分配方案已经存在,可以直接拷贝它们到相关的部件中。另外,也可通过用例白盒活动图来实现分配。本质上,白盒活动图是用例黑盒活动图的一个拷贝,在白盒活动图中,动作被划分到不同的泳道中,每个泳道代表一个子系统,从而实现能力的分配。如果一个动作不能分配到某个单独的块上,那么需要对其进行分解。

2)白盒阶段的顺序图(sequence diagram)

与黑盒阶段的顺序图类似,白盒顺序图展示了不同对象的交互关系,区别在于,与外部角色交互的对象不再是系统本身,而是子系统。

3)白盒阶段的内部块图(internal block diagram)

在白盒内部块图中,将识别子系统与外部角色、子系统与子系统之间的交互端口和接口。

4)白盒阶段的状态图(state-chart diagram)

白盒状态图展现了各子系统的完整行为表现以及相互之间的协作关系。

在架构设计阶段,对每个系统用例会迭代进行上述的分析过程(即用例白盒分析),最后将合并所有用例的分析成果,形成对系统行为的全面描述。

此后,可针对不同的子系统研制团队,传递相应的模型和要求说明。

9.2.2 Harmony - SE 的后续发展

基于 Harmony - SE 在 MBSE 的工程实践,通过不断总结和优化建模方法,IBM 又进一步推出了敏捷的基于模型系统工程方法(agile model based system engineering,aMBSE),使得建模过程更加灵活。不同于 Harmony - SE 方法中对系统开发流程中每一步活动固定一种建模方法,aMBSE 可以基于具体的应用场景灵活选择不同的建模方法,例如开展功能分析,既可以用活动图进行基于功能流的用例分析,也可以用时序图进行基于场景的用例分析方法,还可以通过状态机图进行基于状态的用例分析。使得系统开发人员可以根据系统的规模,对系统认识的不同角度开展设计和分析工作。

除了 aMBSE 的方法,IBM 的专家 Bruce Douglas 又进一步创造了面向 UML 的安全性分析方法,通过故障树分析图(fault tree analysis diagrams)、故障模式与影响分析(fault mode and effect analysis)以及其他相关方法提供基于模型的安全性和可靠性分析,另外还创造了面向 UML 的安全性分析,用于支持基于模型的威胁和对策分析;使得专业工程和系统架构设计的主流程得到有机结合,进一步完善了 MBSE 的方法,使其在工程应用方面的完整性得到进一步提升。

9.2.3 其他重要的 MBSE 方法论

1. INCOSE 面向对象的系统工程方法(object oriented system engineering method,OOSEM)

(1)概述

OOSEM 源于 20 世纪 90 年代中期,与洛克希德·马丁公司合作的软件生产集团(现为系统和软件集团)在工作中演进而成。该方法论部分应用于洛克希德·马丁公司的大型分布式信息系统,包括硬件、软件、数据库和手册程序部件。为了帮助进一步优化该方法论,INCOSE Chesapeake 分会于 2000 年 11 月建立了 OOSEM 工作组。

面向对象(object oriented,OO)的概念是由软件开发而来的,是一种软件开发方法。软件开发从早期的机器码,到汇编语言、高级语言、结构化编程,逐渐发展到面向对象的编程。面向对象的思想已经涉及软件开发的各个方面。如,面向对象的分析(object oriented analysis,OOA),面向对象的设计(object oriented design,OOD)以及广泛使用的面向对象

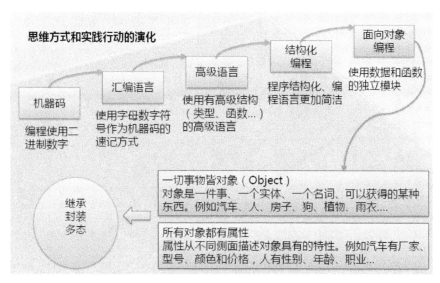

图 9.9 软件开发的演进

的编程实现(object oriented programming,OOP)。

面向对象的系统工程方法正是基于面向对象的思想,结合传统系统工程自顶向下的开发过程,形成的一套 MBSE 方法论。可以支持系统的规范、分析、设计和验证,也可以支撑面向对象的软件开发、硬件开发和试验。

如上所述,OOSEM 是支持面向对象的技术和系统工程基础的综合方法。OOSEM 也引入了一些独特的技术,如图 9.10 所示。

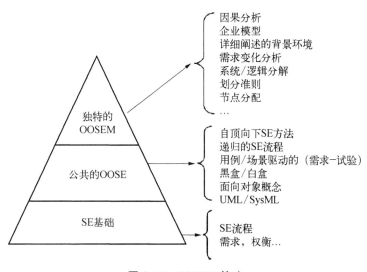

图 9.10 OOSEM 基础

OOSEM 包括下列开发活动,如图 9.11 所示。

1) 分析利益攸关者需要;

2) 定义系统需求;

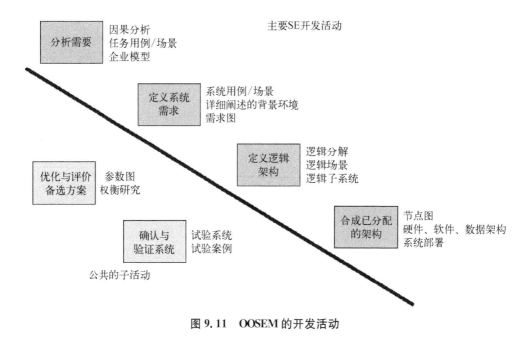

图 9.11　OOSEM 的开发活动

3）定义逻辑架构；

4）综合分配的候选架构；

5）优化和评价备选架构；

6）确认和验证系统。

这些活动在系统各层级结构中递归、迭代地应用，与系统工程"V"模型流程一致。系统工程技术管理流程，如风险管理、构型管理、计划、衡量等和跨学科团队的使用，也需要进行使用支持每个活动是有效的。

OOSEM 也将 SysML 作为其主要的建模语言。

（2）工具支持

目前，还没有一款专用的商用软件支持 OOSEM 的流程框架，但 OOSEM 是基于 SysML 语言的，可以使用支持 SysML 建模的工具，应用 OOSEM 的流程进行建模，并结合需求管理、构型管理、性能建模和验证工具等软件配套使用，开展 OOSEM 方法论的实施。

2. JPL 状态分析

（1）概述

喷气推进实验室（Jet Propulsion Laboratory，JPL）是 NASA 的一个下属机构。实验室的主要功能是建造和操作行星航天器，也进行地球轨道和天文学任务，还负责操作 NASA 的深空网络。JPL 状态分析方法是喷气推进实验室开发的一种 MBSE 方法论，支持基于模型和基于状态的控制架构，如图 9.12 所示。其中状态被定义为"进化系统的瞬时状态"，模型描述状态是如何进化的。

状态分析方法中定义的"状态"是对经典控制理论中状态定义（例如，航天器的位置和姿态以及对应速率）延伸到系统工程师希望对系统控制的所有方面。例如，可以包括装置的运行模式及健康、温度和压力、资源等级（如推进剂、易失性存储器及非易失性存储器）及任何

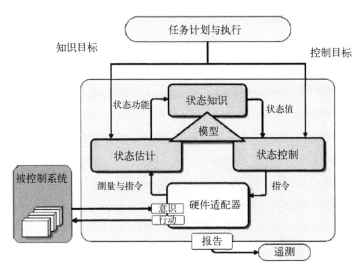

图 9. 12　状态分析基于模型和基于状态的控制架构

其他期望控制的方面。

　　状态分析方法通过模型的方式提供了一套显性地捕获系统和软件需求的流程。一般来说，软件工程师拿到系统工程师定义的系统需求时都需要努力将其转换成软件需求，并且需要准确理解系统工程师表述的系统行为，因此，这两种角色之间对于系统需求的理解由于其角度不同往往存在一定的偏差。在状态分析方法中，基于模型的需求是直接映射到软件上的，从而大大降低了系统工程师和软件工程师的理解偏差。

　　状态分析方法定义了一个迭代流程用于发现状态并对状态建模，该流程支持模型在项目整个生命周期过程中不断进化。一种称为"状态数据库"的工具可以将系统工程以传统文档化形式记录的产物转换成信息。此外，规定多个机构，通过这些机构将模型用于设计软件和运行制品。总的来说，状态分析方法为以下三个主要活动提供了一种有条不紊且严格的方法。

　　1）基于状态的行为建模：从系统状态变量和它们之间的关系方面对行为建模。

　　2）基于状态的软件设计：描述达成目标所依据的方法。

　　3）目标导向的运行工程：捕获由系统运行的目的而驱动的各类详细场景下的任务目标。

　　（2）与功能分析与分解的关系

　　在 JPL 内部的研究和开发活动中，启动了一项名为"基于模型的工程设计"的项目，目的是表明在工程设计中采用基于模型的概念可以适用于空间系统项目生命周期的规划阶段。状态分析的方法可与模型驱动的功能分析流程结合，作为一种更全面和严格的系统行为建模方法。

　　图 9.13 表明通过迭代的功能分解流程可以形成功能层级、物理部件层级（产品分解结构）和需求层级，以及在功能层级、物理层级和需求层级结构之间的关联关系。

　　通过"基于模型的工程设计"项目的研发任务，表明能够将功能分析和状态分析结合起来，并且这两种基于模型的系统工程方法可以互补，产生非常明显的优势，包括：

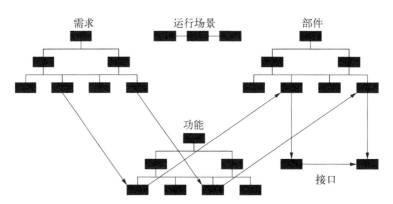

图 9.13　需求、功能、物理部件之间的迭代和关联

1）更好地理解设计的系统行为并将其文档化；

2）更早地识别非期望的设计挑战；

3）改进开发软件的可追溯性；

4）设计的系统中故障保护更具鲁棒性。

（3）与危害分析的关系

系统安全性分析的核心方法是危害分析，其中危害性是指"一个状态或一组条件，与环境中的其他条件一起，可能会引起事故（失效的事件）"。所有危害性分析技术依赖的基本模型是假设事故是如何发生的。大部分传统的危害性分析技术是基于因果关系链的事故模型，例如故障树分析（fault tree analysis，FTA）及失效模式影响性分析（failure mode effect cause analysis，FMECA）。

Leveson 团队提出了一种新的危害性分析技术，被称为基于 STAMP 的危害性分析或简称为 STPA。STAMP 代表系统理论事故建模和流程（systems theoretic accident modeling and process）。它是一个事故模型，在该模型中，认为事故不是由部件故障引起的，而是由于对系统的设计、开发和运行过程所施加的安全性相关的约束没有进行充分控制导致的。STAMP 中的多数基本概念不是事件，而是约束。在 STAMP 中，认为安全是一个控制问题，即当部件故障、外部干扰和/或系统部件之间的功能交互失常未得到充分地处理时，事故就会发生。执行这些约束的控制流程必须将系统行为限制在约束所限定的安全性范围内。正是这种基于"控制"的 STAMP 原理和衍生的 STPA 方法论——连同 NASA 针对软件安全所制定的新技术标准——已经启动了 JPL 方面的新任务，旨在将基于控制的 STPA 危害性分析方法与基于控制的状态分析 MBSE 方法论可以协调统一。系统安全流程与系统工程流程关系如图 9.14 所示。

（4）工具支持

状态分析的支持工具由状态数据库提供，其使用符合合格供应商目标的关系数据库管理系统，如具有前端用户接口的 Oracle®。该工具支持开发、管理、检查和确认系统及软件需求捕获，作为状态分析流程一部分。

支持系统安全工程技术（如危害性分析）的商业工具有 SpecTRM，该工具中使用的正式需求语言为 SpecTRM - RL，还有来自安全用具工程的 SpecTRM - GSC（一般航天器部件）。

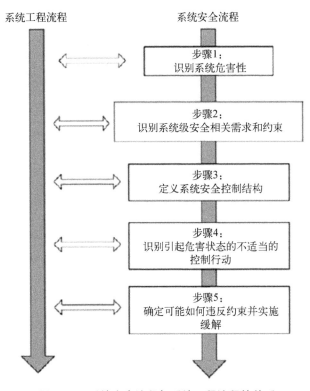

图 9.14　系统安全流程与系统工程流程的关系

3. Vitech 公司基于模型的系统工程方法论

（1）概览

Vitech 公司 CEO 和首席方法论学家 Long 开发了一套基于模型的系统工程的方法论——Vitech MBSE 方法论。Vitech MBSE 方法论基于四个主要的并行系统工程活动：① 源需求分析；② 功能/行为分析；③ 架构综合；④ 设计确认及验证。这些活动通过公用的系统设计库进行连接和维护（图 9.15）。

Vitech MBSE 方法论基于系统定义语言（system definition language，SDL）进行模型管理。这种 SDL 具有多种用途，如为技术沟通提供结构化、通用、清晰、与背景环境无关的语言，作为需求分析人员、系统设计人员和开发人员的指导，以及为图形化视图生成程序、报告、生成程序脚本和一致性检查程序。

（2）Vitech MBSE 方法论的核心思想

1）通过建模语言对问题和解决空间进行建模；通过包括语义学上有意义的图形在内的建模语言，对问题和解决空间进行建模，以保持清晰和一致。这可帮助促进模型的可追溯性、图形一致性、文件和产出物自动化、动态确认和模拟，并进行更为精确地沟通。

2）使用 MBSE 系统设计库。

3）先水平再垂直地对系统进行设计，即每一层完成，层层收敛。

4）使用工具处理"简单体力工作"，使用脑力处理"需要灵感的工作"。

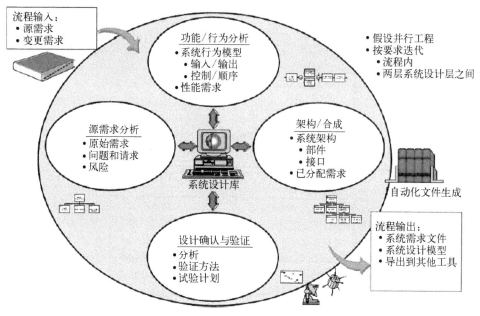

图 9.15　Vitech MBSE 主要活动

　　Vitech MBSE 使用称为洋葱模型的渐进式系统工程流程,在系统规范过程中通过对中间解决方案的层层细化实现系统开发。图 9.16 是洋葱模型原理的示意图。

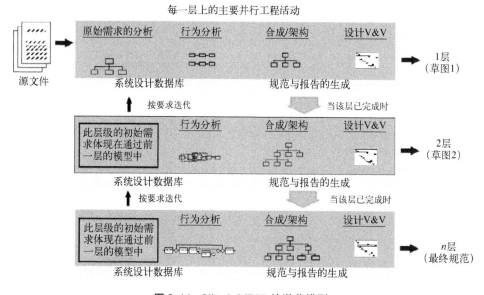

图 9.16　Vitech MBSE 的洋葱模型

　　洋葱模型的基本原理是:在每一层级上对并行的系统工程活动进行迭代,当系统工程团队成功地完成一个层级的系统设计时,他们"剥去一层洋葱"并开始探索下一层。当团队达到期望的详细层级(洋葱的中心)时,他们的设计便完成了。由于洋葱模型是层层细化的过程,当到达最终解决方案时,前期进行了评审和确认,相比于瀑布模型的开发方式,是一种风险更低的设计方法。

完成度和收敛是洋葱模型的两条基本原则。系统工程团队在进入下一层之前必须完成本层的工作(这就是"完成度"),而且团队不允许向后迭代超过一层("收敛"的概念)。

洋葱模型可以支持系统的正向开发(自顶向下流程),也可以支持逆向工程。图 9.17 和图 9.18 的系统工程活动按照从左向右的时间推进。

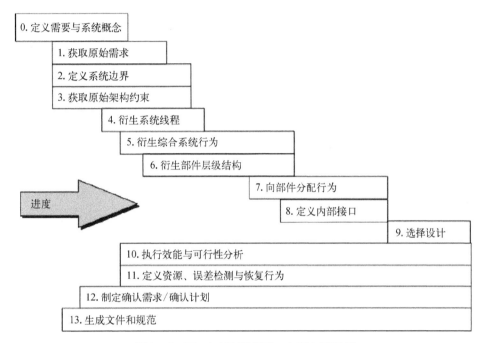

图 9.17　Vitech MBSE 活动: 自顶向下开发

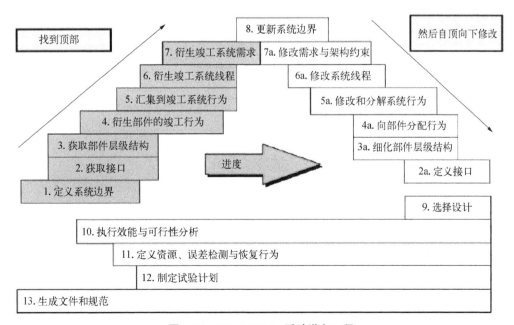

图 9.18　Vitech MBSE 活动逆向工程

5）工具支持

Vitech 公司或第三方提供者没有提供支持 Vitech MBSE 方法论的流程框架工具。Vitech 通过其 CORE®产品系列提供了 MBSE 工具系列。

4. 其他主要 MBSE 方法论的特点

Dori 将对象流程方法论(object process methodology，OPM)定义为对系统开发、生命周期支持和演进的正式范式。它结合了仍然正式的简单的可视化模型［称为对象流程图(object process diagram，OPD)］与受约束的自然语句［称为对象流程语言(object process language，OPL)］，以便在一个综合的模型中表示系统的功能(系统或设计用于做什么)、结构(系统如何构造)和行为(系统如何随时间变化)。每一个 OPD 结构都采用语义上等效的 OPL 句子或部分句子来表示,反之亦然。OPL 是一种两用语言,以人和机器为导向。

OPM 对系统科学和工程的一个主要贡献是给对象流程图赋予了精确的语义和语法,以及在图形符号和自然语言结构(即 OPL 句子)之间建立了明确的关系。也就是做到了将语言模型化,同时模型也可以语意化。而且实践证明,对象流程方法论既可以对人工系统进行建模,也可以对自然系统进行建模。

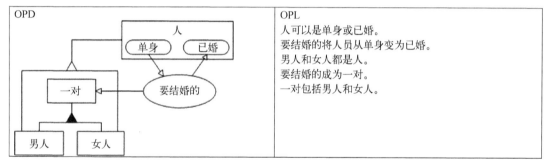

图 9.19　OPD 和 OPL 示意图

图 9.19 对要结婚的流程建模的简单的 OPD 和 OPL,要结婚的产生一对,其包括男人和女人(从传统意义上来讲),每个人都是人员专门化。

9.3　小　　结

随着系统工程不断地发展,对于复杂系统的开发,传统的文档驱动的系统工程方法存在一定的局限性,在需要大量沟通协调的研发模式下,例如全球化协同研发的项目,不再能够满足高效的沟通要求。而且,对于复杂系统的研制,希望在项目早期可以对概念设计进行仿真验证,避免在项目后期的更改带来巨大成本和进度上的压力,甚至导致项目颠覆性的变更。这些都需要系统工程在范式上的飞跃,在这样的背景下催生了基于模型的系统工程。从 20 世纪 90 年代,基于模型的系统工程的产生至今不过 30 年,产生了众多的基于模型的系统工程方法,包括 IBM 的 Harmony - SE,INCOSE 面向对象的系统工程方法和 Vitech

MBSE 方法, JPL 状态分析, Doris 对象-流程-方法论等。这些方法论是基于不同的应用背景产生的, 而且在项目中开展了若干工程实践, 但是, 还没有一个方法论可以完全替代传统系统方法, 在复杂系统工程项目中全面应用。然而, MBSE 已经成为系统工程的发展趋势, 而且是不可逆的。

第二篇

飞行器系统工程最佳实践

第10章
美国波音公司项目分析

10.1 波音公司重大型号系统工程实践介绍

波音公司经历了从 B707 到 B787 的实质性变革。B707 系统功能相对简单,复杂性也相对较低,相互之间几乎没有影响,系统小组设计飞机零部件时只需要进行少量的协调。但到了研制 B757 和 B767(大约 1980 年)的时候,系统功能的复杂性和相互依赖性急剧增加。这些飞机系统的研制不能像以前那样独立进行,每个系统的设计师要同其他系统的设计师进行更多地协调和交流。单个系统功能性的增加也大大增加了各个系统的相互依赖性,因而整体飞机的复杂性也随之增加。

B777 项目中,波音首次明确按照系统工程方法组织人员、定义流程和建立文档规范,在项目启动就建立了与 8 家航空公司一起形成"Working Together"工作,全面捕获客户需要,并通过组织设计建造团队,第一次实现数字化的飞机产品定义和预装配,从而改进研制过程,提高客户满意度,大幅降低了研发成本[40]。

在 B777 的研制过程中,系统工程被理解为"定义飞机级顶层需求、综合系统架构、分配需求、确认需求、定义系统元素、制造系统元素、验证和确认系统级设计、交付飞机的全过程"。B777 研制的"系统性",一方面体现在从飞机级需求(requirement)出发,将需求向下追溯到各系统元素,并及时验证(verification)和确认(validation);另一方面体现在所有的研制人员遵循统一的有序流程,共享相同的里程碑,以保证沟通和协作的顺畅。同时,系统工程也是一种思维方式和态度,一旦研发人员达成共识并努力实践,研制流程将很快变得清晰有序。B777 的研制经验表明,系统工程这一方法应该尽早使用,并被尽可能多的相关人员使用。

波音公司认为,系统工程是一个自上而下管理复杂性问题的整体方法,是实现产品生命周期的多学科方法。系统工程允许我们从整体上了解每个产品——从策划、设计/开发到制造和维护过程中改进产品。波音使用系统来模拟/分析系统组件之间的关系、需求、子系统、约束和单元产品间的关系,并优化和权衡整个产品生命周期中的重要决策。在整个产品生命周期中,系统工程师使用各种建模技术和工具来捕获、组织、优化、传递和管理系统信息。同空客公司一样,波音公司对作为复杂系统的飞机项目研发也是采用向下分解的方法,波音公司要求分解后的需求有结构化的关系,并且要确保分解出的子需求有用且有效。

与空客公司的"Slice the Elephant"异曲同工,波音公司也是从多维度分解飞机项目,如图 10.1 所示,波音公司从功能、需求、物理三个视角对客户的要求进行逐层分解,不同视角间也存在着联系。图10.2以航电系统为例,展示了"物理视角"与"需求视角"间的对应关系。从图中可以看出波音公司的"物理视角"近似于空客公司的"结构复杂性"维度,从空运系统到飞机系统,再向航电系统、导航系统、气象雷达,直到单元产品逐层细化分解。如同空客公司一样,形成了系统工程中的产品分解结构。

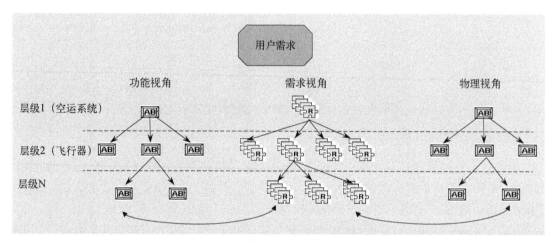

图 10.1 波音公司对客户要求的分解

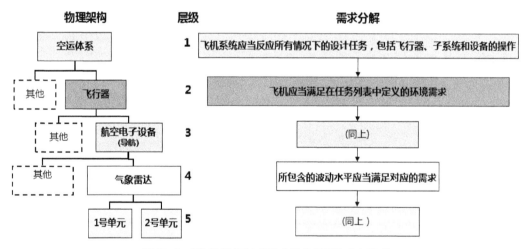

图 10.2 "物理视角"与"需求视角"间的对应关系

波音公司对需求建立的过程如下:

1) 识别/收集利益攸关者的需求,这一步的需求更多的是指来自利益攸关者提出的要求(needs);

2) 将上述需求转变为产品的顶层需求;

3) 根据顶层需求进行功能分析和分解;

4) 对分解后的需求进行分配;

5) 明确衍生需求;

6) 细化产品的完整需求和设计约束条件。

从波音公司的需求建立过程可以清晰地看出系统工程"N－F－R－P"(需要—功能—需求—物理)过程的脉络,由此也建立了"功能视角"与"需求视角"的联系。如图 10.3 所示,展示了"功能视角"与"需求视角"的关系,图中数字代表着上述需求建立的过程步骤。

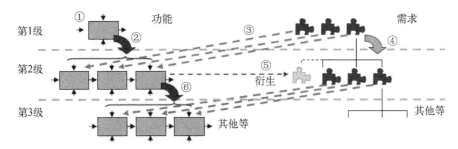

图 10.3　"功能视角"与"需求视角"的关系

由图 10.3 可以看出,需求建立的第 1 步获取利益攸关者的需要后有了完整产品的功能概念,这样就产生了需求建立第 2 步的产品顶层需求,从而给需求建立的第 3 步提供了输入,将顶层需求和功能继续向下分解,分解过程融入需求建立的第 4 步中,将分解后的需求和功能相匹配起来,在需求分配的过程中,进行反复地分析和迭代会产生需求建立的第 5 步的衍生需求,最后将所有的需求梳理清楚,再与相应的产品功能对应起来并进行确认,就完成了需求建立的第 6 步,给细分后要实现相应功能的产品赋予明确的需求和设计约束。通过这 6 个步骤,使需求建立起了如图 10.4 所示的追溯关系。

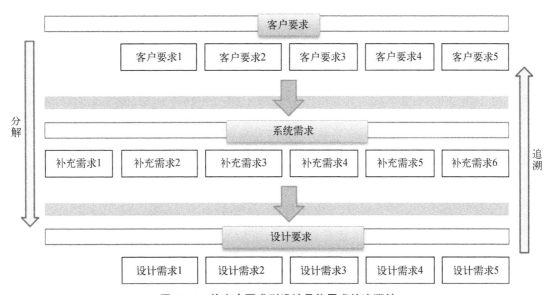

图 10.4　从客户要求到设计具体需求的追溯性

以动力系统为例,首先客户提出了载客量和巡航速度的要求,这个初始的要求经过分析后产生了飞机产品最基本的功能要求即提供升力和推力,提供推力这个功能就对动力系统提出了顶层需求——怎么提供? 要提供多大的推力? 推力要维持多久? 将这些顶层需求进行分解,就会把需求分到发动机类型,比如涡扇发动机,那么进而分解到涵道比需求、发动尺寸、供油系统需求等;再把分解后的需求分配到可实现需求的功能产品,如供油系统的需求分配给燃油控制系统、燃油量确认系统等。在分配的过程会伴随产生衍生需求,比如出于安全考虑,供油系统的监控可能需要多重冗余的架构,用不同机理来监控供油系统以提高监控系统的可靠性,最后把所有这些需求梳理起来再同约束条件如安装空间、飞机布局等结合起来形成最终的完整的动力系统需求文件。

波音公司对需求的表述也有着评价标准。波音公司要求需求的表述必须符合以下内容:

1)需求必须具有可达性,针对期望和目标所得出的需求,其解决方案在可接受的成本内必须存在技术可达性;

2)需求必须具备可验证性,所表述的需求必须是可以被客观、适宜地量化验证;

3)需求必须是明确的,需求含义的理解必须是唯一的;

4)需求必须是完整的,需求必须包括所有的任务剖面、操作性和维修性概念,以及使用环境和约束条件等;

5)需求要用祈使性质的术语描述,不要用方案来描述,需求应当突出"为什么"和"什么"而不是"如何"做;

6)需求与需求间要协调,要预先考虑到避免任何需求间的相互冲突;

7)需求要适合其所对应的系统层级,需求不应当过于详细以至妨碍当前层级产品的设计方案。

如表 10.1 所列的需求对比,左侧是波音公司认可的需求表达方式,右侧是其所不认可的需求表达方式,最底行是对需求的评价。

表 10.1 需求表达对比示例

推荐的表达形式	不推荐的表达形式
涡轮压气机的安装空间不能超过规范 3.1.2.1.2 所列要求	热处理 9.576 Mpa 及以上的钢制零件的所有高应力或关键表面不可喷丸,除非用于滚压螺纹,孔内难以接近部位,气压或液压座接触面和细小截面等此类影响到工程要求和功能的部位。 光照要柔和地从关闭位到最大位,分多步连续进行。
语句力求简明扼要,包括工作说明书中通过引用规范而来的非技术的、程式化需求。	

波音公司通过需求建立的过程,如图 10.5 所示,"需求视角"像纽带一样把"功能视角"和"物理视角"紧密联系在了一起,即对顶层飞机的功能要求经分析转变成了需求,需求又落实到实现功能的产品上,这样就形成了完整的"N-F-R-P"过程。

为什么波音公司如此看重需求建立,并且要强调需求的表述和需求管理? 波音认为:

1)乘客、研发者和买家就需求达成共识是非常重要的;

2)建立正确、完整的需求可以把设计和实施的风险降到一个可接受的程度;

3)正确、完整的需求可以弥补客户要求和期望值的漏洞;

4)需求是一个产品成功与否的基础。

回到全局来看,把需求、功能和物理放到一起,在这个立体视角,波音也建立了型号研发的产品生命周期,并与生命周期各阶段任务结合起来形成了"V&V"模型,如图 10.5 所示。波音

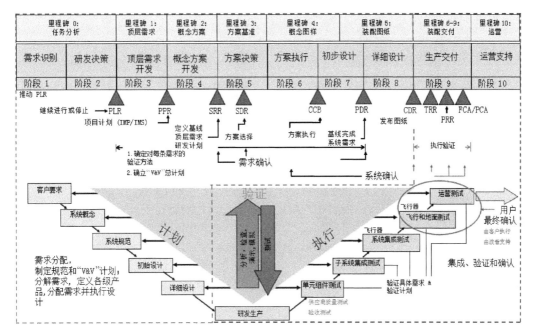

图 10.5 波音"V&V"模型

PLR——项目启动评审；PPR——项目准备评审；SRR——系统需求评审；SDR——系统设计评审；CCB——构型委员会；PDR——初步设计评审；CDR——关键设计评审；TRR——试验准备评审；PRR——项目成熟度评审；FCA/PCA——功能构型审核/物理构型审核

把产品生命周期分成需求识别、研发决策、顶层需求开发、概念方案开发、方案决策、方案执行、初步设计、详细设计、生产交付和运营支持 10 个阶段。其中前两阶段工作形成任务分析的里程碑，6 阶段和 7 阶段前期形成概念图样里程碑，7 阶段后期和 8 阶段形成装配图纸里程碑。并且波音公司也在每个关键节点设置了评审环节作为项目是否进入下一阶段的决策依据。

从波音公司的"V&V"模型中可以看到，波音公司把项目研制以投入制造为转折点分成计划和实施两大块时期，计划时期对应着系统工程的需求分解、分配和项目的设计，经过制造转入项目实施期，对应系统工程的项目综合、集成验证，直至交付客户。

再看波音公司的团队组织，波音公司的型号项目团队和空客公司以及我们国内一样，实施总师系统的模式进行管理。如图 10.6 所示，波音公司的总师系统矩阵，每个型号都分别设有工程、工艺、市场等总师。

工程总师负责产品的设计，工艺总师负责产品的制造和装配，市场总师负责产品的市场营销并向全球客户提供产品相关的维护和培训。

每个总师有其下属的工作团队也就是 IPT，IPT 与前面所述的"物理视角"的产品分解结构对应，形成组织分解结构。如图 10.7 所示，以航电系统为例，波音公司的某型号总师系统下辖飞控、系统集成、航电等多个 IPT。其中航电系统 IPT 向下分解为告警系统、记录系统、通信系统、大气数据系统、雷达和无线电导航系统等多个次一级 IPT。

如图 10.8 所示，是波音公司的 IPT 工作流程框架，可以发现波音的 IPT 分为产品开发 IPT、采购 IPT、工程 IPT 和制造 IPT。

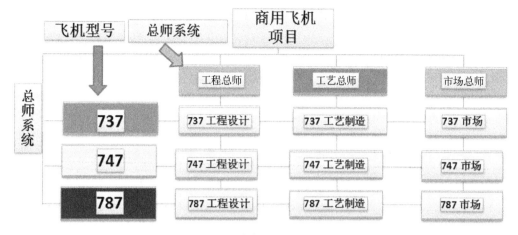

图 10.6　波音总师系统矩阵

图 10.7　波音航电 IPT 架构

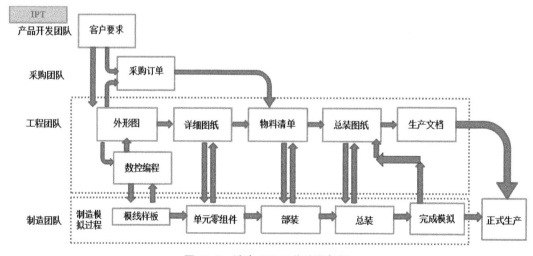

图 10.8　波音 IPT 工作流程框架

从图 10.8 中可以看到,波音不同的 IPT 间有着紧密的联系,在项目不同阶段 IPT 间互动的对象和内容也发生着变化,并且是迭代推进的。每一个 IPT 在完成各自阶段性的任务过程中是需要其他 IPT 相互配合协作的,IPT 之间有着相互提供输出和获取输入的过程。而每个项目都拥有庞大的人员数量,如 B787 飞机在人力资源峰值时期有大约 45 000 名工程师,并且同空客公司一样,项目团队成员来自全球各地。团队成员来自五大洲 16 个地区。因此,"沟通"在波音公司的项目研发过程中显得尤为重要。图 10.9 展示了波音公司创建的"沟通模型"。

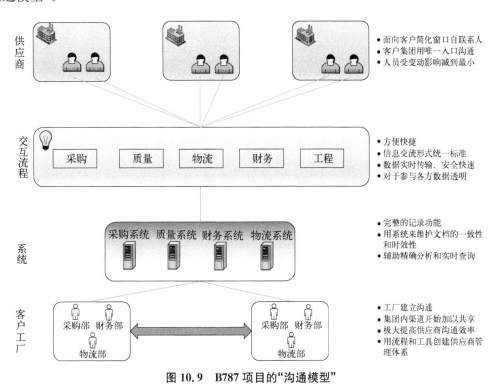

图 10.9 B787 项目的"沟通模型"

对于沟通的原则,波音同空客一样,非常尊重不同文化间的多样性。波音认为:

1) 要在沟通中互相学习;

2) 以价值为依据评估各个提议;

3) 允许每个人有不同观点;

4) 避免产生冒犯他人的意见;

5) 尊重所有种族和性别。

针对每个工作包的 IPT 工作情况的沟通交流,波音公司建立了如图 10.10 所示的对应的汇报机制。

在 IPT 完成 WBS 工作包的任务过程中,会按计划在规定的时间节点形成各工作包的工作情况报告、员工表现报告、成本数据报告。通过这些

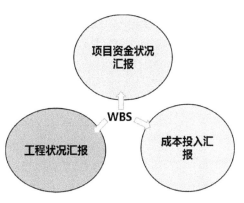

图 10.10 波音公司建立的汇报机制

报告,IPT 负责人可以:

1) 定期考核团队各个成员;

2) 了解团队成员的工作任务和方法;

3) 及时发现团队的问题;

4) 清楚了解团队计划的偏离度。

下级 IPT 的报告汇总向上一级 IPT 提交,这样上一级 IPT 就可以了解其下属的 IPT 工作,从而完整的项目负责人可以获悉项目的进展情况。

在具体项目的实施过程中,波音公司非常强调对计划的执行,每一步的工作必须按计划执行,或者在必要的情况下修正项目计划,然后再按更新后的计划继续前进,这样就保证了项目进展的"可追溯性"。因此,计划管理是波音系统工程的重中之重,有了明确的项目计划,所有 IPT 和成员才能有共同的目标;有了明确的计划,IPT 和成员才能有明确的角色。IMP 反映的是项目开发活动中每个节点在周期先后和进度上的关系,是监控项目成熟度和各活动层级关系的重要工具,它可以为项目成熟度提供评估依据,可以把项目进展和技术绩效措施与激励联系起来。IMS 从项目规划的角度提供对项目实施期间的状态跟踪,是反映项目实施过程中所有流程的顶层工具。IMS 是 IMP 中每个任务的细化,指明了项目计划各个节点的内部联系和关键实施路径。IMP 和 IMS 也是美国国防部和大型国际公司的重要项目管理工具。美国空军于 1990 年提出 IMP/IMS,当时目的用于 F22 战斗机项目。

波音通过 7 个步骤来推行 IMP 和 IMS,分别是:

1) 评估项目的需求;

2) 定义项目的结构;

3) 理清项目的逻辑过程;

4) 识别项目的流程框架;

5) 形成项目 IMP;

6) 提出细化的 IMS;

7) 把绩效基线文件化并进行维护。

这 7 个步骤形成如图 10.11 所示的路线图,可以认为图 10.12 的路线图就是波音型号项目的推进路线,也就是波音系统工程的实践过程。

为了在路线图第 1 步评估项目的需求过程中能够正确、充分地评估项目需求,波音公司通过如图 10.12 所示的流程实施对需求的评估。

从图 10.12 中可以看到,评估流程的输入是顶层的需求,评估的目的是获得需求最好的验证依据,最低的项目成本和最短的项目周期跨度。评估的流程中可见由各个专业工程团队领取各自的顶层需求,然后通过试验、仿真或逻辑检查的方式进行需求评估的操作,这其中蕴含着烦琐的实施过程且通过这些操作的实施形成对应的需求报告,最后再汇总成项目顶层需求的整体验证报告。第 2 步定义项目的结构,其实就是之前所提到的具体细化的需求文件的建立过程。第 3 步理清项目的逻辑过程,就是根据第 1 步的评估操作经验和第 2 步理出的分解关系梳理出型号项目的研发逻辑过程。第 4 步识别项目的流程框架,就是提出实施每个逻辑环节所需要的工作流程框架,并且这个框架也是分层级的,一级流程

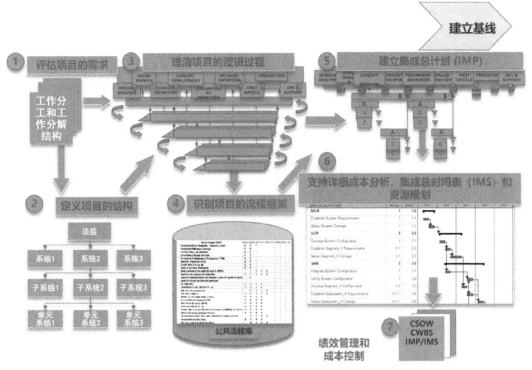

图 10.11　波音 IMP/IMS 推行路线图

CSOW——成本工作分工说明；
CWBS——成本工作分解结构

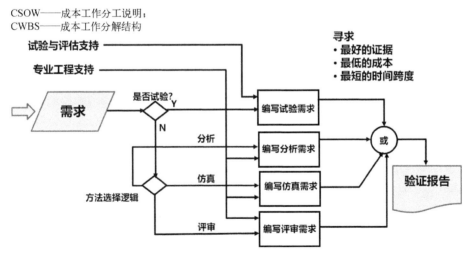

图 10.12　流程实施的需求评估流程

(category)是公司战略规划定义，可以理解为职能定义，如人力资源部门、财务部门、客服部门、供应链管理部门、工程部门、工艺部门等；二级流程(process group)是业务流程组，也可以认为是各业务专业定义，如项目管理专业、结构设计专业、测试与验证专业、制造和装配专业；三级流程(process)定义为业务流程，可以理解为是项目分解后子产品的研发流程，如紧固件设计流程、复合材料设计流程、钣金件设计流程等；四级流程(activity)定义为业务活动，可理解为是每个业务角色承担的工作流程，如复合材料设计流程中结构工程师这个角色的业务活动是铺层区域初步设计→成本估算→铺层细节设计→形成工艺文件→发放图纸。五级流程(task)定义是单元工作项,即四级流程每个环节的具体单项工作。在日常的工作中接触最多的是三级到五级的流程,他们之间联系如图 10.13 和图 10.14 所示。图 10.13 中

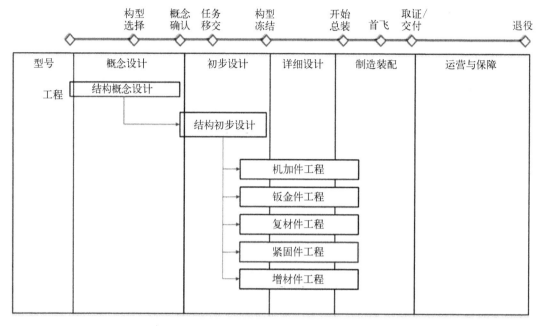

图 10.13　三级流程示例

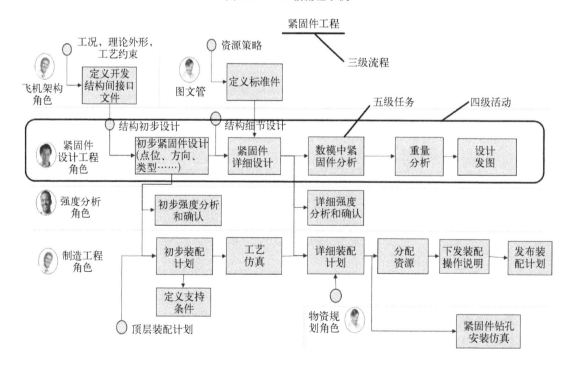

图 10.14　三到五级流程示例图

二级流程是结构工程流程,在它下面分成 7 个三级流程,这 7 个三级流程是随着型号的研制阶段具有先后顺序的。图 10.14 中,以三级流程紧固件设计为例,展示了紧固设计的整体流程,这个整体流程中每一个角色承担的流程任务汇聚成四级流程,而每一个任务点就是五级流程。

从图 10.15 中可以看到,流程随着整个飞机型号项目的推进是具有先后关系,那么这种时序性的流程和项目研发逻辑相结合就形成了如图 10.15 所示 IMP/IMS 推行第 5 步的 IMP,也就是"什么时候,做什么事情"。IMP 记录完成型号项目的主要工作,并将每项工作都附以计划目标。IMP 也使利益攸关者之间就项目研发过程达成共识。

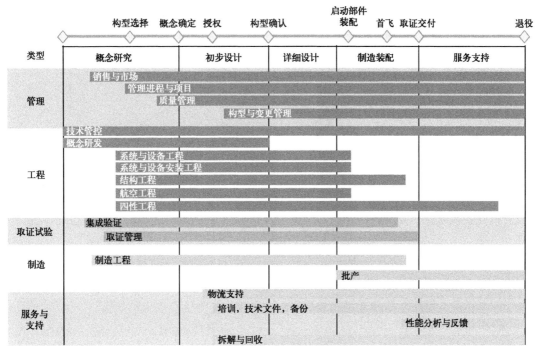

图 10.15　波音 IMP 计划

把具体流程活动和 WBS 赋予到 IMP 中就形成了第 6 步的 IMS,如图 10.16 所示。有了 IMS 就明确了"什么时候,做什么,怎么做,谁做,做得怎么样"并可以清晰监控任务完成度和型号整体进度是否顺利,还能在产生问题时及时清楚地对问题进行定位并找寻问题原因。在 IMS 中也可以看出整个项目自顶向下的分解过程和自底而上的集成过程,并且每项活动间的相互影响关系也非常清晰。

通过 IMS 监控项目进展,就可以进行第 7 步的绩效管理和成本控制并提炼出绩效基线,当然 IMP 和 IMS 也要根据项目的实际进展而进行纠正维护。

波音正是通过以上过程完成的整个型号的"V&V"过程的实践,当然整个过程中还伴随着风险管理、时间管理、采购管理、阶段评审等复杂内部活动,在这里就不再赘述,这里主要介绍波音在项目中实践系统工程的过程主要脉络。可以发现波音公司的系统工程实践可以说是全方位并且是非常严谨的,波音通过这样的实践过程将所有型号项目涉及的业务领域

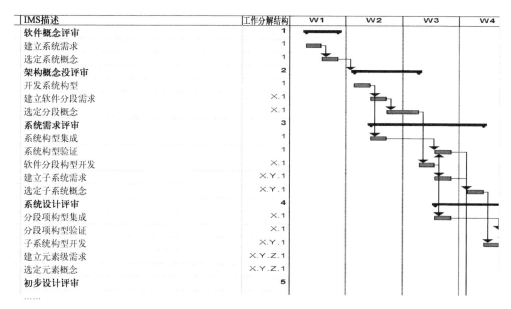

图 10.16　波音 IMS 示例

整合到一个程序中形成一系列无缝的活动,并协调项目中的各种流程和执行活动使所有流程保持一致运行。

10.2　小　　结

　　波音公司遵照其以上的系统工程的实践,在 B787 的项目管理进程中,有 400 多名项目经理负责编写项目流程,分门别类制定项目计划;然后将项目逐层分解为多达 10 万余项具体任务,并列出了相关任务的先后逻辑关系;在此基础上,整合优化各种资源,确定工作分工,将工作职责明确到 18000 名工程师和技术人员身上;同时建立起各项任务的风险评估和规避体系以及实时的监控系统,每一天都由分管的项目经理来负责监督和控制流程,评价每项任务是否按照计划和进度完成。项目结束后,项目经理还要对项目进行评价和总结,优化流程设计,为以后新项目的研发奠定基础。这样,开始实施下一个新的短期项目时,将原有工作流程略做调整,即可推广使用。

　　目前,我国正处于由民航大国向民航强国转变的关键时期,拥有世界上最大的航空市场,民航的高速发展必然要求我们不仅要从引进硬件上加大投入,同时从管理手段和方式上也要向世界先进水平看齐。波音项目管理的实践经验对于我国民航处理大型项目,解决复杂问题有着重要的借鉴意义。

第11章
欧洲空客公司项目分析

欧洲空客公司从 20 世纪 80 年代的 A300B 起,也已衍生出 A320、A330、A340、A350、A380 等一系列成功运营的机型。据记载,空客公司为了制造出超大型的 A380 飞机时,动用了约 6 000 名员工;供应商方面还有 34 000 名员工直接参加了该项目。

空客的系统工程发展主要从 A380 项目开始,逐步形成了一系列系统工程相关的空客的政策、指令和程序类文件,系统工程的关注面也从飞机单一系统向飞机功能的多层次、多系统、全范围覆盖,如下图 11.1 所示[41]。

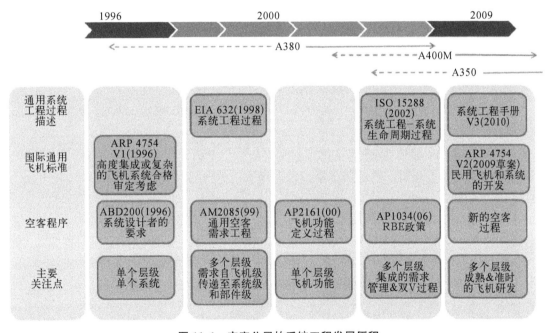

图 11.1 空客公司的系统工程发展历程

11.1 空客系统工程理念

空客从 A380 项目开始采用"slice the elephant"的方式进行复杂项目的管理。也就是遵循系统工程的方法,将复杂的飞机研发项目按其复杂性的不同纬度进行分解,再在每个维度中将项目自顶向下逐级分解。如图 11.2 所示,将项目分成结构复杂性、动态复杂性、风险三个维度。

图 11.2 "slice the elephant"

结构复杂性包括结构与系统间的界面复杂性,系统与系统的相互关系,零件数量的庞大(A380 图纸超过 79 000 份,零件超过 4 500 00 个),以及包括项目团队人员众多(A380 项目仅研发团队就超过 6 000 人),甚至还包括公共关系复杂性和人文环境复杂性。

动态复杂性包括技术的变革、市场的风云变幻、产品的更改、财政的松紧、流程的变动、组织的更替以及人员的流动等。

而风险是在规定的技术、成本和进度等约束条件下,可能会对飞机型号研制项目目标产生不利影响的事件和情形。风险的形成包括不确定的事件和情形,风险发生的概率和风险可能造成的后果。

以结构复杂性为例,在此维度中将项目进行结构化的分解,如图 11.3 所示。从此分解形式中可以看出系统工程的体现。如位于系统工程中利益攸关者模型"上游"的投资方、供应商,利益攸关者模型"中游"的空管部门、主制造商,和利益攸关者模型"下游"的机场、客户等。在结构复杂性的分解中还体现出了"系统之系统"向大系统、子系统逐级分解的系统工程"分解"的项目分解思维,如飞机→系统→子系统→元件。

在飞机系统的分解结构中,空客又进一步向下细分成环控系统、航电系统、电气系统、客舱系统、机械系统、推进系统、辅助动力系统、机体结构等分系统。从图 11.4 中的分解结构可以看出上述分系统再继续分解,从而形成了与 ATA 章节号相对应的子系统,如 ATA22 章的自动飞行、ATA32 章的起落架、ATA57 章的机翼等。空客遵循这种自顶向下将整架飞机逐步分解的方式,最后形成了系统工程中所谓的产品分解结构。

在有了明确的产品分解结构之后,空客给产品分解结构建立了一个时间轴。这根时间轴即是之前章节中所提到的产品的生命周期,包括从产品的研究、开发、投产直至到退役各阶段完整的周期过程。如同产品分解结构的分解方式一样,空客将每个产品生命周期的阶

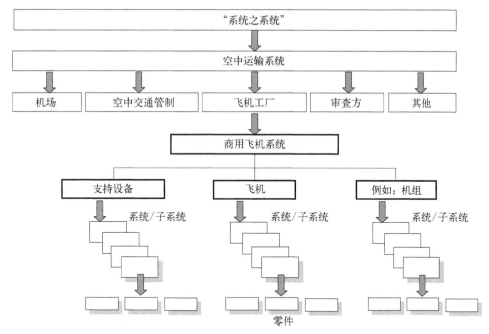

图 11.3 结构复杂性维度的项目分解

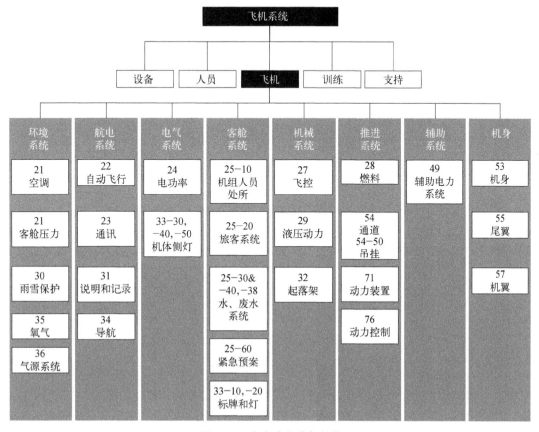

图 11.4 空客产品分解结构

段又向下细分成产品在生命周期不断推进中各个阶段所实施的各项工作任务,这些节点有串行的也有并行的。如图 11.5 所示,纵向的是产品生命周期阶段,横向的是各阶段的任务,每项任务的长度代表着其相对所需的任务周期时间。空客公司通过这种以产品生命周期阶段与各阶段任务相结合所建立起来的产品研发时间轴即是系统工程中所说的产品集成主计划。图 11.6 展示了 A380 项目的部分 IMP 示例。

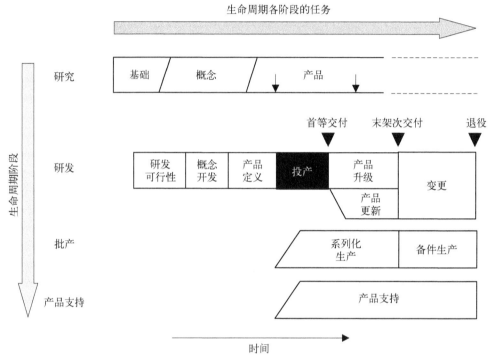

图 11.5　空客建立的产品集成主计划

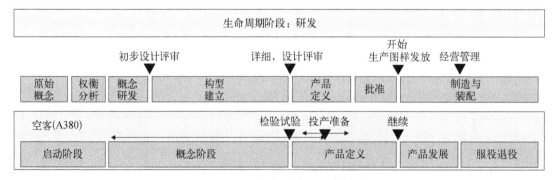

图 11.6　A380 项目的部分产品集成主计划示例

有了产品分解结构和产品集成主计划后,再用自始至终贯穿于系统工程所有活动的"需求"将产品分解结构和产品集成主计划联系起来,先把自顶向下分解的需求与时间轴对应起来,即产品生命周期各阶段对需求管理应有的活动。如图 11.7 所示,以产品开发阶段为例,列出了在本阶段应进行的需求管理活动。如在进行产品正式开发前要明确需求是否已经在

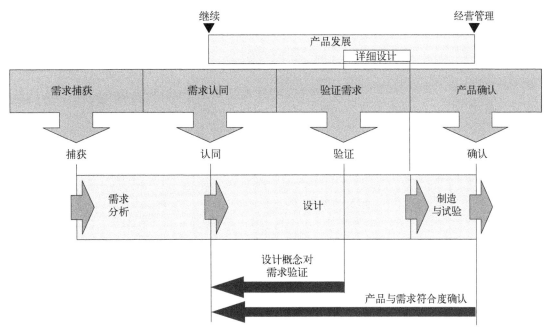

图 11.7　空客在产品开发阶段的需求管理活动

产品开发者和客户间经过确认并得到肯定,这样才能做出产品进入正式开发阶段的决策。

　　需求管理再落实到其每条需求对应的产品上,即将需求与产品分解结构对应起来,把分解好的需求贯彻到分解的产品中,空客公司这样的做法正是系统工程中由"需要"到"功能"、由"功能"到"需求",由"需求"到"物理方案"的"N－F－R－P"过程。空客把产品分解、时间分解、需求分解结合到一起,就形成了"在什么时候(when),以什么为依据(why),做什么样的产品(what)"的清晰逻辑。如图 11.8 所示,这种逻辑形象化的表示就是系统工程的"V&V"模型。

　　建立起了系统工程"V&V"模型后,根据模型中各个阶段的周期长短和产品任务的特点,空客下一步就需要建立能够胜任各项任务的团队组织结构,也就是系统工程中所谓的产品分解结构。在建立具体的团队组织结构时,空客的"slice the elephant"方式转换到了动态复杂性的维度。空客在团队的建立中强调"交流"在研发团队研发各自产品时面对所涉及的各项功能是至关重要且需要不断加强的。同时"交流"也引领着研发团队在研发中能够更全面地考虑产品设计和制造,并且使得不同团队间建立起互相为对方考虑的作风。由此组织起来的团队才有着功能多样性的特征。作为国际化的公司,为了便于交流,空客在团队建设中把不同国家间的性格差异作为重点,进行权衡考虑,因为团队成员间融合对产品研发是至关重要的。图 11.9 中,空客通过雷达图对不同区域的人员性格特征进行了清晰、直观地对比,对比内容包括权力影响力、个人主义、大男子主义、稳固性、坚韧性等。从图中空客的分析可以看出,中国人的坚韧性是特别突出的,其次是日本人。那么在近似的技术条件下,将需要强大韧性和耐心的长周期工作交给具有坚韧不拔精神的中国人将是最佳的选择。

　　这样的分析不仅用于团队的建立,也是团队内部成员工作分工和个人职业规划的重要

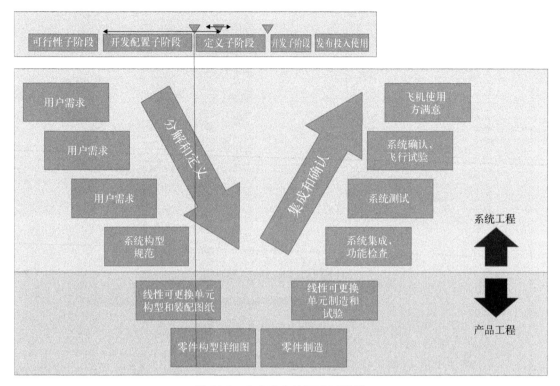

图 11.8 空客建立的"V&V"模型

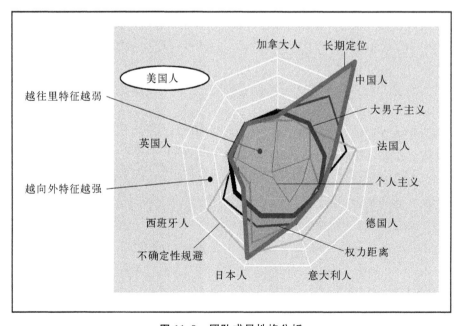

图 11.9 团队成员性格分析

参考,空客对于个人的职业发展规划了多样性的通道,根据个人的专长特点和性格特征可以选择不同的职业路径。如图 11.10 所示,从产线管理、项目管理到架构集成、技术专家等,空客规划了多条职业发展路径。从图中可以看出,随着工作的不断深入,伴随个人能力不断提升,每条路径都有各自特有的等级,以铁-铜-银-金-铂来形象地区分,但不同路径间是相对平等的。

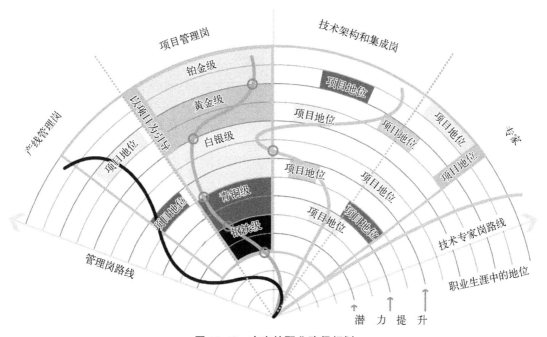

图 11.10 空客的职业路径规划

每个相对完整的研发团队根据相应的产品项目,应具备团队负责人、项目管理办公室、工程小组、工艺小组以及采购小组等团队成员角色,这样的团队也就是系统工程中的 IPT。各个 IPT 的产品项目来自之前所获得的产品分解结构,而 IPT 由产品分解结构所获取的工作即形成了系统工程中的工作分解结构。因此与产品分解结构和工作分解结构对应的 IPT 组织也形成自顶向下的分解结构,即系统工程中的组织分解结构,并形成如图 11.11 所示的团队矩阵。矩阵的横向是各个 IPT 的成员角色,矩阵高度是 IPT 所在层级,与之产品相对应,矩阵深度方向是不同 IPT 中相同角色的集合,也就形成了不同的专业部门。

由此系统工程解决的关键问题特征"what""when""why""who"都在空客的项目研发中得以体现。而"how"则体现在空客的各项标准规范和流程等体系文件中。如机体结构设计中的几何关键特性和容差的处理,即 KC&T,空客首先提出的原则是:

1) 顶层需求和设计的传递必须被制造、装配和加工来确认;

2) 理解对产品的影响,沟通制造和装配来实现设计意图;

3) 支持在工程范围内的组织、协调;

4) 提供对供应链能力的理解;

5) 减少冗长和可能出错的手动公差叠加的使用;

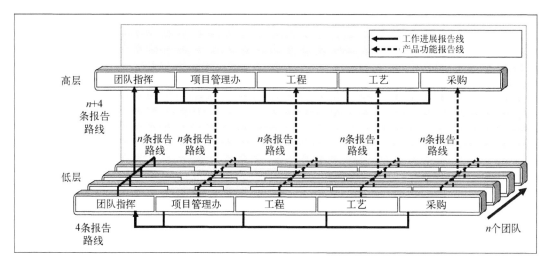

图 11.11　空客研发团队矩阵

6）在首架飞机建造之前,明晰性能和关键特性的辨识;

7）在首架飞机建造之前,提供达成关键接口需求的确认。

还是回到"slice the elephant"的方法,空客把几何关键特性和容差按层级进行分解,分解成应用在设计层级,表达产品重要的几何功能需求的产品级关键特性(PKC);应用在部段、组件装配层级的装配方法,表达重要的几何功能需求的装配级关键特性(AKC);应用在零件制造层级,按照制造工艺,表达重要几何功能需求的零件级关键特性(MKC)。如图11.12,空客从顶层飞机级选择 PKC 开始,随着产品的结构分解逐步对 PKC 进行分解分配直至贯彻实施,而在分解的过程中,同样遵循系统工程确认和验证的方法,上一级的关键特性要经确认完整正确地给到下一级作为输入,下一级的关键特性要经过验证,保证实现上一级的关键特性。

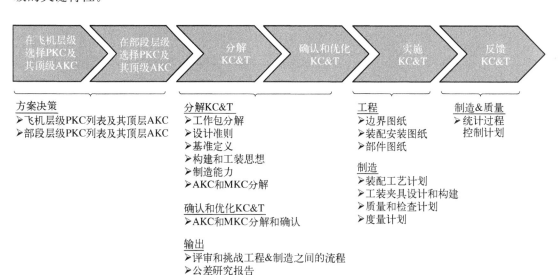

图 11.12　空客几何关键特性和容差分解流程

这些几何关键特性和容差最终表达在设计图纸上,如图 11.13 所示。从示例中可以看到面板对缝公差为 PKC,字母后面的编号是对应的需求编号,面板与对接盖板的位置公差是装配时用以保证 PKC 而分解出的 AKC,可以判断两个 AKC 的叠加公差必须保证面板对缝公差在 PKC 的要求范围内。

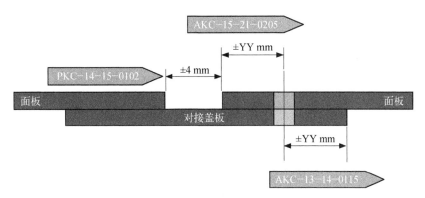

图 11.13　空客设计图纸标注示例

对结构设计的全过程,空客也制定了严格的评审和成熟度管理流程。如图 11.14 所示,设计研发的每个周期节点都有相应的评审和应达到的成熟度作为进入下一阶段的判据。

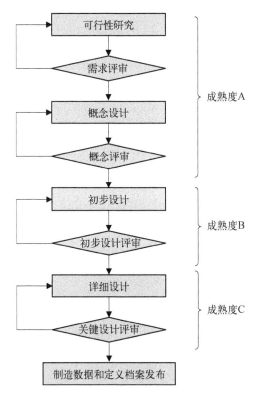

图 11.14　空客评审和成熟度管理流程

空客的结构设计评审为判定成熟度所进行的活动如下:

1）成熟度 A

① 空间布置初次评估；

② 基于制造的装配仿真；

③ 系统安装路径和定位分析；

④ 质量维护分析并明确衍生需求；

⑤ 安全性分析；

⑥ 重量估算。

2）成熟度 B

① 定制件评估；

② 通过仿真等手段进行维修性和工装/工具的研究；

③ 数模紧固件开孔和位置；

④ 可靠性分析；

⑤ 确认装配满足需求；

⑥ 装配、制造评估。

3）成熟度 C

① 制造部门定义；

② 更新重量单；

③ 建立制造图纸/数模；

④ 详细设计数模冻结；

⑤ 需求符合性评估。

从空客的型号研制方法可以显而易见地发现其中系统工程方法的运动，从与"breakdown"异曲同工的"slice the elephant"，到具体研发设计的流程，每一步都做到逐一分解，确认需求，验证需求，并且通过多维度的项目分解把系统工程中的人、产品、流程有机地结合到一起，在项目研发过程中处处有据可循。

11.2　A400M 案例介绍

A400M 是欧洲空中客车军用飞机公司主导设计、研制和生产的新一代军用运输机，多家欧洲著名公司参加了研发工作，西班牙的塞维利亚总装厂负责总装，这也是欧盟国家进行合作的最大的武器联合研制项目。A400M 开发计划自 1993 年开始启动，2013 年 8 月完成首架交付，项目共历时近 20 年。面对如此复杂和庞大的研发项目，该公司为 A400M 量身定制了一套系统工程方法，并将其命名为"基于需求的工程（Requirement Based Engineering，RBE）"[42]。

RBE 方法源自于空客集团系统能力中心（Center of Competency，CoC）的文件（ABD 0200，ARP 4754）以及 CARE（AM 2085）。空客公司早期的系统工程文件主要关注产品开发相关的需求工程问题，RBE 则是对早期系统工程文件的进一步发展，认为完整的系统工程活动除了需求工程之外,还需要覆盖设计、构型管理、确认和验证等;此外,为了表明和国际系统工程协会的系统工程概念有所不同,空客公司将其内部的系统工程方法命名为 RBE 以示区别。

图 11.15 描述了基于需求的工程覆盖了整个工程生命周期,从理解用户需要,将其转化为需求并向下传递到实施团队,形成解决方案,证明中间层级产出的设计或产品能满足相应层级的需求,直至最终证明所交付的产品能够满足用户的要求。

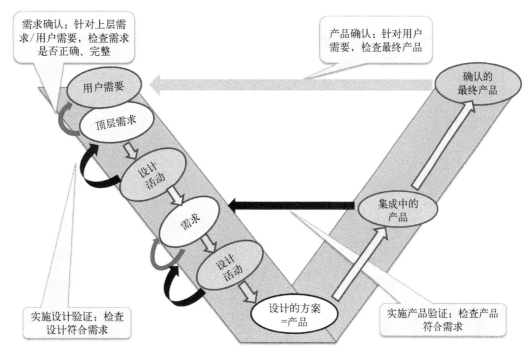

图 11.15　RBE 中的通用"V"字模型

11.2.1　A400M 的系统工程方法目标

RBE 中定义了 A400M 系统工程方法的顶层项目目标:

1)确保"用户及利益攸关者"的需要被理解并被实现;

2)通过早期对所有需求的定义,以及所有开发层级的并行工程支持,以缩短产品开发生命周期;

3)帮助飞机及其子部件(结构和系统等)的适航认证和市场推广;

4)进行项目的进度、成本和质量(规范)之间的"权衡分析";

5)减少产品开发中的重复工作和风险——做到一次成功;

6)减少项目各方之间交流的"沟通成本"。

同时,RBE 也考虑了并行工程架构下的相关能力和目标:

1)工程方面

① 抽取和生成需求的能力。

② 需求文档化(在背景环境下)的能力。

③ 确保需求的正确性,并作为设计工作的基础的能力。

④ 将需求从顶层飞机规范/项目指令分解到适当的研制层级的能力,如图 11.16 所示。

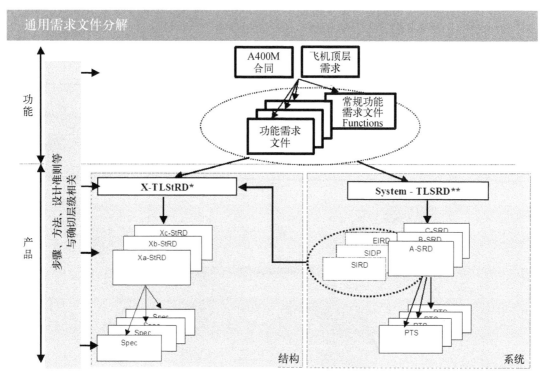

图 11.16　通用需求文档的分解和传递

⑤ 推进不同团队之间进行需求的协商(在不同层级之间或在横向专业工程与开发团队之间)能力。

为了对大型系统的研发进行有效管理,RBE 中采用层级划分技术解决问题,如图 11.17 所示。系统工程师对系统和子系统进行定义,确保其实现满足上层用户要求。每个层级都对应特定的开发团队,上下层级成为"用户-供应商"的关系模式。

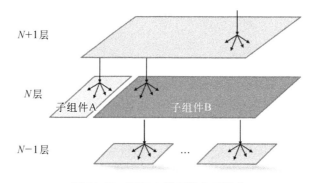

图 11.17　RBE 中的系统分层技术

⑥ 证明设计输出(到下层团队)的需求满足设计输入的需求的能力(需求确认)。

⑦ 在某一研制层级上,证明设计满足需求的能力(设计验证)。

⑧ 在某一研制层级上,证明产品满足需求的能力(产品验证)。

RBE 的通用"V"模型说明了需求确认、设计验证、产品验证和产品确认的关系,如图 11.15 所示。

2) 沟通方面

① 推进空客与其合作商和供应商之间的沟通的能力;

② 支持设计和产品评审过程的能力;

③ 应用一致的方法进行需求写作的能力;

④ 早期为所有团队提供可视化信息的能力;

⑤ 对项目进展进行评估的能力。

3) 与其他工程专业的接口

① 能够支持一个与专业工程之间的通用接口,例如,安全性、保障性、适航认证、"商务"、风险等专业领域;

② 能够针对不同的专业领域对核心流程进行"剪裁",例如,结构或系统;

③ 能够推进飞机的适航认证。

4) 复用

① 在未来的项目,"复用"需求的能力;

② 为项目和能力中心提供一种通用的工作方法的能力;

③ 为持续的改进活动和培训提供参考的过程模型的能力。

5) 风险

帮助关闭假设和不符合项的能力。

6) 集成

① 当产品集成和项目需要时,进行相关的活动;

② 进行产品集成的能力。

7) 构型管理

① 以可控的方法进行变更能力;

② 进行构型项定义的能力;

③ 进行构型审计的能力;

④ 进行构型状态评估活动的能力;

⑤ 记录变更历史(及理由)的能力;

⑥ 执行影响性/追溯性和敏感度分析的能力。

空客公司认为通过系统工程技术可以建立成功开发系统的信心,通过充分协调应用各个专业以限制错误发生的概率,这些错误可能会影响用户需求和飞机的安全性。也就是说,合理使用系统工程方法,可确保产品被经济且高效地开发。为达成这一目标,系统工程方法还需要与产品生命周期管理流程综合使用,空客产品生命周期如图 11.18 所示。

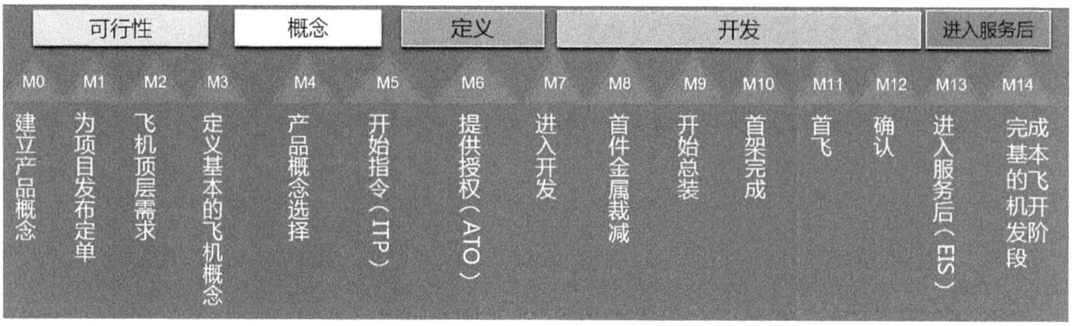

图 11.18　空客产品生命周期

11.2.2　A400M 系统工程流程

A400M 的系统工程流程主要通过以下过程确保项目的成功：

1）证明被向下分解的需求能满足其上一层级的需求；

2）证明设计方案能满足需求（在每一层级）；

3）证明每一层级所交付的产品符合其开发时所给定的需求（在同一层级上）；

4）证明最终交付的产品符合用户的要求。

图 11.15 介绍了"V"模型的概念并说明了 RBE 的范围。

A400M 系统工程的流程活动及任务在一个构型管理框架指导下进行，包括了构型管理的四个主要方面：

1）构型识别；

2）构型控制（包括变更管理）；

3）构型审计；

4）构型状态审计。

必须被开发并受控的主要构型项有：

1）需求基线；

2）设计基线；

3）产品基线。

A400M 采用分层技术，技术流程在不同研制层级重复进行。如图 11.19 所示，每一层级至少含有一套开发流程，最顶层的流程接收来自用户的需要，并制定产品需求以及基于最初总体设计的合同技术文件。

低层级"层级-1"接收来自上一层的产品需求，并依据更加详细的设计制定出产品各组件的详细需求。该分解流程将持续进行，直到识别出可被生产或采购的模块为止。

图 11.19 中"V"模型的右侧显示了交付产品如何通过逐级向上连续地交付与集成，从而集成为最终的产品。每一层的交付产品必须验证其是否满足该层级相关的需求。在最高层级没有集成活动，因为已经交付了完整的系统。需要审查"层级-1"执行的验证活动能否证明产品满足产品需求及其他合同技术文件。最顶层级的主要活动旨在证明所交付的系统能满足用户需要。"产品确认"流程在该层替代了"产品验证"流程。

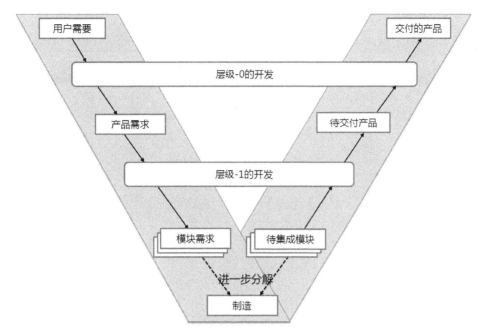

图 11.19　在分解的多层级中应用相同的流程

RBE 流程定义了每一层级开发所必须包含的任务：

1）识别并同意来自上层的需求，作为开发团队有责任满足这些需求。这些需求作为开发团队的输入需求。

2）执行设计活动并验证该设计满足输入需求。

3）依据设计和输入需求，制定针对下层的需求并确认每条生成的需求符合相关标准，即要求需求的集合是完整且可被理解的，同时每条需求可追溯到某一条或多条输入需求。这些需求将被向下传递并分配给一个或多个较下层团队。

4）当较下层团队完成其工作，需要检查下层交付的产品符合所被分配的需求。

5）对下层交付的部件进行装配以形成本层需要交付的产品，如果有必要还应装配并验证中间集成产品。

6）验证本层产品，确定其符合本层的输入需求。

基于以上六项基本的活动，可以进一步细化 RBE 流程的"V"模型，如图 11.20 所示。箭头用于显示活动之间的依赖关系，而这些关系不应被解释为活动之间要保持严格的顺序关系。所有活动都能在某种程度上同步进行。然而，依赖关系控制每个活动能否被完成。因此不可能在输入需求被同意之前就完成设计的验证（因为要对设计进行验证就必须证明所有的输入需求已经被设计所满足）。同样的，直到完成了输入需求及设计才能对输出需求进行确认。产品验证活动全部依赖于各自所要验证的需求集合。这些验证活动只有当生产出所要验证的（子）产品后才能完成。然而，这并不妨碍针对验证活动制定适当的计划。注意到，在最顶层中的"验证本层输出产品"流程被"确认产品"流程所替代。这是因为，产品在这一层级依据用户需求（用户需要）被确认。

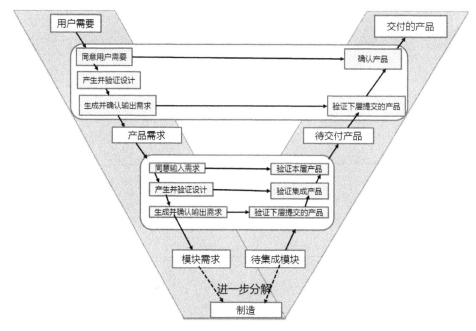

图 11.20　RBE 显示内部流程活动的多层级开发"V"模型

　　然而在实践过程中,来自上层的需求不足以确保开发团队实现符合要求的产品。为成功实现产品还需要两个关键的需求来源,如图 11.21 所示。

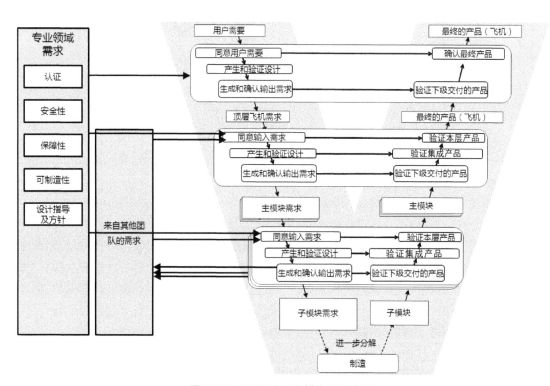

图 11.21　RBE 流程中横向需求来源

1）来自专业领域的需求，这些需求包含到来自上层的附加需求：

① 适航取证；

② 安全性；

③ 保障性；

④ 可制造性；

⑤ 设计指导方针。

2）来自其他开发团队的需求，可以先输出到上层，再由上层综合后传递给本层研发团队。

对于 RBE 流程模型中，每一研制层级都可以应用相同的流程，空客将其定义为"RBE 通用流程"。因为它可以在每一层级被实例化且必须在较低层级被反复实例化。下面简要介绍 RBE 通用流程的 6 个活动。

图 11.22 概括描述了 RBE 通用流程。图中各个活动及其相互间的依赖关系与之前的介绍相同。通用流程中，除了 6 个基本活动以外，还包括了协议过程、构型管理和面向用户的任务三个活动。

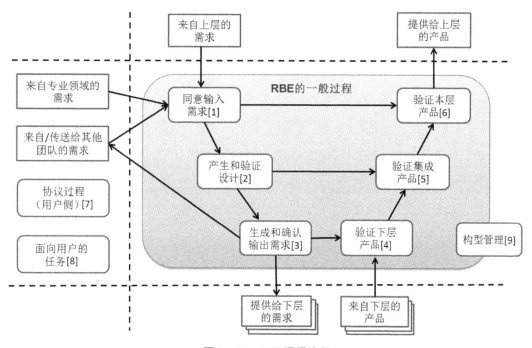

图 11.22　RBE 通用流程

图 11.23 中 RBE 通用流程的背景环境采用了通用术语进行描述，而不是之前图中所采用的特定实例。每个活动都标识了编号，下面将对每个活动进行介绍，并将每个活动分解为多个任务的集合。

需要注意 RBE 通用流程的每个实例都是被某个特定开发层级的团队所执行的。这些层级在图 11.22 中用水平虚线划分，利用"针对本层"进行说明。每个团队都有"针对本层的

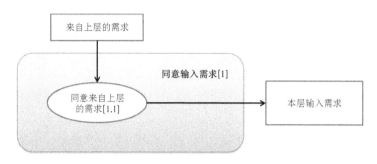

图 11.23　活动 1：同意输入需求

输入需求"和"针对本层的设计材料"等。

活动 1：同意输入需求

本流程用于识别来自上层的需求(其中包括来自专业领域的需求)，这些需求由上层指定本层特定团队开发。上层团队在该流程中可能采用一种分配的(通常称作"预先分配")方法，用于为本层提供需求的初始建议。或者采用一种投标的方法，本层的每个团队向上层建议自己所要满足的需求。

本层团队可能需要更改来自上层某些需求的措辞用语。这可能是由于当前需求的用语表意不够清晰，通过调整使针对需求含义的理解达成一致。当本层根据经验判断某些需求无法实现或成本、风险过高时，也可以建议更改需求。

如图 11.23 所示，活动 1 中的任务对应一个需求来源。这些任务承担着供应商的角色，从上层接收需求。来自上层的需求将会被本层团队所同意。

活动 2：产生并验证设计

图 11.24 显示活动 2 所包含的任务。"创建设计"任务[2.1]接收本层输入需求，利用相关设计工具及专业领域方法开发出最优设计，同时(在需要时)考虑生成传递到下层的模块的需求。

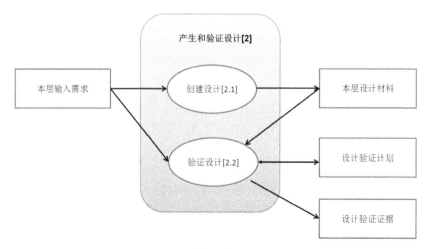

图 11.24　活动 2：产生并验证设计

"验证设计"任务[2.2]是要证明本层设计满足本层的输入需求。首先,决定验证设计的方法并记录到设计验证计划中;然后,执行该验证计划并产生证据以证明设计如何满足输入需求。

活动 3:生成并确认输出需求

图 11.25 显示活动 3 所包含的任务。

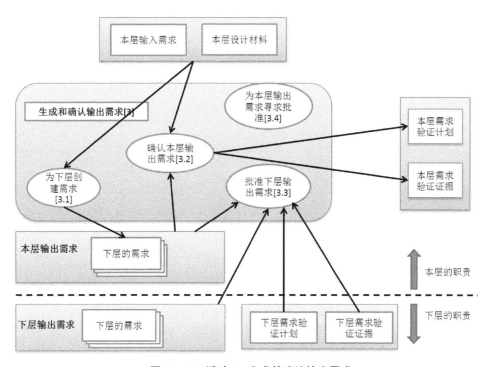

图 11. 25　活动 3:生成并确认输出需求

依据本层的输入需求和设计材料,为下层开发团队创建需求。这些需求集合必须符合一定的质量标准,使用一致的术语,并且这些需求必须被置于合适的规范结构中,其中包含适当的描述性材料及假设。在书写每条需求时,需要确定其所满足的本层输入需求,或者说必须保证完整性以满足所有的输入需求,从而能够创建跟踪性矩阵。通常这些需求将针对某个特定的下层团队而进行分组。或者,在"同意来自本层需求"流程中将每组需求作为单一的集合被分配到团队。需求的组织方式要能够清晰地显示每条需求所针对的对象。流程中并未定义何种组织方式,但可采用的方法包括预先分配,在一个文档(规范)中确定章节标题或对不同规范进行指定分组。

任务[3.2]负责对任务[3.1]所产生的需求进行确认。确认的方法有很多,其中最常用(但并不唯一)的方法是评审。任务[3.2]首先准备确认计划,然后执行计划并生成相应的确认证据。确认活动必须检查需求的质量以及完整性。必须确保所有输入需求能被满足且所有输出需求的合理性都能通过追溯到一个或多个需求来进行证明。

任务[3.3]负责检查每个下层团队根据所分配需求产生的输出需求是可接受的。下层团队将提交确认活动所产生的确认计划及证据,以作为申请批准的依据。很多情况下,下层级的团队会邀请本层级有批准资质的权威参与确认和评审,这样能够确保下层级的输出需求通过批准。

最后,活动3的任务[3.4]为本层的输出需求向其上层团队申请批准。该活动将提交需求及确认证据以备审查。

活动4:验证下层提交的产品

活动4(图11.26)只有一项任务,即检查下层提交的产品是否满足本层的需求。验证产品的职责主要归于下层团队。下层团队负责制定产品验证计划并给出产品符合要求的证据。本层团队将负责批准验证计划并评估验证证据。

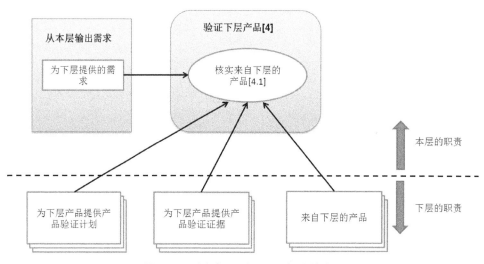

图11.26 活动4:验证下层提交的产品

活动5:验证集成产品

活动5包含三个任务,如图11.27所示。

本活动决定是否对本层的集成模块进行独立的验证。

集成验证包含了在本层最终产品验证之前对多个模块的有序集成。如果所有模块被同时集成和验证(最终的产品验证),则无需进行集成验证。

考虑这样一个场景,假如有四个模块:模块1、模块2、模块3、模块4。一种策略是可以首先集成模块1和模块2,然后将模块3集成到(模块1和模块2)中,最后模块4集成到(模块1、模块2和模块3中)。

另外一种可选的策略是同时将四个模块集成到一起,在这种情况下,产品验证将仅执行一次(采用产品验证过程),则无需集成验证。

依据集成验证计划,证明要集成的模块满足本层相关输入需求。

任务[5.1]负责为中间集成产品制定验证计划,这些产品将被分别进行评估。有些团队可能不需要任何中间集成产品,这种情况下该活动不必执行。

任务[5.2]负责在必要的情况下进行产品的集成。

任务[5.3]执行任务[5.1]制定的验证计划并生成证明集成产品符合要求的证据。

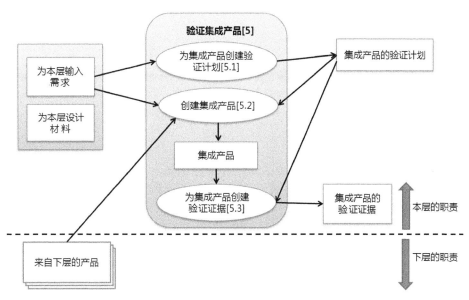

图 11.27　活动 5：验证集成产品

活动 6：验证本层产品

活动 6 包含三个任务，如图 11.28 所示。

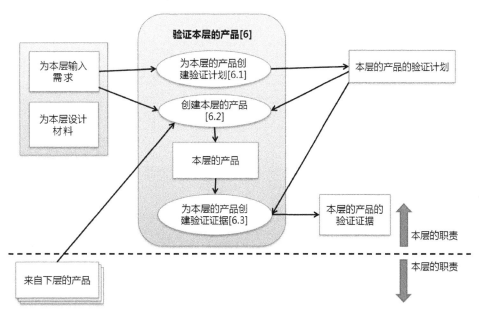

图 11.28　活动 6：验证本层产品

任务[6.1]为所要交付的产品制定验证计划。图中的"本层的产品"意在区别于接收"来自下层的产品"。

任务[6.2]负责接收来自下层的产品并构建本层产品。

任务[6.3]执行任务[6.1]制定的验证计划并生成证明本层的产品符合要求的证据。

活动7：协议过程

这些任务在用户-供应商（上层与下层之间就是一种典型的用户-供应商的关系）协商过程中，从用户角度同意不同团队之间的横向需求，以及同意分解到下层的需求。协议过程包括三个任务，如图11.29所示。

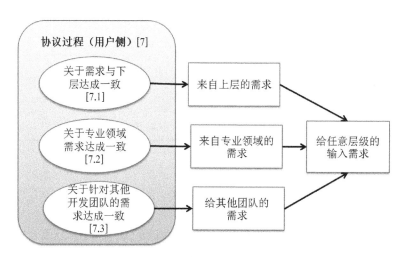

图11.29　活动7：协议过程活动

任务[7.1]为关于需求与下层达成一致：同意从分解到下一层级的需求。

任务[7.2]为关于专业领域需求达成一致：同意从一个开发团队传递到另一个开发团队的横向需求。

任务[7.3]为关于针对其他团队的需求达成一致：有时某个团队需要向其他团队提出需求。负责满足这些需求的团队将通过任务[1.1]的"同意来自上层的需求"活动接收相关需求。

活动8：面向用户的任务

活动8(图11.30)包含两个任务，只在开发的最顶层执行。

任务8.1为主要进行抽取用户需要并与客户达成一致；

任务8.2为用于确认最终产品是否满足用户需要。

活动9：构型管理

该活动包含4个任务，用于识别及控制构型项：

任务[9.1]为构型识别：构型识别是一个构成需求、设计和产品基线的唯一的元素的识别过程。需求基线（唯一地）定义了产品功能（包括性能）和产品验证证据。设计基线定义了需求和设计验证证据解决方案的唯一元素。产品基线定义了要交付的产品的唯一元素。唯一识别基线中每个元素的方法应该识别该元素所在项目，以及应该方便识别不同基线中这些不同的唯一元素的关系。

任务[9.2]为构型控制：构型控制是对需求、设计和产品基线的唯一标识元素进行系统地变更控制的流程。

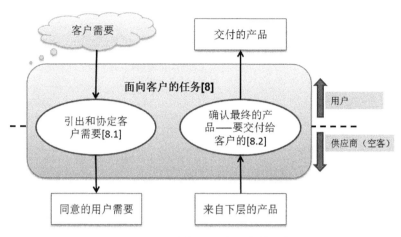

图 11.30 活动 8：面向用户的任务

任务[9.3]为构型状态评估：构型状态评估是记录并报告需求、设计和产品基线（包括变更）所定义信息的状态的流程。

任务[9.4]为构型审计：构型审计流程用于保证：① 需求、设计和产品基线之间保持一致，能够有效地检查需求确认、设计验证和产品验证活动的输出；② 构型管理流程按照所定义的内容开展工作。

图 11.31 描述了构型管理的四个主要活动如何作用于整个 RBE 通用流程。

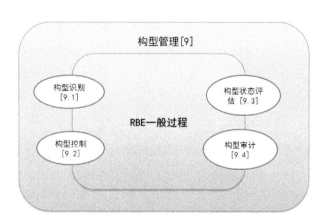

图 11.31 活动 7：构型管理

RBE 通用流程的主要活动在图 11.20 中进行了介绍。出于简明且易于理解的目的，图中的内部数据项被省略了。这些数据项在图 11.31 中给出了说明，并以直角矩形框表示。嵌套的矩形框表示将具有相似使用目的的信息列为一组。整个框图作为活动的产物同时被其他活动使用，表达不同活动之间具有的相互依赖关系。

图 11.32 介绍了 A400M 的 RBE 流程活动。图 11.33 则显示了 RBE 流程活动（在每一层级），及其对应的空客研制生命周期及关键里程碑的对应关系。

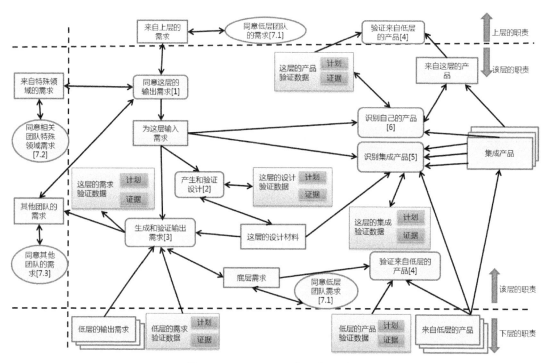

图 11.32　RBE 通用流程详细说明

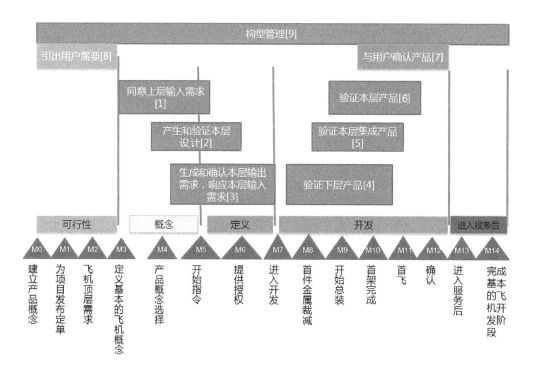

图 11.33　RBE 流程与空客里程碑

11.3　小　　结

　　本章介绍了空客公司针对复杂项目的系统工程和项目管理基本原则、方法和理念。空客公司遵循"slice the elephant"的基本思想，从结构复杂性、动态复杂性、风险三个维度对一个复杂项目进行"分而治之"，不仅考虑了产品的复杂性，还从员工的文化、性格、个人发展等角度切入，尽可能地解决系统的复杂性问题。本章还以 A400M 为案例介绍了空客的系统工程流程——基于需求的工程流程，并介绍了空客在具体型号中如何应用系统工程的基本思想理念，例如，将复杂产品进行研制层级的分解，按照"需求—方案—实现—集成—验证"的"V"字模型在不同研制层级进行迭代、递归；最终，通过确保产品满足最终用户的需要实现产品的成功。通过空客的系统工程理念和案例分析，可以看到 NASA、FAA、INCOSE 所发布的《系统工程手册》中的基本方法和理念都有体现和落实。可以说，系统工程的方法在航空领域有着天然的优势和应用的必然性。也正是系统工程方法的有效应用和推广助力空客公司在全球民用航空市场波音公司独霸的"阴影"下异军突起，后来居上！

第12章
中国航空领域系统工程实践

12.1 中国航空工业集团有限公司推进系统工程战略

国际系统工程协会(INCOSE)最初是在波音、洛克希德·马丁等知名的航空航天和防务领域公司的大力倡导下创立的。目前,INCOSE已吸收众多包括国际知名航空航天和防务领域公司咨询委员会企业会员以及来自研究机构、院校和企业等方面数千名个人会员。2013年6月,中国航空工业集团有限公司(简称"航空工业")正式获得INCOSE批准,成为咨询委员会的企业会员,"航空工业"所属的工程技术和管理人员具有共享INCOSE在系统工程领域的知识体系和技术文献的权益。

同年,鉴于国际商业机器公司(International Business Machines Corporation,IBM)在系统工程方面的领先技术和卓越实施能力,中国航空工业集团有限公司与IBM公司签署了系统工程战略合作协议,形成由工业方和信息技术方案提供方共同建立的新型合作模式,携手推进系统工程的方法论和工具在航空工业的应用。借鉴国际航空航天和防务企业的先进经验,"航空工业"组建了系统工程信息化推进卓越中心(以下简称卓越中心),在"航空工业"范围内推进系统工程方法论、工具及实施服务。卓越中心作为"航空工业"在该领域项目的实施服务组织者,大力促进系统工程方法论及相关技术在航空产品研发中的应用,并通过典型的导航项目快速实施促成知识转移,逐步开展"中航工业"系统工程应用规划以及制订适用的系统工程实施方法论。

2014年,为加快推进系统工程在航空产品研发过程中的应用,"航空工业"又设立了系统工程推进委员会(以下简称推进委员会),作为"航空工业"系统工程推进工作的最高决策机构,其成员涵盖了"航空工业"防务工程部、民机工程部、发动机工程部、科技与信息化部等部门的相关领导及成员。推进委员会下设推进办公室和卓越中心。推进办公室主要负责组织制定"航空工业"系统工程发展规划和推进工作的方针和策略,规划"航空工业"系统工程信息化推进路线,组织型号项目及相关单位系统工程建设推进工作。

为持续提升航空产品的研发能力和水平,适应航空型号工程数字化和管理信息化的发展趋势,"航空工业"通过引入基于模型的系统工程方法论,促进工程研发从以文件为核心的传递向基于模型的结构化和流程化验证和确认演进。

12.2 基于模型系统工程推进计划与进展

为了推动航空产品开发能力从跟踪发展到自主创新的转变,从而形成满足系列化、信息化、体系化发展先进航空装备的开发模式,"航空工业"正在集团范围内大力推进基于模型的系统工程(MBSE)应用,通过从系统、子系统、组件的系统工程信息化应用迭代与递进,实现需求、功能、架构的共享、协同、集成,与国际航空航天和防务企业基于模型的系统工程信息化应用对接,提升航空产品创新能力。

"航空工业"在"十二五"期间,形成了 MBSE 技术解决方案,在航空运载器、航空发动机、航空系统、武器系统领域分别形成 MBSE 应用最佳实践与典型案例,制定系统工程流程、系统建模规范及 MBSE 实施的标准方法和流程,初步形成航空产品开发 MBSE 典型模型库,成为国际系统工程领域有影响力的组织,开展与国际接轨的航空系统工程师培训和认证工作。

"十三五"期间,在航空运载器、航空发动机、航空系统、武器系统领域全面推广 MBSE 应用,建立以"V"形模型和系统工程流程集为指导的产品开发体系,将传统的基于文件的系统工程协同转变为基于模型的系统工程协同;建设国际系统工程领域认可的航空系统工程师培训和认证体系,并达到与国际先进防务企业规模相当的系统工程师专业队伍;建立航空系统工程技术成熟度测评体系,在集团公司范围内开展系统工程技术成熟度测评工作。

自航空工业 2013 年成立系统工程推进卓越中心以来,先后在 40 多家等单位开展了 MBSE 实施工作,完成了航电、飞控、惯导、无人机、地面站等多个领域的需求管理、MBSE、联合仿真、软件工程等项目的实施工作,逐步探索出一条适合航空产品研制 MBSE 应用的路线,为在集团范围内进行 MBSE 全面推广打下坚实的基础。

12.3 构建系统工程信息化平台及企业标准

"航空工业"制定了"航空产品系统工程信息化平台建设规划",从顶层推进 MBSE 信息化平台建设,充分发挥 MBSE 流程和方法在航空产品开发平台建设中的支撑作用,全力推进航空产品开发能力从跟踪发展到自主创新的转变,形成满足系列化、信息化、体系化发展先进航空装备的开发模式。通过导入国际航空航天和防务领域先进的 MBSE 方法论和工具集,在集团公司统一信息技术架构思想的指导下,统一 MBSE 业务架构、软件工具及实施服务,将 MBSE 信息化平台建设与型号开发相结合,依据系统工程"V"形模型(图 12.1),在 MBSE 方法论的指导下,率先应用于系统工程技术流程的需求分析、功能分析和设计综合环节,并指导后续的联合仿真、专业仿真、综合、验证与确认。

MBSE 信息化平台总体架构由系统工程流程、方法、工具和支撑环境等部分组成,具体

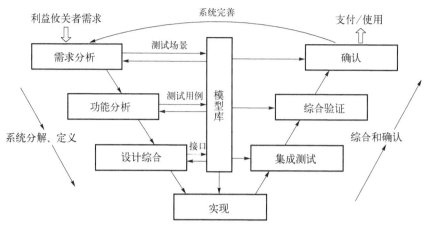

图 12.1　需求架构模型

如下：系统工程流程集遵循 ISO/IEC 15288：2008《系统和软件工程——系统生命周期过程》标准，其由项目使能流程、协议流程、项目流程和技术流程四个流程组成（图 12.2），在 MBSE 信息化平台建设过程中，各单位可根据系统的复杂性和优先级，以及项目的需求、进度、经费和风险等约束条件，对系统工程流程集进行裁剪。

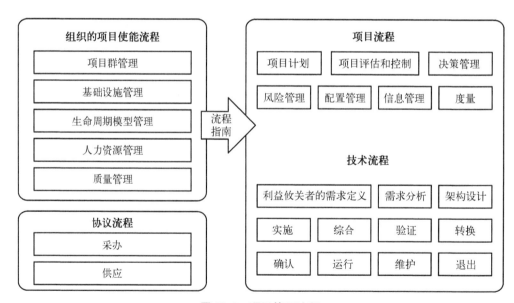

图 12.2　项目管理流程

MBSE 方法论核心技术过程是通过使用统一的工具和符合国际标准的系统建模语言构建需求、功能、架构模型（图 12.3），通过模型执行和仿真进行系统需求和功能逻辑的验证与确认。

MBSE 是航空产品协同研制平台的源头，向后与集成研发、协同设计、专业设计工具等软件集成，如图 12.4 所示。

除了在信息化建设，集团自 2017 年开始进行 MBSE 企业标准体系的建设，主要开展了

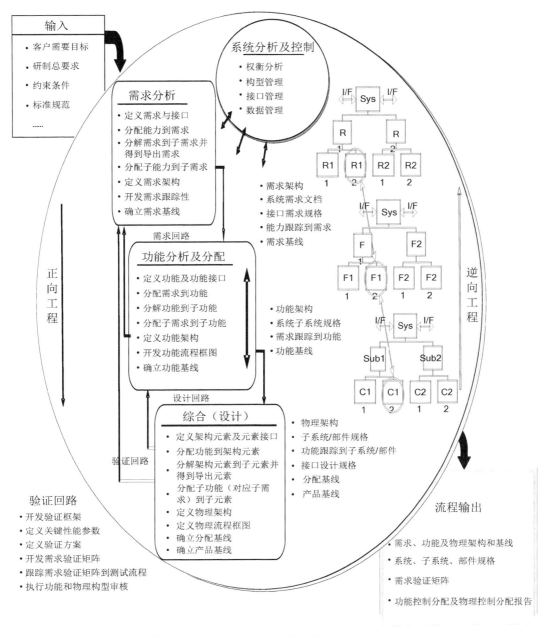

图 12.3　正向工程

以下工作：

1）对准国际标准：选择国际上通用的系统工程流程、方法和建模标准，构建航空工业的 MBSE 标准体系。

2）依托项目实践：以航空工业近年来的 MBSE 实践为依托，提取其中的最佳实践，融入标准体系之中。

3）成立联合团队：根据能力特长和技术储备组建联合的标准编制小组，形成符合工程实践的 MBSE 标准。

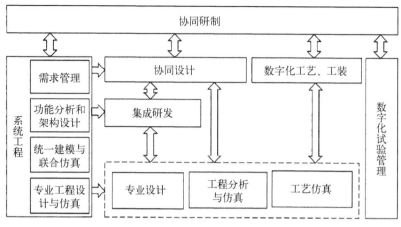

图 12.4　协同架构设计

4）形成针对各类航空器不同研制层级（整机、系统、子系统、部件）全生命周期的 MBSE 标准。

12.4　"航空工业"系统工程流程体系建设

系统的研发过程是一个复杂和长期的项目管理过程，为了确保项目的进度、成本等，需要对项目进行精细规划并制定一套自上而下的需求工程流程与方法体系作为研发活动的依据。流程与方法不只是一份文件，而是由一系列结构化的文件组成，称之为"系统研发流程体系"。"航空工业"依据 INCOSE 发布的《系统工程手册》、SAE ARP 4754A《民用飞机及系统研制指南》，借鉴空客基于需求的工程流程框架，对标法国赛峰集团、美国通用电气等国际航空制造巨头的先进系统工程流程体系，结合我国航空工业现有的研发模式，形成"航空工业"基于模型的系统工程落地流程体系。

系统研发流程体系是覆盖系统项目的各研制层级，从需求开发到架构设计、集成验证各研制活动。各研制活动中所采用的方法、应用的工具、使用的模板、自上而下地由一系列流程文件、指导性文件、模板文件共同组成了文件体系。

系统工程团队基于 INCOSE《系统工程手册》的相关技术流程手册，参考国外先进的航空装备企业，建立与系统项目的业务背景紧密结合的系统研发流程体系。"航空工业"基于模型系统工程落地流程体系应包含四个层级（图 12.5）：

1）流程体系架构的第一层级涵盖从利益攸关者需求捕获、各类需求分析、需求定义流程，到面向系统设计的功能架构、逻辑架构、物理架构、接口定义、集成验证、构型管理；

2）流程体系架构的第二层级是针对顶层的系统工程流程配套的有相关支持性的文件，针对流程中一些比较复杂的研发活动进行详细说明和指导，具体描述活动开展的方法、注意事项、活动的相关参与者、所要采用的研发工具等；

3）流程体系架构的第三层级包括了用来指导相关工程人员使用工具完成需求工程流

程活动的指导、说明性文件。

4）流程体系架构的第四层级包括了为规范化完成需求工程流程活动所采用的各类输入、输出物标准模板。

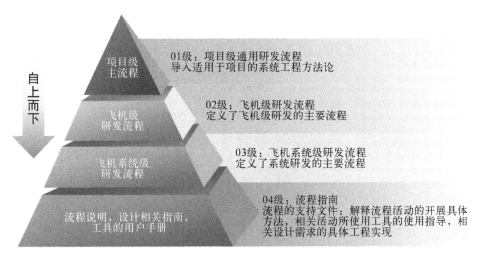

图 12.5　流程体系金字塔模型

1. 需求工程方面

"航空工业"通过在项目研制过程中引进"需求管理"、"需求驱动的工程"、"系统工程"思想，能够显著提升产品研发过程对于需求的管控和验证能力，加速产品研发，保证产品质量。通过需求管理，能够帮助产品开发团队有效地进行需求分析，记录需求分析分解的过程，能够增强洞察变更影响的能力，增强和与客户/供应商关系，提高跟踪需求过程/需求状态的能力，特别是项目的关键阶段。

产品的研制过程中，从一开始的捕获定义需求、分析、分解需求、开发系统、子系统到最后交付一个符合质量要求的产品，整个团队的工作就是围绕需求而展开的。可以说，需求管理在产品研制过程处于核心地位，它决定了项目计划、项目资源、项目范围、产品设计、产品测试等产品开发相关的所有方面。

"航空工业"建立了包括需求开发和需求管理的流程、指南、模板、表单等，并在 DOORS 中定义相应的信息架构和视图，实现了以下目标：

1）需求开发流程显性化及工程化落地；

2）需求管理过程满足适航要求；

3）需求全生命周期的追踪审计。

（1）需求开发流程

需求开发是产品正向研发过程中非常重要和关键的一环。需求开发的质量直接会影响到产品研发的质量，甚至会直接影响项目的成败。空客内部将系统工程方法定义为基于需求的工程，可见需求对于航空产品以及所有复杂产品研发的重要性。

需求开发流程旨在保证用户在产品研发过程中，进行高质量的需求开发，从流程、方法和工具三个层面提供一套完整的、落地的需求开发解决方案（图 12.6）。建立符合飞机/系统

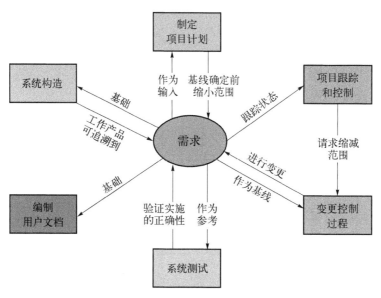

图 12.6　需求开发流程

的基于需求开发流程文件体系。通过需求的开发流程、方法、工具、模板及相关培训,可以帮助设计团队达到以下目标:

1) 所有利益攸关者的所有需求都该被捕捉和维护、被分析和理解、构型控制和管理;

2) 需求开发人员掌握需求分析流程方法,形成完整和正确的系统需求;

3) 需求开发人员熟悉需求定义流程,并在系统开发全生命周期迭代和完善需求,对需求不同成熟度进行构型管理。

(2) 利益攸关者需要和需求捕获流程

利益攸关者需要捕获流程用于引出可应用工作分解结构模型的利益攸关者期望。利益攸关者需要可在客户需求和其他利益攸关者需求、工作声明、需要和目标、同意、标准、法规、能力、外部接口、约束等中找到。利益攸关者需要包括:

1) 运行概念、场景、用例;

2) 终端产品和使能产品;

3) 因素,如安全性、质量、保密性、可靠性、可用性、维修性、电磁兼容性、交互性、可测试性、可传输性、支援性、使用性、退出性;

4) 技术当局、标准、法规、法律;

5) 运行者和用户期望的技术和能力;

6) 期望的同时用户数量;

7) 系统和人员操作准则;

8) 完成任务的约束。

需要努力去理解最重要的客户需求,这些需求往往在客户提供的需求文档和运行概念背后。理解更高层次的需求将协助开发团队开发出可支持进一步成长能力的产品,也可支持只需很少或没有修改的重复使用的产品。除了利益攸关者,所分配的系统团队应该考虑之前开发或现有产品的生命周期的中得到的经验教训。所得需求中的一部分会是公司专有的，应作相应的管理。

利益攸关者需求定义流程实施后可达到以下目标：

1）所需系统的特点、产品功能服务的使用情况和运行方案被指定；

2）系统解决方案的约束被确定；

3）利益攸关者需求到具体利益攸关者和其需要的追溯性被建立；

4）利益攸关者需求被定义；

5）确认准则被识别。

利益攸关者需求定义流程的目的是在特定的环境下，定义能够向用户和其他利益攸关者提供其所需服务的系统的需求。在系统整个生命周期中，该流程用于识别所有利益攸关者的需要、期望和愿望。该流程对上述内容进行分析并将其转换成利益攸关者的一组通用需求的集合，此需求集合将描述系统在运行环境中的预期活动，并作为确认参考依据。

利益攸关者通常是用户、运行者、管理者、开发者、生产者、培训者、维护者、销毁者、采办方、供应商组织、负责外部实体或使能系统接口的当事人、监管部门和社会成员，但并不局限于这些。

（3）系统需求分析流程

需求分析流程的目的是将利益攸关者需求转换为系统需求。

该活动构建一个未来系统的表现形式，产生可度量的系统需求，该系统需求可从供应商的视角规定应有哪些特征以及多大数量，以满足利益攸关者需求。

系统需求是系统定义的依据，且是构成架构设计、综合和验证的基础。每个需求都具有成本。因此，在项目生命周期的早期根据定义明确的利益攸关者需求建立一个完备且最小的需求集合是十分重要的。在开发周期的后期，需求变更可对项目成本造成巨大影响，也许会导致项目的取消。

需求分析过程有助于确定以下内容：

1）立足于系统开发生命周期去分析系统，包括系统的开发、运行、生成和退役；

2）识别、定义和详细描述系统中的每一个功能元素；

3）更好地描述系统相关功能的概念和需求；

4）有助于系统需求的定义；

5）有助于产品集成的过程。

需求分析活动可得到以下结果：

1）明确了一个产品解决方案所需的特征、属性和功能及性能需求；

2）明确将会影响系统架构设计的约束和实现方法；

3）实现了系统需求对于利益攸关者需求的完整性和追溯性；

4）定义了系统需求是否满足的验证基础。

（4）系统需求定义流程

需求定义流程用于将基线化的利益攸关者期望转化为唯一的、定量的、可测量的用"应该"表述的需求集,用于定义工作分解结构模型终端产品的设计解决方案和相关使能产品。

在系统开发的最初阶段,设计团队首先开始进行系统需求定义流程。在这个过程中,系统设计团队需要收集需求,结构化需求和确认所有的系统需求。同时,系统的设计团队可以根据已经确认的需求开始选择适当的设计验证方案。

所有识别的需求来源于多个源头(如高层的产品需求或者高层的功能定义),当需求被完整地收集时并保证需求是准确的情况下,这些需求应当被归纳到系统需求文档中。

系统需求有两种特征,第一个特征是不完整性,第二个特征是没有经过充分的论证。然而,这些需求会帮助系统开发团队能够初步地定义出系统应具有的功能边界和其他针对系统的系统层要求。

在预发展阶段(初样设计阶段 C),系统需求有两种特征,第一个特征是不完整性,第二个特征是没有经过充分的论证,然而,这些需求会帮助系统开发团队能够初步地定义出系统应具有的功能边界和其他针对系统的系统层要求。这些初步开发的需求会在系统需求文档集中阐述,这个阶段可以定义为完成成熟度等级为 1。在处于完成成熟度等级为 1 的系统需求文档中,所有确定的需求定义和所有关于这些需求的假设程度都处于十分重要的位置。完成等级 1 的系统需求文档能够在系统中期概念评审中体现出选择的需求。

在初步设计阶段中,要求完成系统需求文档初稿的所有活动。系统需求文档的成熟度等级 1 将通过需求基线实现。

在工程发展阶段(正样研制阶段 S),系统需求文档的完成等级 1 将进入到等级 2,这时:

1)系统的定义更加成熟;

2)需求的质量和论证更加完善;

3)系统供应商的介入更能保证需求的精确性,同时通过技术、成本、日期为完成可行性提供更清晰的视角。

完成成熟度等级为 2 的系统需求文档需要针对系统最终的概念评审反映出系统需求的技术基线。等级为 2 的系统需求文档将是在确认和验证流程中的重要文档。

在关键设计评审中,要求完成系统需求文档等级 2 的所有活动。系统需求文档的成熟度等级 2 将通过需求基线实现。

(5)需求管理流程、规范建设

需求管理是需求工程中重要的一个分支,是系统开发能否取得成功的关键因素之一。需求管理是一种实践性很强的需求活动,需求管理的大部分活动都是围绕需求变更展开的。需求涉及项目的时间、成本和风险,因此不能随意修改,需要依照规范的需求变更策略进行分析、执行和后续处理。需求发生变更后,需求的版本和基线也会相应地变更,不同的需求版本和需求基线同样需要进行统一管理。在需求管理工作开展之前应该由详细的需求管理计划,需求管理计划是系统工程管理计划的一部分,本书不对这部分计划进行描述,而是专注于需求管理过程的各个关键环节。

定义需求管理流程,需要对需求确认、需求发布、需求验证、需求变更等流程的活动内容、输入输出和所对应的角色进行定义。

需求管理流程主要包括以下四方面:

1）需求确认流程；

2）需求发布流程；

3）需求变更流程；

4）需求验证流程。

2. 系统架构设计方面

建立了可用于具体型号正向设计的功能-逻辑-物理（function-logic-physical，FLP）架构设计和分析方法，将功能、性能、可靠性、安全性、适航等系统需求转化为最终的系统设计解决方案，并结合 Rhaphsody，采用 SysML 语言进行灵活建模等途径，实现系统建模过程与方法论的高度统一。为客户达到了以下目标：

1）正向设计过程显性化：使得设计人员可以掌握系统需求转化为系统架构的流程、方法和工具，即对问题域向解决域的过渡，并产生最终系统解决方案的全过程进行了详细规范；

2）实现设计方案全局最优：通过正向架构设计过程帮助设计人员全面掌握航空产品内在机理，保证架构设计的完整性和正确性，实现系统架构设计全局最优，从而摆脱了原本"仿制式"研发模式中对产品"知其然，不知其所以然"，只能进行局部优化的局面；

3）确保需求贯穿开发全过程：从需求到架构的正向设计过程的定义，明确了每一条需求进入最终解决方案的追踪路径，也确保了最终设计方案对系统需求的符合性。

系统架构建立的具体流程如下：

（1）系统架构设计与系统设计定义流程

系统架构设计与系统设计定义的过程是将系统需求文档中的系统需求转化为最终设计解决方案的过程，即从问题域向解决域的过渡，产生系统定义文档，同时需要表明对系统需求文档的符合性。

将系统需求转换为解决方法的过程则是通过系统架构设计活动完成，通过需求-功能-逻辑-物理的层层分析与设计，保证架构设计的完整性、正确性，实现架构设计全局最优。架构设计的主要活动包括功能的分析、分解与分配，性能指标的分解与分配，系统元素的定义与选型等。在完成系统架构定义后，需要针对多个系统架构备选方案进行权衡分析，以求获得最优的设计解决方案。系统设计定义的两个主要文档输出物包括系统接口文档（system interface document，SID）与系统描述文档（system description document，SDD）。

系统设计定义的目标是定义和细化系统架构，在这项活动过程中，通常有几种不同架构通过常规评估方法提出和评估，每个架构表示了一种系统需求文档需求到部件的分解方法。系统设计文档中将描述最终选择的设计解决方案，并表明设计满足系统需求文档中的需求。

系统设计定义的输出包括系统架构与系统接口文档，并最终生成系统描述文档描述系统的设计解决方案，以及验证系统解决方案对于系统需求文档的符合性。系统设计定义一般包括以下几个过程：

1）系统架构设计；

2）系统架构权衡选择；

3）系统接口文档定义；

4）系统描述文档定义；

5）系统描述文档对于系统需求文档的符合性验证。

产品的后续开发将以系统描述文档为依据，开展下层级的子系统设计定义活动，在各子系统完成各自的系统设计定义活动之后，系统层级需要进行设计的集成验证，以验证子系统的设计是否能满足系统描述文档的要求。

（2）架构设计流程

在系统开发的周期中，系统架构设计活动的主要工作处于概念设计阶段。系统架构设计活动是将系统需求转化为系统解决方案的过程，即从问题域向解决域的过渡。架构设计的主要活动包括功能的分析、分解与分配，性能指标的分解与分配，系统元素的定义与选型等。架构设计活动是一个迭代的过程，并需要经过可靠性与安全性的分析与验证。

在设计一个系统时，繁多的工程元素、特质、属性等需要被识别与定义，这些可以被归纳为从下列几个视角出发：

1）需求视角：关注于以需求分析的方法理解黑盒状态下的系统，并在设计完成之后，进行充分的验证。

2）边界与接口视角：关注于系统外部边界的识别，与系统内部与外部接口的定义，包括功能接口与物理接口。

3）系统分解视角：关注于将系统功能、性能分配给不同的或者分布式的有效协作和沟通的系统元素。

4）可靠性与安全性视角：关注于以特定的分析技术和方法保证系统的安全运行。

5）资源视角：关注于识别、计划、分配各专业资源，并辅助于系统性能的分配与系统元素选型活动。

6）系统架构设计过程是从需求到功能到逻辑到物理的过程，换言之，系统架构设计活动分为三个部分：功能架构、逻辑架构和物理架构。

三个架构设计活动是个循序渐进的过程：

① 功能架构需要对系统功能进行定义，并描述功能之间的层级关系、内部与外部功能接口以及与功能相对应的性能指标的分配；

② 逻辑架构是在功能架构的基础上，在划分功能集后定义执行功能集的逻辑实体，以及逻辑接口，并通过可靠性与安全性分析的方法验证实体余度；

③ 物理架构是在功能架构和逻辑架构的基础上，详细定义选定的物理实体，以及物理接口，并完成定性、定量的可靠性与安全性分析、维修性与测试性分析。

在完成功能架构或物理架构后，需要对多个备选的架构方案进行权衡分析，通过综合考虑预期功能、性能、安全性、经费、资源等因素，选择一个最合适的架构方案。

（3）接口定义流程

在完成系统架构设计之后，需要将与系统接口相关的部分整理成独立的系统接口文档，将接口问题放在独立的文件中的目的是：

1）专注于所有接口方面的研究；

2）强化在系统内和飞机级的接口。

（4）设计定义流程

系统设计定义的大部分活动已经包含在系统架构设计与系统接口定义中，另外，在完成系统架构设计以及系统接口文档之后，需要编写完整的系统描述文档，以使参与到系统生命周期中的人员对系统的设计、功能和运行有综合且完整的概念。并且在完成系统描述文档后，还需要进行与系统需求文档的符合性检查。

系统描述文档的目标是：

1) 描述选择的系统设计包括系统架构和系统内设备/其他部件（如电路、标准件）间的关系；

2) 解释系统设计理由和评价是否重用已存在的系统或部件来组成系统；

3) 描述该系统执行的飞机功能的实现；

4) 识别物理实现中的任何新需求；

5) 提供分配到组成系统的下层级需求。

除了系统架构设计与权衡、系统接口定义之外，系统设计定义还需要编写系统描述文档，用以正式并规范地记录对应于系统需求文档的系统设计解决方案。

3. 其他流程建设

除了以上流程，航空工业依据 ARP 4754A 的要求，建立构型管理、系统集成验证、适航审定等流程、计划，形成了全面覆盖 ARP 4754A 以及航空器不同研制层级的研发流程体系。

12.5　小　　结

系统工程是我国航空工业进行研发模式转变、升级的重要方法论，基于模型的系统工程则为航空产品研制范式跃升提供了可行路径。通过加强国际交流、对话、合作，可以快速提升我国在系统工程前沿方法、工具的研究和工程应用。目前，在基于模型的系统工程理论研究和工程应用方面，我国航空制造领域和国际上相关领域几乎处于相同的阶段，在型号的工程实践方面，甚至走在了前列。"航空工业"通过企业组织架构的调整构建满足系统工程要求的使能环境，同时，搭建了基于模型的系统工程信息化平台，针对不同类型的产品定制开发基于模型的系统工程流程。目前，已在不同类型的航空器、不同的研制层级、主要的航空机载系统级设备完成了基于模型的系统工程应用的试点和推广，并且基于工程实践正在制定企业及行业标准，最终实现在航空领域的全面推广。

第13章
"中国制造2025"背景下的系统工程发展趋势

13.1 制造业的发展趋势与传统系统工程面临的挑战

当前,新一轮科技革命和产业变革蓄势待发,世界各国围绕抢占新一轮产业发展制高点、创新国家竞争新优势的竞争日趋激烈。工业发达国家和我国周边国家纷纷出台制造业发展战略,美国"重振制造业战略"及"先进制造业伙伴计划""德国工业4.0""英国制造2050""新工业法国"《日本制造业白皮书》韩国"未来增长动力计划""印度制造"等的推出,揭开了全球新一轮工业革命浪潮的序幕。

制造业是国民经济的主体,航空制造业是高新技术产业和高端装备制造业的典型代表,是国家工业基础的重要标志、科技水平的集中体现以及国防实力和综合国力的综合体现,具有技术密集度高、产业关联范围广、军民融合性强、辐射带动效应大、信息化和工业化融合程度深的特点。

当前,各国制造业都面临着全球化竞争、产品研制周期缩短、需求多样化、人工成本增加、材料成本上升、能源的不确定性增大、可持续发展与环保要求的挑战。这就要求工业方不断提高运营效率与预见性,不断提高复杂产品的灵活性,加快投放市场的步伐,改进材料质量与工艺,以应对世界各国制造业竞争规则的变化和工业范式的跃升带来的新挑战。

图13.1为美国、德国和中国在先进制造战略中,其重点应用领域、依托IT技术以及战略保障的对比分析。从中可以看到,所有国家都将航空航天领域制造业作为其重点发展方向。而对于支撑航空航天领域研发的基本方法论——系统工程,也将面临以下三方面的挑战和调整:

1) 客户需求的易变性。由大规模、集中式生产模式向个性化定制以及设计、生产、服务模式分散化的方式转变,客户需求的变更可能发生在研发生命周期的各阶段,这种需求的易变性要求需求管理从事后调整变为事中调整甚至是事前的预计。

2) 业务过程越来越多样化。首先,管理模式从结果管理向过程融合演进,主要体现在端到端流程的一体化和纵向流程的综合化;其次,基于模型的系统工程、产品生命周期管理、并行工程和智能制造等新的工程和管理方法、流程的出现推动着系统工程范式的跃升,移动互联、大数据、人工智能等新一代信息技术将与传统系统工程进一步深度融合,为系统工程范式转变提供了技术手段的支持。

3) 系统自身的复杂性在不断提升。一方面,系统工程的研究对象本体的繁复程度在不

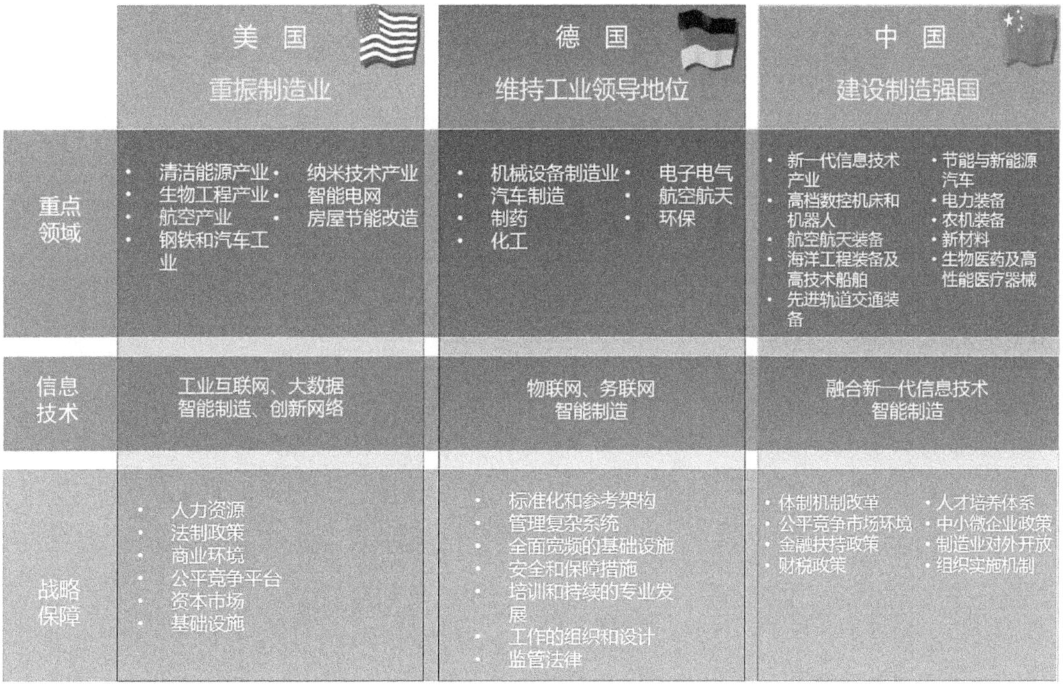

	美 国 重振制造业		德 国 维持工业领导地位		中 国 建设制造强国	
重点 领域	• 清洁能源产业 • 生物工程产业 • 航空产业 • 钢铁和汽车工业	• 纳米技术产业 • 智能电网 • 房屋节能改造	• 机械设备制造业 • 汽车制造 • 制药 • 化工	• 电子电气 • 航空航天 • 环保	• 新一代信息技术产业 • 高档数控机床和机器人 • 航空航天装备 • 海洋工程装备及高技术船舶 • 先进轨道交通装备	• 节能与新能源汽车 • 电力装备 • 农机装备 • 新材料 • 生物医药及高性能医疗器械
信息 技术	工业互联网、大数据 智能制造、创新网络		物联网、务联网 智能制造		融合新一代信息技术 智能制造	
战略 保障	• 人力资源 • 法制政策 • 商业环境 • 公平竞争平台 • 资本市场 • 基础设施		• 标准化和参考架构 • 管理复杂系统 • 全面宽频的基础设施 • 安全和保障措施 • 培训和持续的专业发展 • 工作的组织和设计 • 监管法律		• 体制机制改革 • 公平竞争市场环境 • 金融扶持政策 • 财税政策	• 人才培养体系 • 中小微企业政策 • 制造业对外开放 • 组织实施机制

图 13.1　美、德、中先进制造战略对比分析

断地发生根本性的提升;另一方面,系统工程的研究范围也从单个系统转向"系统之系统",例如,整个交通运输体系的研究,其复杂性和繁复性都呈几何倍数的增加。以飞行器为例,机、电、液、软等综合设计,进度、质量、成本、适航、全球协同等众多因素的综合考量,都对系统研发的复杂性带来了变量和不确定性;最后,就是系统复杂性带来的系统全生命周期业务流程和研发数据量的急剧增长。

综上所示,系统工程在全球制造的发展趋势下,正在向全球化、精益化、协同化、服务化、绿色化和智能化的方向发展,但是,这些发展趋势都指向了系统工程范式亟待跃升的方向,而新一代信息技术和基于模型的系统工程等方法论的出现也为系统工程的范式转换提供了重要的技术和理论支持。

13.2　新一代信息技术与系统工程的融合

新一代信息技术与制造业深度融合,技术更新和成果转化不断加快,形成新的生产方式、产业形态、商业模式和经济增长点,正在引发影响深远的产业变革。尤其制造业已成为一个国家经济健康稳定发展的基础,是立国之本、兴国之器、强国之基,为此世界上主要工业发达国家(地区)都加大科技创新力度,推动包括 3D 打印、大数据、移动互联网、云计算、新能源、新材料等领域取得新突破,着力实施智能制造战略。1988 年,由美国的 Wright 和 Bourne 教授提出:通过集成的知识工程、制造软件系统、机器人视觉和机器控制对制造技工的技能和专家知识进行建模,以使智能机器人在没有人工干预的情况下进行小批量生产。时至今日,信息技术的演进已经进入爆炸式的成长模式。图 13.2 中列出了从 2008 年至 2016 年的 9 年间,8 项最重要的信息技术创新或发现,可以看到每项信息技术从想法进入实际应用的时间越来越短。可以说,信息技术已经成为推动制造业转型的重要支撑。在未来系统工程的演进发展过程中,信息技术也将与系统工程深入融合,带动系统工程范式的转型和跃升。

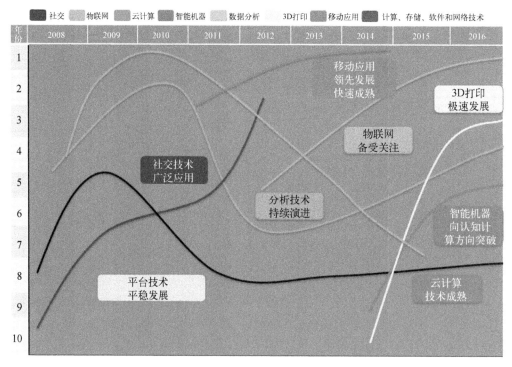

图 13.2 信息技术发展与系统工程融合

世界各国都已经感知和捕获到了信息技术与制造业以及系统工程方法深度融合的大趋势,美国、德国、法国和中国等制造业大国都已经在尝试这种深度融合的预先研究和项目试点。

美国在数字化制造业战略中,就提出了基于模型的企业(Model Based Enterprise,MBE),即产品全生命周期的所有活动从 2D 向基于模型技术的转移。美国国防部高级研究计划局(Defense Advanced Research Projects Agency,DARPA)在自适应车辆/运载器制造(AVM)计划中(图 13.3),应用了包括基于模型组件、网络互联、赛博物理系统(CPS)、计算机驱动的柔性制造(iFAB)等新一代信息技术,形成了基于模型的设计——虚拟协同工程和直接生产贯通的方案,构建了基于模型的企业的概念模型。

DARPA 的 AVM 计划的研究背景是:在当今快速变化的任务环境中,作战人员需要新的车辆、武器和其他系统快速部署,但当前的设计和开发方法无法实现这些系统的及时交付。为了帮助克服这些挑战,DARPA 的 AVM 计划的投资项目正在发展革命性的复杂武器系统设计、测试和制造方法,目标是开发时间至少缩短 80%。DARPA 的 AVM 项目的核心技术路线是:寻求创造一个基于模型的设计途径,这将允许工程师能够像软件项目开发工

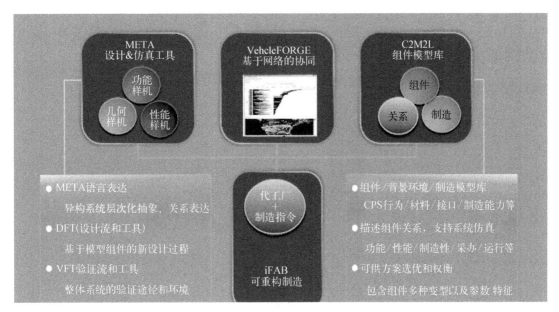

图 13.3　美国国防部高级研究计划局 AVM 计划

作那样,以密切合作的方式设计新的运载器,采用一系列工具使他们能够"通过建造设计不断修正"——是在软件工程和集成电路设计中所采用的工程途径。

2013 年 4 月,DARPA 公布了 AVM 计划的快速自适应的下一代 F1 挑战赛的获胜者。初步测试结果表明,AVM 的原型设计工具可以生成可行的设计,并且制造工具和过程能够正确并迅速地建造这些设计。DARPA 不断对其项目进行评估,并在 AVM 计划下特别评估了 F1 挑战赛的成果,以及到目前为止该项目取得的其他成果。得益于有说服力的早期测试结果和转化这些技术的一个新机会,DARPA 已在 2014 年向美国国防部建议加快其目前的 AVM 成果,这比原计划提前了数年。

美国在航空制造业全面推进数字化和新一代信息技术与研发过程的融合,并且在多个型号上取得了成功。如美国的洛克希德·马丁公司在 F35 研制过程中,采用数字化车间技术缩短了 2/3 的研制周期,降低了 50% 的研制成本,开创了航空数字化制造的先河。波音 787 飞机在研制过程中采用基于 DELMIA 的数字化车间技术,实现其产品的虚拟样机发布,通过产品控制中心,集成零部件生产、物料配套、供应链、制造环境、人员信息等,对各生产要素进行实时监控和管理,并动态调整生产线运行。原来波音 777 整流罩金属外壳要耗时 43 天才能制造完成,现在只需要 7 天。原来每个月完成 2 架波音 737-700 型飞机的零部件生产任务都困难,现在人员精简的情况下每月能完成 23 架份的生产任务,生产面积也减少了 1/2,工种划分从 200 个减少为 28 个(图 13.4)。

欧盟的 VIVACE 项目(图 13.5)和空客的 CRESCENDO 项目(图 13.6)则是通过研究未来建立的虚拟合作工厂环境(value improvement through a virtual aeronautical collaborativeenterprise,VIVACE),包括相应的知识驱动的工程、虚拟发动机企业生命周期模型等内容,目标是实现飞机开发成本降低 5%,发动机开发前置时间减少 30%,发动机开

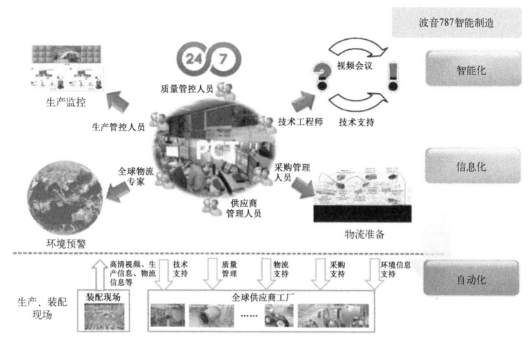

图 13.4　波音 787 智能制造

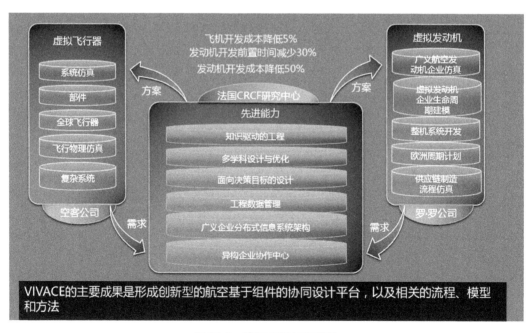

图 13.5　欧盟 VIVACE 项目

发成本降低 50%。

　　VIVACE 项目后续,空客发起了 CRESENDO 项目。在先进的分析、设计、制造和维修工具、方法和流程帮助下,缩短一半的上市时间;增加供应链与产品研发过程整合程度;大幅度削减运营成本。在设计研发方面,通过行为数字样机(behavioural digital aircraft,BDA)

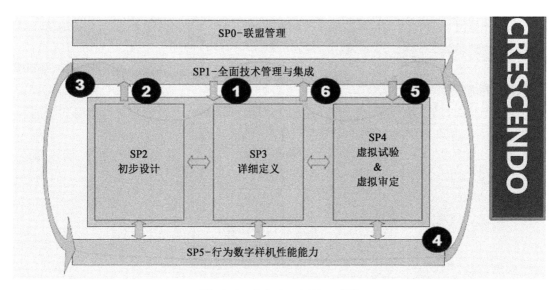

图 13.6 空客 CRESCENO 项目

的建模、仿真与验证,在一个分布式企业协同平台上实现需求-功能-逻辑-物理(RFPL)的多学科工作流程。

空客 A380 飞机采用虚拟装配方案,实现整机的虚拟装配仿真和验证。波音公司通过采用流水生产的概念,组建数字化车间,构建关键部件生产线等一系列措施,取得了超乎想象的效果。空客公司在飞机 A350 研制中,全面采用自动化、数字化和智能化技术,提升了飞机的市场竞争力。空客 A350 智能制造示意图如 13.7 所示。

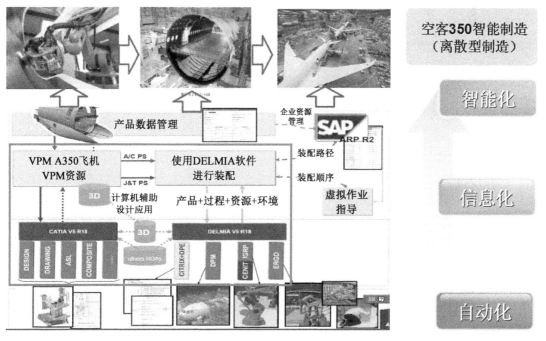

图 13.7 空客 A350 智能制造

德国的西门子集团积极实践德国国家战略"工业4.0",其远期目标的路线是覆盖从产品的研发设计到测试验证及生产制造,通过数字化工具构建赛博物理系统,将数据链、信息链串联成有机的整体。

在数字化车间的建设方面,西门子公司一直处于领先地位。西门子利用其 Teamcenter 软件实现了对产品全生命周期的管理。通过数字化手段,对产品数据进行全生命周期的数字化管理,将产品设计阶段的数据与其生产过程中的执行层直接关联。利用 Teamcenter,在飞机产品设计过程中,即能够确定某个零件的制造位置、装配工具等相关因素,从而真正实现"无纸化"协同设计与制造。

13.3 中国航空制造业研发模式的演进方向

按照《中国制造2025》的总体要求,依据国家顶层设计、企业自主创新的原则,结合航空工业产品研制的特点和要求,未来的研发模式应该具有网络化、数字化和智能化三个核心特征,其中,网络化是基础、数字化是手段、智能化是方向。

1. 网络化

网络化是指构建异地协同的网络环境,通过多级网络的集成应用协调不同地点、不同团队同步开展航空复杂产品研制的流程和活动,实现广域的协同研制。网络化将支持从概念、开发、生产、使用、支持到退出的数字线连接。具体描述如下:

1)价值链协同:将数字化模型应用到产品生命周期、生产生命周期和价值链的协同过程,提供基于网络应用的协同能力。

2)设计/制造/管理/服务集成:保证数字模型的统一和共享,数字量连续传递和模型所附带的信息不断丰富,有效支持数字线在跨领域开发、制造、管理和服务中的应用。

3)能力单元动态配置:实现网络化跨域(地域-企业-学科-专业)能力单元的动态配置、优化,实现广域资源集成。

2. 数字化

数字化是实现产品生命周期和生产生命周期的集成,并在各个阶段实现基于模型的贯通。具体描述如下:

1)全局数字量表达:以模型的方式实现产品生命周期和生产生命周期的数字量表达,达到上述两个生命周期的融合。

2)系统描述模型化:定义系统的需求、功能、逻辑和物理模型,在开发过程形成连续传递、迭代和基于虚拟样机的验证。

3. 智能化

智能化是发展智能制造的方向。采用模型驱动的方法,构建产品的赛博物理系统和赛博物理生产系统,通过虚拟环境中的设计、仿真和优化,指导物理环境中制造、试验和运行的全过程,实现设计制造的一体化、生产过程的自适应化,保证产品研制的一次成功。具体描述如下:

1）延展自主化能力：发挥人的创新能力，提炼业务智能、制造智能，延展人的认知过程和控制系统的自主化能力。

2）提高自适应程度：面向供应链、企业、生产线和设备的互联互通，构建具有异域、异构、异类特点的赛博物理系统网络，使其具备感知、处理、决策和执行的能力。

3）形成自优化机制：以工业系统持续演进为目标，通过数据积累、分析和决策，形成知识驱动的自学习能力，实现市场、开发、制造、管理和支持等业务运行模式的优化。

基于以上关键特征，我国未来的航空产品研发需要构建以下七大能力：

1）开发模型化：以模型为核心，开展全生命周期开发业务，确保过程数据的单一和准确。

2）协同网络化：建立支持多企业协同设计的互联网络环境/人、数据、系统互通的物联网。

3）验证虚拟化：基于模型，开展各层级产品的虚拟仿真，以确认需求分析和开发结果。

4）认知自动化：利用状态感测能力，依据任务，自动对模型化知识和集成化的流程进行测试与评价。

5）状态感测化：主动感知产品设计流程、业务数据和系统的状态信息，并可测可量化。

6）知识组件化：将知识、流程、工具模块化，以模型库/组件的方式进行存储及使用。

7）流程集成化：采用信息技术集成工程和管理的跨域业务流程，推进设计活动的自动化、智能化。

这些能力正是我国航空制造业系统工程方法、流程、工具演进发展的方向，而支撑这些能力的关键技术包括了：大数据、云技术、物联网、赛博物理系统等新一代信息技术。图 13.8 是

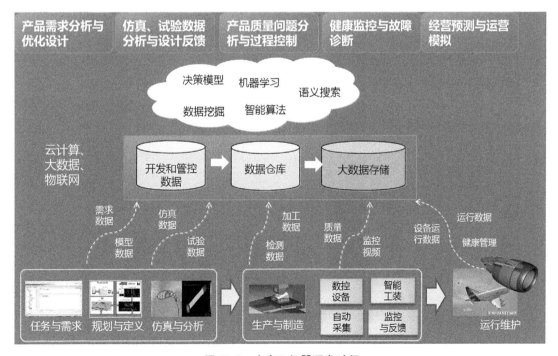

图 13.8　未来飞行器研发过程

未来信息技术和系统工程深度融合下飞行器研发新模式的构想图。

随着我国互联网经济的高速发展，物流业也向着智能化的方向变革，这其中基于无人机的智能物流系统正成为一个重要的研究方向。顺丰、苏宁、京东等多家公司联合国内外科技力量、投入巨资进行技术攻关，在该领域展开了激烈的交锋。基于无人机的智能物流系统是在传统系统工程基础上，融入了人工智能的关键技术，其特点主要体现在以下两个方面。

1) 采用强化学习的方法，其与传统的机理分析不同。基于机理分析的方法是指分析出被控对象的输入特性和内部状态特性，进而设计控制器使得被控对象在控制输入的作用下达到预定状态。而强化学习方法则是一种基于数据的方法，通过大量试错迭代，找出输入和输出之间的关系或者环境和最优动作之间的关系。强化学习方法有两大类，按有无模型可分为基于模型的方法和无模型的方法；按照学习的目标可分为值方法和策略方法。强化学习方法在电脑游戏智力竞赛、汽车自动驾驶等领域有较多应用，最著名的当属强化学习方法在谷歌 AlphaGo 围棋机器人上的应用。

2) 人工智能又体现在"系统之系统"的设计中。强化学习机制将涉及要素分为两部分，即"智能体"和"环境"，而"智能体"对于"环境"的作用称为"动作"，"智能体"对"环境"的观察称为"观察"，"环境"对"智能体"的反馈或奖惩称为"报酬"。强化学习平台的作用即提供"智能体"和"环境"的描述平台以及两者之间的交互机制。在基于无人机的智能物流系统中，无人机即为"智能体"，运行的外围环境，即上述的"环境"。

13.4　小　　结

飞机制造行业在数字化、信息化技术不断发展和世界经济全球化水平不断提高的当下，也面临着严峻挑战：现代飞机产品生命周期缩短；顾客对产品需求的多样化、个性化，对交货期也越来越敏感；产品结构日趋复杂，开发周期延长等。随着美、德、日、中将智能制造作为国家发展重要战略部署，航空制造领域新一代信息技术与系统工程应用深度融合，推进研发模式的范式提升已成为不可逆转的趋势。系统工程的大数据、物联网、云技术、人工智能时代即将到来甚至已经到来。

参考文献

[1] Bayhill T，Brown P，Buede D，et al. Systems engineering fundamentals[J]. Insight，2002，5(1)：7 - 10.

[2] 高彬彬,李晓红,胡晓睿.敏捷、可靠、高效的系统工程——美国国防部着力发展武器系统设计、制造和改装能力[J].国防制造技术,2012(2)：30 - 33.

[3] 张小达,诸一维.NASA用系统工程标准综述[J].航天标准化,2002(4)：34 - 40.

[4] 恽通世.美国国防部重大武器装备研制系统工程管理简介[J].航空标准化与质量,1990(2)：34 - 38.

[5] 曾相戈.美军系统工程标准发展初步研究[J].航空标准化与质量,2006(5)：41 - 45.

[6] 杰克逊.商用飞机系统工程[M].钱仲焱,赵越让,译.上海：上海交通大学出版社,2016.

[7] 贺东风,赵越让,钱仲焱.中国商用飞机有限责任公司系统工程手册[M].上海：上海交通大学出版社,2017.

[8] James. FAA national aerospace plan - system engineering manual[R]. Los Angeles，USA：NAS System Engineering Manual，2006.

[9] Society of Automotive Engineers. Guidelines for development of civil aircraft and systems[R]. New York，USA：SAE ARP 4754A，2010.

[10] Society of Automotive Engineers. Guidelines and methods for conducting the safety assessment process on civil airborne systems and equipments[R]. New York，USA：SAE ARP 4761，1996.

[11] Radio Technical Commission for Aeronautics. Software considerations in airborne systems and equipment certification[R]. New York，USA：RTCA DO - 178B，1992.

[12] Radio Technical Commission for Aeronautics. Design assurance guidance for airborne electronic hardware[R]. New York，USA：RTCA DO - 254，2000.

[13] International Organization for Standardization. Systems and software engineering - system life cycle processes[R]. New York，USA：ISO/IEC/IEEE 15288，2015.

[14] International Council on Systems Engineering. System engineering handbook[M]. 4th ed. San Diego：Wiley，2015.

[15] 赵澄谋.外军武器装备采办管理[M].北京：国防工业出版社,2007.

[16] 周德勇.美军推行渐进式采办经验分析[J].装备指挥技术学院学报,2008,19(4)：25 - 29.

[17] 李明. 美、英、法、德、日国防采办系统比较[M]. 北京：中国国防科技信息中心，2001.

[18] Kapurch S J. NASA systems engineering handbook[J]. NASA Sti/recon Technical Report N，2007，6105.

[19] 阿尔特菲尔德. 商用飞机项目——复杂高端产品的研发管理[M]. 唐长红，译. 北京：航空工业出版社，2013.

[20] 柯萨科夫，斯威特. 系统工程原理与实践[M]. 胡保生，译. 西安：西安交通大学出版社，2014.

[21] 希金斯. 系统工程：21 世纪的系统方法论[M]. 朱一凡，王涛，杨峰，译. 北京：电子工业出版社，2017.

[22] Fraboulet G，Chazelles S P. Use of requirement engineering discipline in support of AC engineering[J]. Airbus，2012(11)：19.

[23] Buus H，McLees R，Orgun M，et al. 777 flight controls validation process[J]. Institute of Electrical and Electronics Engineers，1997(12)：27.

[24] Jeff A. Survey of model-based systems engineering (MBSE) methodologies[M]. New York，USA：INCOSE MBSE Focus Group，2007.

[25] 贾晨曦，王林峰. 国内基于模型的系统工程面临的挑战及发展建议[J]. 系统科学学报，2016，10(5)：9.

[26] 盛世藩. 集成的总体规划和集成的主排程[J]. 民用飞机设计与研究，2009(11)：42.

[27] 盛世藩. System engineering ＆ system integration [J]. 民用飞机设计与研究，2011(3)：9.

[28] 盛世藩. 我们如何建立一个产品开发整合团队[J]. 民用飞机设计与研究，2014(5)：23.

[29] 钱学森. 论系统工程[M]. 长沙：湖南科学技术出版社，1988.

[30] 布兰谢尔德，法布莱基. 系统工程与分析[M]. 李瑞莹，潘星，译. 北京：国防工业出版社，2014.

[31] Booch G，Rumbaugh J，Jacobson I. The unified modeling language user guide[M]. Reading，MA：Addison-Wesley，2005.

[32] 朱亮. 民用航空产品研发和审定活动中的需求分析和管理问题研究[J]. 民用飞机设计与研究，2011，10(9)：9－13.

[33] 李庆. 飞机开发技术的全新突破—基于模型的系统工程[J]. 航空制造技术，2011(12)：48－53.

[34] 刘玉生，蒋玉芹，高曙明. 模型驱动的复杂产品系统设计建模综述[J]. 中国机械工程，2010(6)：741－749.

[35] 林益明，袁俊刚. 系统工程内涵、过程及框架讨论[J]. 航天器工程，2009(12)：41－45.

[36] 郭宝柱. 试论系统工程与项目管理[J]. 航天工业管理，2006(6)：4－5.

[37] 王崑生，袁建华，陈洪涛，等. 国外基于模型的系统工程方法研究与实践[J]. 中国航天，2012(11)：52.

［38］ 花禄森. 系统工程与航天系统工程管理［M］. 北京：中国宇航出版社，2007.

［39］ 李润博，李明树. 基于状态机的 UML 行为继承关系［J］. 计算机科学，2004，(31)：16－19.

［40］ Simons A J H. On the compositional properties of UML state chart diagrams［J］. Rigorous Object-Oriented Methods，2000(10)：26－30.

［41］ 李承立. 需求驱动的民机系统研制过程及构型数据结构［C］. 北京：第六届中国航空学会青年科技论坛文集，2014.

［42］ 上海交通大学钱学森研究中心. 智慧的钥匙——钱学森论系统科学［M］. 上海：上海交通大学出版社，2005.